中国自动化学会发电自动化专业委员会 组编

发电厂热工故障分析处理与预控措施

（第六辑）

虞上长 / 主编 孙长生 / 主审

中国电力出版社
CHINA ELECTRIC POWER PRESS

内 容 提 要

在各发电集团、电力科学研究院和电厂热控专业人员的支持下，中国自动化学会发电自动化专业委员会组织收集了 2021 年全国发电企业因热控原因引起或与热控相关的机组故障案例 143 起，从中筛选了涉及系统设计配置、安装、检修维护及运行操作等方面的 92 起典型案例，进行了统计分析和整理、汇编，从提高控制系统可靠性的角度，提出控制系统故障预控措施。

从事发电厂控制系统设计、检修、运行、维护与管理的专业人员，可通过这些典型案例的分析、提炼和总结，积累故障分析查找工作经验，探讨优化和完善控制逻辑、规范制度和加强技术管理，制定提高热控系统可靠性、消除热控系统潜在隐患的预控措施，以提升热控系统安全健康状况和机组的稳定运行。

本书适合于从事火力发电厂设计、安装调试、运行维护和管理岗位的专业人员阅读。可作为热工自动化专业培训教材，也可作为大专院校热工自动化和热能动力专业的辅助教材。

图书在版编目（CIP）数据

发电厂热工故障分析处理与预控措施. 第六辑 / 中国自动化学会发电自动化专业委员会组编；虞上长主编 . —北京：中国电力出版社，2022.11
ISBN 978-7-5198-7304-2

Ⅰ . ①发… Ⅱ . ①中… ②虞… Ⅲ . ①发电厂－热控设备－故障诊断②发电厂－热控设备－故障修复 Ⅳ . ① TM621.4

中国版本图书馆 CIP 数据核字（2022）第 227469 号

出版发行：中国电力出版社
地　　址：北京市东城区北京站西街 19 号（邮政编码 100005）
网　　址：http://www.cepp.sgcc.com.cn
责任编辑：娄雪芳（010-63412375）
责任校对：黄　蓓　常燕昆
装帧设计：王红柳
责任印制：吴　迪

印　　刷：望都天宇星书刊印刷有限公司
版　　次：2022 年 11 月第一版
印　　次：2022 年 11 月北京第一次印刷
开　　本：787 毫米 ×1092 毫米　16 开本
印　　张：17.5
字　　数：420 千字
印　　数：0001—2500 册
定　　价：78.00 元

编 审 单 位

组编单位：中国自动化学会发电自动化专业委员会

主编单位：国网浙江省电力有限公司电力科学研究院、浙江省浙能温州发电有限公司

参编与编审单位：国家电投集团白音华煤电公司坑口发电分公司、浙江浙能技术研究院有限公司、西安热工研究院有限公司、浙江浙能乐清发电有限责任公司、浙能绍兴滨海热电有限责任公司、陕西延长石油富县电厂、中电华创电力技术研究有限公司、华电科学技术研究院、淮浙煤电凤台发电分公司、中国大唐集团科学技术研究总院华北电力试验研究院、国能南京电力试验研究有限公司、润电能源科学技术有限公司、江西大唐国际新余第二发电有限责任公司、浙江大唐乌沙山发电有限责任公司、国电浙能宁东发电有限公司、宁夏枣泉发电有限责任公司、浙江省电力建设有限公司、南京国电南自维美德自动化有限公司、国网吉林省电力有限公司电力科学研究院、吉林电力股份有限公司白山吉电开发有限公司、华电浙江龙游热电有限公司、神华神东电力有限责任公司店塔电厂、广东粤电大埔发电有限公司、大唐东营发电有限公司、杭州华电江东热电有限公司

参 编 人 员

主　编	虞上长					
副主编	贾洪钢	韩　峰	蔡钧宇	刘孝国		
参　编	赵军阳	陈长和	沈力军	郝宏山	陶小宇	任　凯	程胜林
	赵长祥	高春雨	李文华	倪玉伟	王世云	李　冰	张海卫
	黎志萍	郭虎成	董利斌	吴胜华	张明慧	赵世通	高　健
	贾长武	黄月丽	王忠言	李　聪	席建忠	王志超	周裕宏
	谢　松	苏伟凯					
主　审	孙长生					

前　言

　　火力发电机组防非停管控是一项复杂的管理工作，涉及多个专业及大量的设备，其中热控系统的可靠性在机组的安全经济运行中起着关键作用。热控专业除了必须重点关注直接引起锅炉主燃料跳闸（MFT）或汽轮机跳闸的信号可靠外，逻辑不完善、运行人员事故处理不恰当、辅助设备故障时的联锁和可靠性等，造成机组的非停也时有发生。由于缺少交流平台，所以相同的故障案例在不同电厂多次发生。

　　为此，中国自动化学会发电自动化专业委员会秘书处，继 2017—2019 年相继出版了《发电厂热工故障分析处理与预控措施》（第一辑）~（第四辑）后，在各发电集团、电力科学研究院和电厂专业人员的支持下，进行了 2021 年发电厂热控或与热控相关原因引起的机组跳闸案例的收集，从 143 起案例中筛选了 92 起，组织浙江省电力有限公司电力科学研究院、浙江浙能技术研究院有限公司等单位专业人员，进行了提炼、整理、专题研讨，汇总成本书稿，供专业人员在工作中参考并采取相应的措施，以提高热控系统的可靠性。

　　本书第一章对火力发电设备与控制系统可靠性进行了统计分析；第二~六章分别归总了电源系统故障、控制系统硬件与软件故障、系统干扰故障、就地设备异常故障，以及运行、检修、维护不当引发的机组跳闸故障，每例故障按故障过程、故障原因分析查找、故障处理与预防措施三部分进行编写，第七章在总结前述故障分析处理经验和教训，吸取提炼各案例采取的预控措施基础上，提出提高热控系统可靠性的重点建议，给电力行业同行作为参考和借鉴。

　　在编写整理中，除对一些案例进行实际核对发现错误而进行修改外，尽量对故障分析查找的过程描述保持原汁原味，尽可能多地保留故障处理过程的原始信息，以供读者更好地还原与借鉴。

　　本书编写得到了各参编单位领导的大力支持，参考了全国电力同行们大量的技术资料、学术论文、研究成果、规程规范和网上素材，与此同时，各发电集团，一些电厂、研究院和专业人员提供的大量素材中，有相当部分未能提供人员的详细信息，因此，书中也未列出素材来源。在此对那些关注热控专业发展、提供素材的幕后专业人员一并表示衷心感谢。

最后，鸣谢参与本书策划和幕后工作人员！存有不足之处，恳请广大读者不吝赐教。

编　者

2023 年 3 月

发电厂热工故障分析处理与预控措施
（第六辑）

目　录

第一章

2021 年热控系统故障原因统计分析与预控

电网为了适应新能源电厂的运行方式带来的冲击，除了让火力发电机组进入"弱开机、低负荷、强备用、长调停"状态，同时对火力发电机组的尝试调峰和灵活性运行提出了更高要求，劣化了火力发电厂的运行环境，加大了热控系统的控制难度，导致热控原因引起的非计划停运事故仍时有发生。

为了降低非计划停机频次，火力发电机组需要通过这些故障的分析查找，总结提炼，制定有效的优化完善控制系统预控措施，加强设备维护提升热控系统的健康状态。为此，中国自动化学会发电自动化专业委员会，在各发电集团、电力科学研究院和相关电厂的支持下，收集了 2021 年全国发电企业因热控原因引起或与热控相关的机组故障案例，从中筛选了涉及系统设计配置、安装、检修维护及运行操作等方面的 92 起典型案例，进行了统计分析和整理、汇编，总结提炼了提高发电厂热控系统可靠性预控措施，供专业人员参考。

第一节　2021 年热控系统故障原因统计分析

通过收集筛选的 92 起涉及各主要发电集团热控故障典型案例的归类统计分析，给出 2021 年全国火力发电机组由于热控设备（系统）原因导致机组非计划停运的主要原因与次数占比分布图，如图 1-1 所示。

本节对各类故障原因进行分类统计，并通过对这些典型案例的统计，对故障趋势特点进行分析，提出引起关注的相关建议和重点关注的问题，以进一步消除热控系统的故障隐患，减少热控系统故障的可靠性。

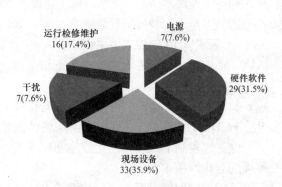

图 1-1　热控原因非计划停运事故原因分类

一、控制系统电源故障

控制系统电源是保证控制系统安全稳定运行的基础，收集 2021 年电源故障 7 起，具体统计分类见表 1-1。

表 1-1		控制系统电源故障统计分类
故障原因	**次数**	**具体事件描述**
电源设计不合理	4	磨煤机分离器出料阀电磁阀电源所配置的单电源切换装置异常导致机组跳闸
		主汽门位置变送器供电电源设计不合理导致再热器保护误动
		紧急停机跳闸（AST）电磁阀供电电源配置设计不合理导致机组跳闸（供电电源配置采用同一直流 220V 母线供电，在母线出现故障时导致机组跳闸）
		燃气轮机调压站入口过滤器前关断（ESD）阀电源设计不可靠导致全厂机组停运
供电电源装置老化	1	尿素区 PLC 控制柜 UPS 电源故障导致尿素溶液输送泵跳闸
控制电源老化故障	2	DEH 系统电源分配模块老化故障导致机组跳闸
		DEH 系统电源故障造成 AST 电磁阀失电导致机组跳闸

在 7 起设备电源装置硬件故障案例中，供电电源故障 4 起，控制电源故障 3 起，从故障原因上来看，主要分为三类：

第一类是电源设计不合理、电源装置老化故障。4 例电源设计不合理造成了电源设备故障的扩大化，例如，6 台磨煤机分离器出料阀的电磁阀都采用了两路盘柜电源切换后的电源，看上去实现了冗余，但是共用了切换装置，切换装置故障导致电磁阀全部失电关闭，从设计上未考虑到电源切换装置故障的风险。

第二类是电源回路未设计冗余或设计的冗余不彻底，如：

1）一台机组两个主汽门位置变送器共用了同一电源模块，一个位置变送器故障导致电源模块跳开，造成两个主汽门位置变送器同时失电；

2）AST 电磁阀两路供电电源采用同一直流 220V 母线供电，在母线出现故障时导致机组跳闸；

3）燃气轮机调压站 ESD 阀电源设计不可靠，取自电加热器控制柜，该柜的两路电源接在同一工业废水 MCC 段上，在工业废水 MCC 段异常时导致全厂机组停运。

第三类是电源装置或模块老化故障，如：

1）尿素区 PLC 控制柜采用小型 UPS 电源，该 UPS 电源寿命较短容易发生硬件老化故障，加上设计上未考虑同一电源下用于控制的 24V DC 电源的可靠性，在 UPS 故障时导致了尿素溶液输送泵跳闸；

2）DEH 系统电源分配模块硬件老化故障导致机组跳闸；

3）DEH 系统 24V DC 电源模块硬件老化故障，造成 AST 电磁阀失电导致机组跳闸。

这三起控制电源硬件老化故障案例说明，控制系统运行一定年限后，应重视电源模块硬件的老化问题。

从以上案例可以看出，应从设计上实现电源配置的多重冗余以及分散化，提高可靠性；运行维护中开展定期测试和日常检查，消除电源系统存在的隐患；针对电源装置或电源模块老化问题，应进行定期升级改造。

二、控制系统硬件软件故障统计分析

收集统计的 DCS 硬件软件故障中，选择典型的 31 起，分类统计见表 1-2。

表1-2 控制系统硬件软件故障统计分类

故障原因	次数	具体事件描述
控制系统设计配置故障	2	除氧器液位三取中参加保护逻辑设计不合理导致机组跳闸
		DEH系统端子排短接片选型不合理导致机组异常跳闸
模件故障	6	两次燃气轮机模件故障造成透平冷却空气系统冷却水流量低保护动作
		Mark VIe控制系统继电器保护卡端子板故障引起燃料中断，燃气轮机停机
		AO模件通道故障导致供热调节门关闭，引发锅炉MFT
		DEH模件老化故障导致推力轴承温度高保护误动事件
		DEH模件老化异常导致轴承金属温度高保护动作停机
		模件故障导致LV阀误关，引起机组跳闸
控制器故障	3	炉膛安全保护系统（FSSS）控制器故障引起机组停运
		英非特（INFIT）协调控制异常切除造成运行参数扰动
		汽轮机紧急跳闸系统（ETS）处理器故障导致机组停运事件
网络通信系统故障	5	DP总线通信参数设置不当引发网络通信异常，汽动给水泵出口电动门误关
		燃气轮机控制系统（TCS）通信异常引发机组跳闸
		交换机异常引起网络风暴，导致两台机组停运
		汽动给水泵前置泵滤网出口电动门总线通信故障，导致报警信号异常
		不同控制系统间通信异常造成汽轮机跳闸
DCS软件和逻辑运行故障	8	燃气轮机负荷控制参数受汽轮机侧中压主蒸汽压力测点影响引起燃气轮机空燃比控制异常
		过热器出口蒸汽温度保护未设置温度速率异常切除保护功能，导致机组跳闸
		逻辑不完善+变送器管路冰冻导致机组凝汽器压力高保护误动
		协调控制系统（CCS）逻辑设计不完善导致机组高压排汽温度高保护动作
		逻辑设置不合理、机组协调品质差导致一次调频频繁动作时机组跳闸
		逻辑设置不合理引起机组高压汽包水位低低保护动作跳闸
		引风机RB控制逻辑及参数设置不合理导致机组跳闸
		控制逻辑时序错误引起机组跳闸
DEH/MEH控制系统设备运行故障	5	高压主汽门阀位传感器（LVDT）内部故障导致给水压力升高，给水流量下降，锅炉MFT
		DEH模件老化故障导致机组跳闸
		控制系统VPC卡故障导致机组跳闸
		给水泵控制系统（MEH）逻辑设计不合理导致机组跳闸
		MEH控制器故障导致机组跳闸

　　由表1-2可见，软件/逻辑组态问题占首位，控制器、模件通道和DEH/MEH控制系统也发生多起故障事件。

　　2021年度涉及DCS软件和逻辑、DEH/MEH控制系统硬件老化故障仍然较多，网络通信系统故障和模件故障案例有所上升，应引起重视。今后针对软件组态的逻辑优化问题需要继续研究完善，同时做好系统部件老化趋势的分析判断，尽可能地减少部件故障升高造成控制系统异常案例的发生。

三、控制系统干扰

2021 年发生因干扰因素引起控制系统或设备运行异常、故障的案例有 7 起，统计分类见表 1-3。

表 1-3　　　　　　　　　　干 扰 故 障 统 计 分 类

故障原因	次数	具体事件描述
地电位干扰	2	给煤机控制电源电缆谐波干扰导致多台给煤机变频器停运，锅炉 MFT 保护动作
		给煤机控制器因接线错误将直流电源串入交流电源导致给煤机频繁跳闸
现场干扰源引起系统干扰故障	5	交流润滑油泵联锁试验电磁阀控制电缆屏蔽不规范导致机组跳闸
		轴振信号电缆敷设不规范受干扰导致机组振动大保护误动
		转速信号柜内电缆无屏蔽受干扰触发 ETS 超速保护误动作，机组跳闸
		润滑油压力低试验电磁阀控制回路电缆屏蔽接地不良受电磁干扰造成润滑油压力低低保护误动
		电缆分屏蔽层接地线与屏蔽层脱开导致振动信号线接地不良，轴振大保护动作

上述 7 起干扰案例中，包括了设备电源干扰、地电位干扰、电磁干扰，多数干扰与电缆敷设不规范、电缆屏蔽未可靠接地等相关，容易造成干扰较大的主要发生在给煤机控制系统、汽轮机监视（TSI）系统、润滑油系统等。给煤机控制系统因配有小型的变频器，应尽量保持控制回路电缆和动力电缆的分开，避免与检修电缆并排敷设；TSI 系统信号一定要注意电缆屏蔽的可靠单点接地、电缆敷设的规范性，必须与动力电缆分开敷设；电磁阀控制回路干扰多与交流感应电有关，应从电缆屏蔽可靠接地方向消除回路中的交流感应电。

四、现场设备故障

现场设备的测量与控制的灵敏度、准确性以及可靠性，直接决定了机组运行的质量和安全。2021 年收集的现场设备故障案例筛选了 33 起，其中执行设备故障引起的 14 起，测量仪表与部件故障引起的 6 起，管路异常引起的 3 起，线缆异常引起的 6 起，独立装置异常引起的 4 起，与 2019 年相比有所下降，具体分类统计如下。

（1）14 起执行设备故障统计分类见表 1-4。

表 1-4　　　　　　　　　　执行设备故障统计分类

故障原因	次数	具体事件描述
控制板卡故障	1	定子冷却水压力调节阀电动执行机构异常关闭引起发电机断水保护动作
阀门反馈装置异常	6	气动基地式定子冷却水压力调节阀内部压力传感器连杆连卡座处铜片崩裂，连杆脱开，阀门故障关闭引起发电机断水保护动作
		高压加热器水位正常/紧急疏水调节门异常导致锅炉 MFT 事件
		循环水泵出口液控阀开信号异常导致机组跳闸

续表

故障原因	次数	具体事件描述
阀门反馈装置异常	6	净烟气挡板连杆脱落异常关闭导致锅炉 MFT
		除氧器水位调节阀反馈连杆脱开故障导致汽包水位低保护动作
		采暖抽汽调整门 LVDT 的连杆脱落导致阀门异常关闭，促使机组在极寒天气情况下出现燃气轮机分散度大保护动作
电磁阀故障	4	AST 电磁阀因堵塞关闭不严而导致机组跳闸
		电磁阀故障致使高压旁路阀误开导致轴位移大保护动作
		一次风机气动出口挡板故障导致一次风机跳闸
		燃气管道清吹阀电磁阀故障导致阀门自动关闭
阀门附件	3	精处理过滤器底部气动排水阀气源管路破裂异常打开导致机组停机
		汽动给水泵再循环调节阀仪用气源过滤减压阀破裂导致调节阀异常开启，进而导致锅炉给水流量低低保护动作
		进口可转导叶阀（IGV）模件电缆受就地干扰异常导致 IGV 阀开大，燃气轮机旁路阀开度降低，在 18% 及以下区域时关闭速度较慢，导致指令与反馈偏差超过 5%，触发燃气轮机主保护动作

执行机构故障中，反馈装置异常占比最高，其次是电磁阀故障。执行机构反馈装置故障多是由于连杆脱开异常引发的故障，应采取可靠的固定措施避免事件的重复发生。

（2）6 起测量仪表与部件故障统计分类见表 1-5。

表 1-5　　　　　测量仪表与部件故障统计分类

故障原因	次数	具体事件描述
差压变送器故障	1	一级减温水流量变送器故障导致锅炉 MFT
温度元件故障	3	温度元件故障导致机组保护误动跳闸
		温度元件故障导致燃气轮机排气分散度高跳闸
		燃气轮机排气温度元件异常导致机组跳闸
液位测点故障	1	真空泵分离器液位低开关拒动造成给水泵汽轮机真空低低跳闸
其他仪表	1	测量仪表异常引起锅炉 MFT 保护动作

由于大型机组测量仪表冗余度增加，主要保护多配置两点或三点以上，能够导致机组跳闸异常事件的情况大幅减少，但也应注意到仍有部分单测点故障导致机组异常跳闸案例，类似的情况主要发生在燃气轮机控制系统。

（3）3 起管路异常引起机组故障统计分类见表 1-6。

表 1-6　　　　　管路异常引起机组故障统计分类

故障原因	故障原因	具体事件描述
管路冰冻	1	汽包差压水位计因冰冻故障而导致机组解列
取样管路故障	1	极寒天气仪表管路保温措施不到位导致凝汽器低真空保护动作
气源管路故障	1	防喘放气阀仪用空气供气管路与气缸体接头断裂导致机组跳闸

（4）6 起因线缆异常引起机组故障统计分类见表 1-7。

表 1-7 线缆异常故障统计分类

故障原因	次数	具体事件描述
线缆使用年限久，老化	1	电缆老化破损引发真空破坏阀误开导致"凝汽器真空低"保护误动作
线缆工艺质量问题	1	燃油进油快关电磁阀接线进水导致机组跳闸
	1	DCS 预制电缆故障引起凝结水泵跳闸
线缆高温老化	3	转速信号电缆高温老化破损导致转速突变，引发 ACC 保护动作，机组跳闸
		中压主汽门信号电缆高温烫伤短路导致机组跳闸
		AST 电磁阀引线高温破损严重隐患

线缆异常故障多是由于环境高温导致的电缆老化破损。

（5）4 起因独立装置异常引起机组故障统计分类见表 1-8。

表 1-8 独立装置异常故障统计分类

故障原因	次数	具体事件描述
TSI 装置	3	TSI 模件背板故障触发给水泵汽轮机轴向位移保护动作异常停机事件
		TSI 系统振动信号模件故障，机组跳闸
		振动测点长时间运行松动导致机组保护动作跳机
燃气轮机可燃气体监测系统	1	可燃气体监测系统模件故障导致燃气轮机跳闸事件

在独立装置异常故障中，TSI 装置异常引起的机组故障仍为主力，需重点关注 TSI 系统。

上述统计的 32 起就地设备事故案例中，有相当部分是由于现场设备或接线等异常发生后，同时伴随保护逻辑设计不合理或设备防护措施不足等因素，最终造成机组跳闸或降负荷等异常事件。部分故障存在重复性发生的情况，应引起专业人员的重视。

五、检修维护运行故障

检修维护运行故障案例收集 16 起，涉及检修维护引起的 13 起，运行操作不当引起的 2 起，检修试验引起的 1 起，具体分类统计如下。

（1）13 起检修维护引起的异常故障统计分类见表 1-9。

表 1-9 检修维护故障统计分类

故障原因	次数	具体事件描述
检修操作不当	4	检修后未及时投运装置导致机组跳闸（空侧密封油过滤器差压报警装置出口取样阀未打开造成过滤器脏污未及时发现）
		检修工作时误碰导致循环水泵跳闸引起凝汽器真空低保护动作
		维护人员误碰 UPS 控制面板停机按钮导致机组跳闸
		变送器垫片使用不当引起高压加热器解列事件
安装维护不到位	7	轴位移探头因保温隔热工艺执行不到位，环境高温引起故障而导致汽轮机跳闸
		探头高温损坏导致机组因轴位移大保护动作而跳闸
		给水泵汽轮机停机电磁阀插头螺钉未紧固到位，松动导致机组跳闸

续表

故障原因	次数	具体事件描述
安装维护不到位	7	电磁阀插头松动导致引风机跳闸而停机
		转速探头间隙安装不当导致给泵跳闸而停机
		端子排接线松动电磁阀失电，导致燃气轮机跳闸
		保护回路因接线工艺质量差引起接触不良而导致机组跳闸
预控措施不足	2	检修作业预控措施不足，更换一次熔断器时导致机组跳闸
		燃油进油阀检修预控措施不到位导致机组跳闸

（2）2起运行操作不当引起的故障统计分类见表1-10。

表 1-10　　　　　　　　　运行操作不当故障统计分类

故障原因	次数	具体事件描述
运行操作不当	2	燃烧特性不佳锅炉掉焦导致全炉膛灭火 MFT
		给煤机断煤应急处置不当，导致锅炉给水流量低保护动作

（3）1起检修试验引起的异常故障统计分类见表1-11。

表 1-11　　　　　　　　　检修试验故障统计分类

故障原因	次数	具体事件描述
安全措施不到位	1	汽轮机安全通道试验中安全油压低跳闸

　　上述统计的 17 案例中，排首位的是人员在检修维护消缺过程中，安装维护不到位引起的故障，其次是检修操作不当引起的故障。案例与检修人员作业水平、检修操作的规范性及工艺质量相关。其中维护过程中问题主要集中在防冻、防雨、防高温和试验规范性等方面；运行过程中的问题主要集中在应急处置操作经验，其中大多数案例是可以通过平时的故障演练、严格执行操作制度、规范检修维护内容来避免，通过对案例的分析、学习、探讨、总结和提炼，可以提高运行、检修和维护操作的规范性和预控能力。

第二节　2021年热控系统故障趋势特点与典型案例思考

　　通过对 2021 年由热控因素所导致机组故障案例原因的统计分析、总结与思考，发现一些有代表性案例，有些给出了明确的结论，但有一些尚在初步诊断过程中。针对这些问题展开探讨，研究工作中应注意的事项，结合本厂的情况制定相应的措施并落实，将起到有效提高热控系统可靠性的作用。

一、2021 年故障趋势与应对策略

（一）控制系统硬件老化日趋严重

　　近几年来硬件故障一直是热控非停的主要原因。DCS 控制系统自从 2000 年普遍应用以来，运行超过 10 年的控制系统，因硬件老化原因导致设备误动的案例增多。

（1）某 3 号机组 DEH 系统电源模块于 2005 年 9 月 25 日生产，基建期加机组投产后长

周期连续运行近 16 年，控制主板电子元件老化导致模块故障，输出电压大幅降低，设备应修未修，欠修严重，DEH 柜电源分配模块故障后导致输出电压由 24V DC 大幅降低至 7.16V DC，主辅 DPU 及模件不能正常工作，该 DPU 控制下汽轮机调节门控制卡输出失去，汽轮机调节门关闭，汽包水位高三值，MFT 动作。

（2）某机 6 号机组 DEH 模件，因输入通道内部电桥的某一元器件老化引起测量电桥不平衡电压逐渐增大，使测量结果逐渐持续偏离实际数值，导致 DEH 推力轴承工作面金属温度 2 信号但温度变化率未达到 5℃/s，未能触发温度梯度限制，信号上升到保护动作值时保护动作，造成 6 号机组跳闸。

（3）某 2 号机组 TCS 通信设备老化，TCS 通信系统日常维护、测试不到位，TCS 交换机集线器（HUB)(3P2）故障及 TCS 系统处理器（CPU）Q 网网线异常，造成 TCS 控制系统 P 网和 Q 网同时异常，引起 TCS 系统 2 与 TCS 系统 1 之间的网络数据传输大幅迟延，直接导致了 TCS 控制系统故障，发生机组解列事件。

（4）某 1 号机组 DEH 控制系统于 2005 年上电，已运行 16 年，设备老化，造成模件通信瞬间中断，模件通信异常中断造成 1 号高压调节门 S 值突变，高压进汽径向分布不均、转子转矩径向不平衡，汽流激振，1 号轴承轴振达跳闸值，保护动作跳机。

（5）某 4 号燃气轮机火灾保护 MINIMAX 系统是 2008 年 4 月随机组投产时配置，该系统机柜型号为 FMZ4100，可燃气体监控盘作为其子系统配套使用，截止到跳机前，机柜已使用 12 年，控制模件故障导致多个探头可燃气体泄漏，监测报警跳机。

（6）某电厂因 OPR（操作员）206 站工控机运行过程频繁卡顿，检修人员采用 2017 年采购的工控机进行更换，工控机所连接的交换机对应端口 PORT5 存在大量的坏包"Rx-BADPkt"计数，因为公用系统网络交换机运行不稳定产生网络风暴，导致 3 号、4 号机组各 DPU 负荷上升，触发了 DPU 软重启，造成 3 号、4 号机组跳闸。

（二）热控控制逻辑仍存在不完善处

控制逻辑组态方法考虑不同，部分算法块应用设置不合理，逻辑存在深层次隐患在就地设备存在故障的情况不能进行有效的报警、调节和联锁呈多发态势。

（1）某电厂除氧器液位保护逻辑采用的判断方式不合理：除氧器液位低低保护跳闸两台汽动给水泵逻辑关系为三取二，逻辑中设计 3 个除氧器液位测点分别与三取中后的选择值进行比较，当与选择值偏差超过 ±300mm，判断该点为坏质量点，发出偏差大闭锁信号，该液位测点自动退出保护逻辑，并未组态报警，不参与保护动作；由于逻辑中设置为自动复位，当判断为坏质量点的测点恢复正常时，逻辑自动解除该点的坏质量判断，并自动参与到除氧器水位低低保护逻辑，以至于在两点出现故障时导致了跳机事件发生。

（2）某电厂新增协调方式下一次调频优化算法块时，该算法块地址与原程序冲突导致 INFIT 优化控制系统内部程序故障，进而导致 PLC 停止运行。

（3）某电厂 6 号机组 DCS 自实施改造的模件连接预制电缆质量问题导致过热器某出口温度测点异常升高，锅炉 MFT 保护逻辑为末级过热器出口温度甲侧两测点二取平均、末级过热器出口温度乙侧两测点二取平均，之后再进行二取平均，经逻辑判断大于 600℃，送 3 个 DO 至保护柜，经三取二后作为机组 MFT 动作条件，因过热器出口蒸汽温度 60HAH61CT002 显示过大，经两两平均后的总点仍超过保护定值，而由于该项保护未设置温度速率异常切除保护功能，导致机组跳闸。

（4）某电厂6号机组低压缸前连通管蒸汽压力采用的模拟量三取中算法的判断坏值回路存在问题：当三取中模块取值后，进入后续的大（小）选模块与定值进行比较，当大（小）选模块判断输入为坏值时，直接输出定值零，当仪表管路被冻，导致压力测量失真时，导致了凝汽器压力保护动作。

（5）某厂1号机组控制逻辑中CCS方式（协调控制）切除点的负荷与最低稳燃负荷不匹配，负荷波动至400MW以下，控制方式自动切换至TF方式，TF模式调节失调，主蒸汽压力波动大，汽轮机高压旁路阀自动开启调压，汽轮机高压排汽温度持续升高，最终导致汽轮机高压排汽温度超限。

（6）某厂1号机组协调品质差，在电网频率波动，一次调频频繁动作扰动下煤量频繁超调，主蒸汽压力摆动大，在汽动给水泵转速低于3000r/min，跳为手动控制，造成机组协调自动切为汽轮机跟随方式，此时压力设定值为11.23MPa，实际值为9.07MPa，汽轮机快速关小高压调节门调整主蒸汽压力偏差，汽轮机高压调节门总阀位由89%快关至67%，主蒸汽压力由9.07MPa快速升高至11.2MPa，导致给水泵汽轮机出力不足，造成锅炉给水流量低保护动作，机组跳闸。

（三）执行机构热控设备故障高发

执行机构因为年限较久模件老化、维护不到位、设计调试缺陷、缺少防误动措施等容易造成就地热控设备故障高发趋势。

（1）某燃气轮机电厂旁路控制阀18%以下动作缓慢，就地机械阀杆有明显摩擦痕迹，确认为机械阀杆卡涩原因导致保护动作跳机。

（2）某燃气轮机电厂IGV阀控制器模件电缆与其他电缆混乱敷设，控制电缆受到干扰，导致模件工作不正常，IGV无法正常调节。

（3）某电厂1号机发电机定子冷却水压力调节阀控制装置压力传感器连杆脱开，导致调节阀全关，定子冷却水压力骤然下降，触发定子冷却水断水保护，最终引起机组跳闸。

（4）某电厂1号机组在运行过程中定子冷却水压力调节阀电动执行器故障，突然关闭，定子冷却水流量低于63t/h，断水保护动作，发电机跳闸。

（5）某电厂1号炉脱硫净烟气出口挡板与执行机构连杆开口销断裂，连接轴脱开，净烟气出口挡板在烟气力作用下关闭，导致炉膛压力高高保护动作，锅炉MFT，1号机组跳闸。

（6）某电厂2号机除氧器水位调节阀A阀阀杆固定螺母松动，造成反馈连杆与定位器脱开，调节阀开度反馈保持不变，且此时调节阀开度反馈高于DCS指令，造成调节阀缓慢关闭，从而引起凝结水流量逐渐降低；运行人员未对凝结水流量、除氧器水位等参数异常变化作出及时正确判断并处理，导致除氧器水位低低保护动作，汽动给水泵前置泵跳闸，电动给水泵闭锁启动，汽包水位低低保护动作跳闸。

（7）某电厂1号机组汽动给水泵再循环调整门气源总口的过滤减压阀损坏，引起汽动给水泵再循环调整门快开，汽动给水泵再循环调整门故障打开后，运行人员关闭调整门前电动门后造成给水流量突升，降转速过程中给水自动解除，给水流量持续下降，增加汽动给水泵转速不及时，触发调整门前电动门联开逻辑："再循环调整门开度大于5%"或"汽动给水泵入口流量＜750t/h"，导致锅炉给水流量迅速降低至保护动作值510t/h，触发MFT保护动作。

（四）电缆破损接地、敷设不规范问题增多

目前由于近几年改造的项目很多，后期很多信号电缆、动力电缆等敷设不当仍时有发生；电缆由于环境因素，例如高温、腐蚀等影响，容易出现老化及绝缘破损、端子锈蚀、高温区域电缆烫伤等问题，造成因信号电缆引起非停事故不断发生。

（1）某电厂 4 号机组 1～4 号"中联门关闭"信号自各阀门处行程开关输出信号至就地端子箱，在端子箱处通过电缆送至 4 号机组汽轮机 ETS 保护柜，电缆在桥架出口及端子箱的中间绑扎处松脱，垂挂在电缆桥架下部的表面温度达 165℃ 的蒸汽管道上，电缆保护软管及电缆长期受热烘烤，已严重老化、脆化，电缆发生短路，导致信号误发跳机。

（2）某电厂 2 号机组转速信号电缆防护措施不到位，经过高温区域，电缆被烫伤老化，信号接地导致转速信号突变，ACC 保护误动，最终因省煤器入口流量低保护跳机。

（3）某电厂 4 号机组 PZC 型柜内转接端子至就地盘柜控制面板接地的直埋段电缆长期老化腐蚀后破损，电缆绝缘逐渐降低，导致开式泵 B 出口阀控制回路直埋段电缆发生短路接地故障，电源变压器烧损，动力电源空气开关跳开，因真空破坏阀与开式泵 B 出口阀控制电缆配线均处于同一束线缆，造成真空破坏阀开阀指令短路导通，真空破坏阀误开，"凝汽器真空低"保护动作。

（4）某电厂 7 号机组汽轮机 3X、3Y 两点轴承振动信号共用同一根电缆，且在该信号电缆槽盒内还敷设有低压动力电缆，未分隔敷设，运行过程中干扰信号导致振动大保护动作，机组跳闸。

（5）某电厂 2 号机组给水泵汽轮机振动电缆和 220V 照明电缆敷设在同一桥架，照明电缆在运行人员合闸时短路，干扰导致给水泵汽轮机振动大跳闸，机组跳闸。

（6）某电厂 1 号机组 1 瓦 X 向与 1 瓦 Y 向振动信号为同一根电缆，采用分屏蔽加总屏蔽电缆。由于 1 瓦 Y 向轴振信号电缆分屏蔽层接地线与屏蔽层脱开，导致分屏蔽层未能接入模件 SHLD 端，致使模件 Y 向通道地线接线端子悬空，1 瓦 Y 向振动信号线接地不良，外部干扰信号导致 1 瓦 X 向、Y 向轴振信号异常跳机。

（7）某电厂 3 号机组润滑油压力低，2 号、3 号压力开关试验电磁阀控制回路电缆屏蔽接地不良，受电磁环境干扰，试验电磁阀误动，润滑油通过试验电磁阀流至回油母管，致使润滑油压力低低保护动作，机组跳闸。

（五）个别容易疏忽的单点测量仪表典型异常

近年来，仪表的配置和可靠性大幅提高，大型机组设计测点时综合考量了测点重要性，重要保护信号多为多点配置或者引入了其他辅助判断条件，目前主要保护多采用三取二、四取二、串并联等判断方式，如果单个测量仪表故障报警及时，单个测量仪表的故障一般很难对系统造成很大的隐患，但也应注意到仍有部分单测点故障能够导致机组异常跳闸的情况，类似的情况主要发生在燃气轮机控制系统以及个别单点信号造成系统的误判和耦合其他干扰因素等。

（1）某电厂 2 号机组固定端过热器一级减温水流量变送器故障，输出变为坏点，造成给水主控跳自动，由于逻辑错误，未联跳勺管执行器自动及 DCS 画面光字牌，报警未报出，勺管执行器仍在自动方式，跟踪给水主控输出，机组负荷从 345MW 快降到 300MW 过程中，汽包水位给水控制未自动调节，导致"汽包水位高高"保护动作，锅炉 MFT，机组大联锁保护动作，机组跳闸。

（2）某电厂 2 号燃气轮机 17 号排气热电偶故障后，因现场不具备更换条件，将 17 号与 20 号热电偶并接，但并接的 20 号热电偶再次故障，导致"排气分散度高"跳闸。

（3）某电厂5号燃气轮机排气温度热电偶测量元件108断路损坏，导致5号燃气轮机排气温度108B、108C温度信号异常，最终108B、108C点都超过燃气轮机排气平均温度70℃，触发5号燃气轮机热点保护动作，机组跳闸。

（4）某电厂4号机组给水泵汽轮机B真空泵分离器液位下降，达到液位低报警值时报警信号未触发，补水电磁阀未正常联开，分离器液位低导致B真空泵出力下降，A真空泵联启正常，但B真空泵入口气动门处于开启状态，B真空泵分离器液位低导致真空系统与大气连通，给水泵汽轮机真空快速下降达到保护动作值，给水泵汽轮机真空低跳闸，进而引起锅炉给水流量低低MFT，汽轮机、发电机联跳。

（5）某电厂受严寒天气影响，汽包差压水位计2三阀组泄漏造成差压水位计点2故障，在检查过程中对天气预判不足，汽包水位计3因上冻测点异常，汽包差压水位计点2、3点故障，而逻辑无法通过品质判断剔除故障测点，触发汽包水位高高三取二保护动作。

（六）检修运行维护中的人员原因引起

热控人员的维护不当和操作失误造成非停事件时有发生，并且很多错误比较低级，需要加强人员的技术培训和操作监护制度的严格执行。

（1）某电厂轴位移探头因保温隔热工艺执行不到位，环境高温引起探头故障而导致汽轮机跳闸。

（2）某电厂维护人员误碰UPS控制面板停机按钮导致机组跳闸。

（3）某电厂轴位移探头因降温措施执行不到位，导致机组轴位移大保护动作而跳闸。

（4）某电厂给水泵汽轮机停机电磁阀插头螺丝未紧固到位松动导致机组跳闸。

（5）某电厂检修作业预控措施不足导致机组跳闸。

（6）某电厂检修后空侧密封油过滤器差压报警装置出口取样阀未打开造成过滤器脏污未及时发现，导致机组跳闸。

（7）某电厂保护回路因接线工艺质量差引起接触不良而导致机组跳闸。

（8）某电厂转速探头间隙安装不当导致给泵跳闸而停机。

（9）某电厂变送器垫片使用不当引起高压加热器解列事件。

二、需引起关注的相关建议

通过对2021年因热控因素导致机组故障案例原因统计分析的总结与思考，作者认为2018—2020年《电力行业火力发电机组热控系统故障分析与处理》中提出的"需引起关注的相关建议"仍然适用，并在此基础上，结合2021故障案例发生的原因与处理过程中的教训，提出以下建议供电厂热控专业人员参考。

（一）减少控制系统硬件老化导致机组跳闸建议

（1）受电子元器件寿命的限制，运行周期一般在10~20年，其性能指标将随时间的推移逐渐变差。多家电厂DCS、TSI系统运行时间超过10年，硬件老化问题日渐严重，未知原因故障明显上升；燃气轮机控制系统应注意火灾保护、TSI等独立装置老化故障的风险。建议对运行时间久、抗干扰能力下降、模件异常现象频发、有不明原因的热控保护误动和控制信号误发的DCS、DEH、TSI、旁路等系统设备或独立装置，应及时进行性能测试和评估，据测试和评估结果制定和完善《DCS失灵应急处理预案》，并按照重要程度适时更换或进行系统升级改造。

（2）完善DCS故障报警，尤其是DEH、FSSS、TSI等主重要系统的模件故障等应实现大屏报警；对于冗余的电源、控制器、通信模件等应在发现存在单个部件异常的时候应尽早更换，将缺陷消灭于未然。

（3）电源、控制器、通信模件、工控机、网络交换机等更换前应做好功能性测试，尤其应注意的是通信模件、工控机、网络交换机等的更换，可采用仿真机上测试，确保所更换的部件无故障。

（4）日常应加强对系统维护，每日巡检重点关注DCS故障报警、控制器状态、控制器负荷率、硬件故障等异常情况，可利用红外测温加强对电源模件、伺服模件等重要设备的巡检，对于温度异常偏高的情况应及时处理；制定定期检查制度，加强DCS管理，定期对DCS设备特别是网络设备进行通信情况检查。

（5）应严格控制电子间的温度和湿度，尤其是湿度偏大的环境容易加速系统模件的老化。

（6）做好热控设备的劣化统计分析、备品备件储备和应急预案的演练工作，发现问题及时正确处置，应开展劣化评估工作，制定重要系统、部件等的更换周期。

（二）不断完善热控控制逻辑的建议

（1）针对热控逻辑组态策略、方式方法问题，应加强热控检修及技术改造过程监督管理，实施热控逻辑组态标准化管理，在涉及DCS改造和逻辑修改时应加强对控制系统逻辑组态的检查审核，严格完成保护系统和调节回路的试验及设备验收。

（2）对于模拟量参与保护逻辑判断回路应该避免选择三取中、二取平均的判断方式，容易因参数设置错误、信号质量判断异常导致信号误选等，应将模拟量信号经高低限判断形成开关量信号，同时增加信号质量判断回路，再采用二取二、三取二等判断方式参加保护。

（3）由于深度调峰、煤质、电网频率波动等工况变化，机组自动控制逻辑参数不能适应低负荷工况运行等，应深入开展自动控制参数优化工作，开展深度调峰等特殊工况下的扰动试验。

（4）深入开展热控逻辑梳理及隐患排查治理工作，机组开展深度调峰工作后，以前的保护条件多是针对50％负荷以上设计的控制策略、控制参数，例如风量、给水量等偏置控制，当处于低负荷阶段，由于高负荷阶段设置较大的偏置，运行人员在低负荷情况下容易忘记调回参数等，容易导致异常事件发生。

（5）应对照事故案例、反事故措施、相关标准开展隐患排查，梳理保护联锁、模拟量调节、启停允许条件中的缺陷，及时优化完善；对于单列辅机配置的发电机组，辅机的保护条件应间接上升为主保护条件，应核查辅机保护判据的可靠性。加强运行人员的培训，提高运行人员对DCS控制逻辑和控制功能的掌握，以及异常工况下的应急处置能力。

（三）提高执行机构可靠性建议

（1）对于执行机构故障高发情况，应认真统计、分析每一次执行机构误动发生的原因，举一反三，消除多发性和重复性故障。燃煤机组上能够引起机组跳闸的执行机构主要包括定子冷却水压力调节阀、汽动给水泵再循环阀、除氧器水位调节阀等。燃气轮机上能够引起机组跳闸的气动执行机构、液动执行机构较多，例如ESD阀、IGV阀等，很多执行机构故障是由于电磁阀故障所致。

（2）对于执行机构故障隐患应从源头消除，从设计之初就应考虑进去，比如重要的气动执行机构可设计为两条管路，两个阀门互相备用；燃气轮机上的电磁阀故障率较高，同时单个电磁阀故障导致某一阀门关闭就可能引起跳机，应采用根据安全方向冗余配置电磁阀；阀门连杆脱开的故障率较高，可采用冗余的反馈装置，例如 IGV 阀 LVDT 冗余改造、防喘放气阀冗余改造等。

（3）对执行机构加强日常巡检制度，以便及时发现执行机构异常状况。运行期间应加强对执行机构控制电缆绝缘易磨损部位和控制部分与阀杆连接处的外观检查；检修期间做好执行机构等设备的预先分析、状态评估及定检工作，针对易冲刷的阀门除全面检查外，应核实紧固力矩；对阀杆与阀芯连接部位采取切实可行的固定措施，防止门杆与门芯发生松脱现象；对气动执行机构仪用空气管路漏气点应及时安排隔离检修，过滤减压阀等应采用金属罩，运行过程中不可轻视任何小的漏点。

（4）机组准备启动时，应加强对执行机构的试验检查工作，尤其是燃气轮机机组，应测试记录阀门的开关时间等，检查执行机构是否存在异常的卡涩等情况。

（5）开关型电动执行机构参加联锁条件时，宜采用"执行机构的开反馈与上非关反馈"或者"执行机构的关反馈与上非开反馈"优化联锁条件。

（四）提高电缆可靠性建议

（1）加强控制电缆安装敷设的监督，信号及电源电缆的规范敷设及信号的可靠接地是最有效的抗干扰措施，避免动力电缆与信号电缆同层、同向敷设，同时电缆敷设应避开热源、潮湿、振动等不利环境。

（2）对控制电缆定期进行检查，将电缆损耗程度评估、绝缘检查列入定期检修工作当中。机组运行期间加强对控制电缆绝缘易磨损部位的外观检查；在检修期间对重要设备控制回路电缆绝缘情况开展进线测试，检查电缆桥架和槽盒的转角防护、防水封堵、防火封堵情况，提高设备控制回路电缆的可靠性。

（3）对热控保护系统的电缆应尽可能远离热源，必要时进行整改或更换高温电缆。

（4）同一重要保护信号电缆应分开独立敷设，宜尽可能避免采用同一电缆受高温、腐蚀等环境影响造成机组保护误动停机。

（五）进一步提升监督管理的有效性

（1）认真统计、分析每一次热控保护动作发生的原因，举一反三，消除多发性和重复性故障。近几年，测量仪表故障主要体现在汽轮机的轴承温度以及燃气轮机的排气温度测点。虽然轴承温度测点已配置有通道质量判断和温升速率判断回路，但是有时候电荷累积引起的温度异常上升并不能够通过通道质量判断和温升速率判断回路来判断出来，所以目前基本上将一个双支温度的两个测点全部引入控制系统参加保护判断，相当于两个通道相与，同时也提高了温度单测点的可靠性；应对燃气轮机的排气温度测点单点故障，完善大屏报警，同时应优化逻辑增加每一点故障时可切换为平均值的逻辑，出现单点故障时及时消缺；完善燃气轮机排气温度元件、轴承温度元件等易故障测点的检修台账，研究制定合理的更换周期。

（2）加强模拟量测点作为自动控制回路信号的可靠性分析，梳理排查模拟量测点故障情况下的风险点，例如部分自动撤至手动控制的风险，有针对性地制定防范措施。

（3）加强对运行 8 年以上及恶劣环境中运行的测量元件（尤其是压力变送器、压力开关、液位开关等）日常维护，对于采用差压开关、压力开关、液位开关等作为保护联锁判据的保护，宜采用模拟量变送器的测量信号。如炉膛压力保护信号、凝汽器真空保护信号的检测可选用压力变送器，便于随时观察取样管路堵塞和泄漏情况；有条件的情况下，汽轮机和给水泵汽轮机都应在超速保护控制（OPC）和 AST 管路中增加油压变送器，实时监视油压，及时发现处理异常现象。

（4）梳理机组在运行过程中可能遇到的设备突发故障事件，有针对性地开展反事故演习，并制定相应的防范预控措施，提高运行人员在异常工况下对各类风险的预控能力和应急处置能力。

（5）对于真空泵分离器液位等容易忽视的单测点信号，应利用检修机会增加测点以提高控制系统的可靠性。

（六）重视运行维护人员技术水平与操作规范化培训

（1）组织热控人员开展专项培训，认真学习热控保护管理细则等热控各项管理制度和非停事故，切实认识到热控操作的重要性和危险性，增强检修人员的工作责任心和考虑问题的全面性，提高检修人员的防误意识及防误能力。

（2）制定《热控保护定值及保护投退操作制度》，对热控逻辑、保护投切操作进行详细规定，明确操作人和监护人的具体职责，重要热控操作必须有监护人。

（3）在涉及 DCS 改造和逻辑修改时应加强对控制系统的硬件验收和逻辑组态的检查审核，严格完成保护系统和调节回路的试验及设备验收。

防止人员误操作有严格规程执行、制度、奖惩等多种方法和手段，需要结合实际综合使用。工作中往往工作最积极的人员，出错的风险和概率会超过平均水平，领导和管理层除应着眼于制定规范的工作程序、加强事前预想和处理过程监督外，还应制定有利于积极工作的专业人员发展的奖励机制，以鼓励员工积极工作。

热控专业工作质量对保证火力发电机组安全稳定经济运行至关重要，特别是机组深度调峰、机组灵活性提升、超低排放以及节能改造等关键技术直接影响机组的经济效益。在当前发电运营模式与形势下，增强机组调峰能力（但也应综合机组的安全性、经济性）、缩短机组启停时间、提升机组爬坡速度、增强燃料灵活性、实现热电解耦运行及解决新能源消纳难题、减少不合理弃风弃光弃水等方面，仍是热控专业需要探讨与研究的重要课题，许多关键技术亟待突破，特别是在如何提高热控设备与系统可靠性方面，还有许多工作要做，因为这是直接关系到能否有效拓展火力发电机组运行经营绩效的基础保证问题。

第二章

电源系统故障分析处理与防范

近年来，火力发电机组由于控制系统电源故障引起机组运行异常的案例虽有所减少，但仍屡有发生。本章收集了2021年发生的部分控制电源典型故障案例7起（供电电源故障案例4起，控制设备电源故障案例3起），通过对这7起案例的统计分析，我们看到火力发电机组控制系统电源在设计、安装、维护和检修中仍存在安全隐患。而这些隐患，有的是在设计、安装阶段未落实电源系统的标准、相关反事故措施和可靠性要求导致，有的则是因检修维护和试验不当引起，如本章中的磨煤机出料阀、主汽门位置变送器、AST电磁阀以及燃气轮机调压站等故障；同时也提醒我们在运行维护中，应定期进行电源设备（系统）可靠性的评估、检修与试验，尤其是在检修DEH系统、PLC系统电源方面应加强。希望借助2016—2021年这五年电源故障案例的统计、分析、探讨、总结和提炼，得出完善、优化电源系统的有效策略和相应的预控措施，提高电源系统运行可靠性，为控制系统及机组的安全运行保驾护航。

第一节　供电电源故障分析处理与防范

本节收集了供电电源故障案例4起，分别为磨煤机分离器出料阀电源所配置的单电源切换装置异常导致机组跳闸、AST电磁阀供电电源配置设计不合理导致机组跳闸、尿素区PLC控制柜UPS故障导致尿素溶液输送泵跳闸、燃气轮机调压站ESD阀电源设计不可靠导致全厂机组停运。

一、磨煤机分离器出料阀单电源切换装置异常导致机组跳闸

某电厂锅炉为东方锅炉（集团）股份有限公司生产制造的型号为DG-1952/25.31-Ⅱ8超临界参数、W形火焰燃烧、垂直管圈水冷壁、变压直流锅炉。每台锅炉配置6套双进双出钢球磨煤机正压直吹式制粉系统，控制系统采用南自美卓MAXDNA系统。其中1号机组A、B、C、D、E、F磨煤机分离器出料阀电磁阀电源均取自交流220V锅炉热控电源盘10CSB01，该盘柜内采用两路电源冗余配置，一路取自机组保安段，另一路取自机组UPS，两路电源通过双电源切换装置进行主备切换，双电源切换装置主板为GE公司生产的MX150微控制器转换开关控制板。

（一）事件过程

2021年11月20日19时50分，某厂1号机组负荷为550MW，协调控制方式，AGC

投入，汽轮机顺序阀运行，A、B空气预热器和A、B引风机、送风机、一次风机运行，引风机、一次风机自动，送风机手动，A、B、C、D、E、F磨煤机运行，机组参数稳定运行。11月20日19时53分23秒，机组跳闸，MFT首出为"锅炉失去全部火焰"。

（二）事件原因查找与分析

1. 事件原因查找

（1）在机组停运前，"锅炉热控电源盘10CSB01电源异常"报警信号发出，检查1号炉13.7m层锅炉热控电源盘10CSB01的双电源切换装置控制面板显示异常，机械装置指示在跳闸位，该盘柜内切换装置后电源输出电压值为0。检查锅炉热控电源盘10CSB01的两路进线电源电压正常，盘内线缆回路检查无异常。操作双电源切换装置控制面板按键无任何响应，多次进行切换试验也无法正常运行，随后更换该装置主板，送电后进行电源切换试验正常，确认故障部件为双电源切换装置主板。

（2）检查锅炉热控电源盘10CSB01环境条件，因该盘柜位于室外的1号炉13.7m层，靠近锅炉本体，盘柜周围灰尘较多，柜体、滤网及柜内虽定期进行维护但仍存在一定积灰，此外，无有效的温湿度控制措施。

（3）拆下锅炉热控电源盘10CSB01双电源切换装置主板，检查发现该主板上U124电容有明显灼烧痕迹、MOV12元器件、K4继电器背部印刷线存在腐蚀、锈蚀痕迹，见图2-1，查阅说明书和咨询设备厂家，可能影响转换开关的电压转换，需返厂进行进一步检测。

（4）查阅相关检修维护工作记录：1号机组锅炉热控电源盘10CSB01双电源切换装置最近一次更换的时间为2019年6月6日。2021年9月24日1号机组检修期间，对该双电源切换装置进行主备电源切换试验，试验结果正常，符合规程要求，此外，检修时对该双电源切换装置的主板等部件进行了清灰处理。

(a) 切换装置主板U124电容的灼烧痕迹　　　　　　　　(b) 切换装置主板背部两处腐蚀痕迹

图2-1　切换装置主板故障痕迹

（5）6台磨煤机分离器出料阀（气动门）电磁阀电源全部取自锅炉13.7m层锅炉热控电源盘10CSB01，配电柜两路进线电源仅通过一套双电源切换装置进行切换，双电源切换装置主板故障，导致盘柜切换装置后电源失电，其所带的所有磨煤机分离器出料阀电源失电后关闭，全开信号消失，所有"煤燃烧器无火"信号发出，"所有磨组失去火焰（3/4）"条件满足动作，最终触发"锅炉失去全部火焰"保护动作，MFT跳闸停机。

2. 原因分析

（1）直接原因。双电源切换装置主板故障，盘柜切换装置后电源失电，导致机组停运。

（2）间接原因。

1）电源配置可靠性不高。6台磨煤机分离器出料阀（气动门）电磁阀电源全部取自锅炉13.7m层锅炉热控电源盘10CSB01,配电柜两路进线电源仅通过一套双电源切换装置进行切换,切换装置故障将引起所有磨煤机分离器出料阀电磁阀电源失电而自动关闭,全开信号消失,是本次事件的间接原因之一。

2)锅炉热控电源盘现场环境条件不佳,易积灰和受潮,影响柜内双电源切换装置主板等电子元件设备可靠性和使用寿命。

3.暴露问题

(1)电源负载分配和锅炉热控电源盘柜安装位置及电源切换设计,不能满足电源安全可靠运行的要求,6台磨煤机分离器出料阀(气动门)电磁阀电源全部取自锅炉13.7m层锅炉热控电源盘10CSB01,配电柜两路进线电源仅通过一套双电源切换装置进行切换,而该盘柜位于室外,环境条件不佳,易积灰和受潮,夏季温度较高,影响柜内双电源切换装置主板等电子元件设备可靠性和使用寿命,一旦双电源切换装置故障失电将导致所有磨煤机分离器出料阀失电关闭,进而引发全部燃料中断、机组跳闸的风险。

(2)设备隐患排查不彻底,防止机组非正常停机的技术措施针对性不强。6台磨煤机分离器出料阀电磁阀电源全部取自锅炉热控电源盘10CSB01的双电源切换装置后,属于"单一设备故障引发机组非计划停运"隐患,虽定期对盘柜内设备进行清灰维护和开展电源切换试验,检修时积极进行重要设备更换,但未能从根本上改善锅炉热控配电柜的环境条件,推进该电源可靠性优化改造,直到机组因此隐患导致跳闸。

(三)事件处理与防范

(1)从本质安全角度出发,根治该隐患:

1)机柜移位、增设隔离小间并配套配置温湿度可控的空调设备等措施,从根本上改善锅炉热控配电柜的环境条件,提高电子元件设备可靠性和使用寿命;

2)积极推进该电源可靠性优化的改造,增加一套交流220V锅炉热控配电柜,将原负载分散布置。

(2)举一反三,开展全厂双电源切换装置、设备电源负载集中布置隐患排查,根据排查情况制定具体整改措施。

(3)加强热控配电柜双电源切换装置的检修和维护力度,将热控配电柜双电源切换装置的切换试验列为逢停必检项目,严格按照相关标准、规范及产品说明书要求,编制具有实际指导意义的检修规程,工作时严格遵照执行。

(4)加强热控专业人员技术培训,提高提前发现并排除装置异常的技术能力;加强与设备厂家技术人员的技术交流,联系厂家将此次故障的双电源切换装置主板返厂进行全面检测,查明装置故障的具体原因,出具详细的检测分析报告和有针对性的防范措施。

二、AST电磁阀供电电源配置设计不合理导致机组跳闸

某电厂3号机组为300MW国产亚临界燃煤机组,2006年投产。3号发电机:冷却方式为定子绕组水内冷,定子铁芯和转子直接氢冷,型号为QFSN-300-2,额定容量为353MVA,额定电压为20kV;3号主变压器:保定天威保变电气有限责任公司制造,型式为户外ODAF双绕组三相变压器;型号为SFP10-370000/220,冷却方式为ODAF(强油风冷),额定容量为370MVA。3号机组ETS柜双回路AST跳闸电源均取自3号机220V直流母线。3号机220V直流系统配置一套直流充电器和一段220V直流母线,整套系统于

2005 年投产，2012 年 4 月对 220V 直流充电器进行换型改造，改造后的型号为 PGP-Ⅳ-2000AH-220，浙江三辰电器有限公司生产。2017 年 3 月对 220V 直流系统进行了稳压、稳流、纹波系数、输入电源切换等检验。

（一）事件过程

2021 年 11 月 11 日 10 时 28 分 49 秒，某机组负荷为 190MW，机组协调控制方式，A、B、D 3 台磨煤机运行，机组各运行参数均正常，3 号机组 220V 直流母线失电，3 号机组高中压主汽阀、调节阀关闭，汽轮机跳闸，锅炉 MFT。

（二）事件原因查找与分析

1. 事件原因查找

（1）220V 直流母线失电原因。对照 220V 直流系统原理图 2-2，检查现场发现该机组 220V 直流蓄电池双投隔离开关 QS2 在断开位置，蓄电池未与直流母线并列运行，而 220V 直流充电器的直流输出熔断器熔断，从而导致机组的 220V 直流母线失电。

（2）220V 充电器输出熔断器熔断原因。因蓄电池未与直流母线并列运行，汽轮机直流润滑油泵（220V 直流系统馈线柜接线图见图 2-3）试启时，造成充电器输出熔断器熔断。

（3）220V 直流蓄电池双投隔离开关 QS2 在断开位置原因。3 号机组临修完成后，运行人员未对 220V 直流系统运行方式进行检查恢复，导致直流系统处于非正常运行方式。同时运行人员巡视设备不到位，机组运行后未及时发现 220V 直流系统处于非正常运行方式。

2. 事件原因分析

（1）本次事件直接原因：3 号机组 220V 直流母线失压，AST 电磁阀失电，造成 3 号机组汽轮机跳闸，锅炉 MFT。

（2）本次事件间接原因。

1）AST 电磁阀电源设计存在重大隐患，取自同一条 220V 直流母线，不符合 DL/T 261—2012《火力发电厂热工自动化系统可靠性评估技术导则》中 6.4.2.1 电源配置要求第 4 款中"采用双通道设计时，每个通道的 AST 电磁阀应各由一路进线电源供电"的规定。

2）运行人员试运直流润滑油泵试启时，未能检查注意到 220V 直流系统处于非正常运行方式，引起 220V 直流充电器直流输出熔断器熔断，造成 220V 直流母线失电。

3. 暴露问题

（1）运行人员检查不到位，机组开机前对 220V 直流系统各隔离开关、开关状态和运行方式的检查不全面。

（2）隐患排查、整改不到位。此前已对重要电源系统进行隐患排查，发现 3 号机组 ETS 柜双路直流电源均取至同一条直流母线，存在可靠性低隐患，但由于机组运行暂未实施整改。

（三）事件处理与防范

（1）加大风险辨识培训工作力度，提高人员对风险、隐患的辨识能力和技能水平；加大设备日常检查、定期检查和专项检查力度，深挖隐患，闭环整改。

（2）对 ETS 柜两路电源取自同一条母线的隐患进行整改，将 AST 电磁阀电源改成 110V 直流或 220V 交流电源。举一反三，加大对重要电源系统隐患排查和整改。

（3）总结和吸收机组非计划停运事件的教训，细化、完善专业控制机组非计划停运可靠性措施，逐一对照排查在管理、设备、技术、技能方面的不足，落实整改。

（4）加强检修质量管理，减少系统与设备可靠性隐患。

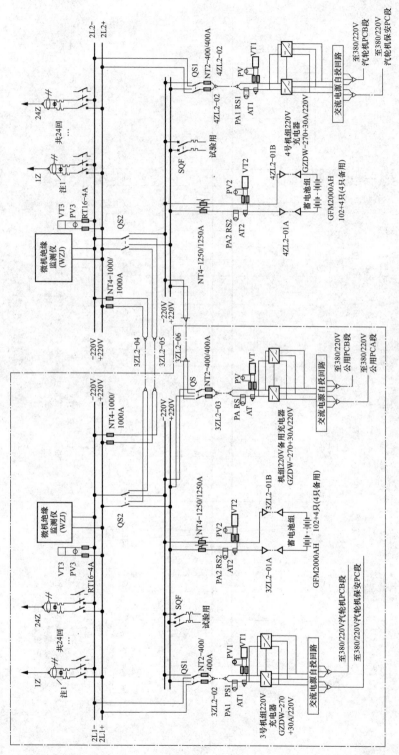

图 2-2 3 号机组 220V 直流系统原理图

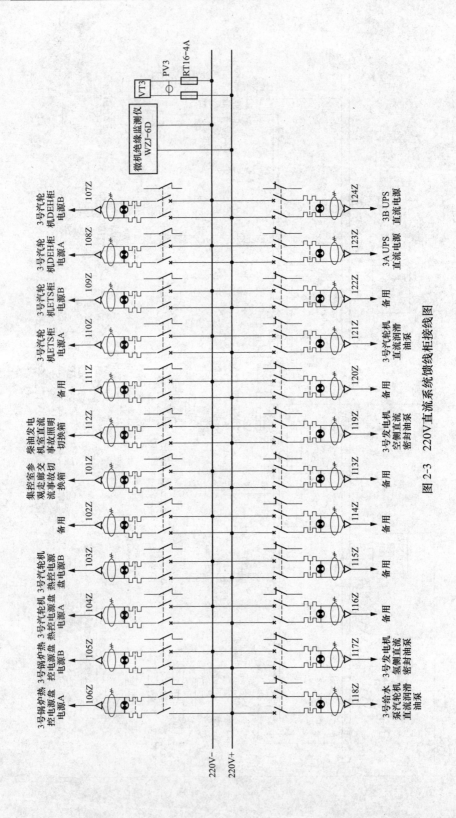

图 2-3　220V直流系统馈线柜接线图

三、尿素区 PLC 控制柜 UPS 故障导致尿素溶液输送泵跳闸

某发电厂尿素溶液输送泵控制采用西门子 PLC，CPU 型号为 S7-400-412，双机热备，下挂两个 I/O 站。PLC 供电采用双回路，两路电源分别取自尿素 MCC1、MCC2，经双电源切换装置（停电切换方式）后同时向 2 号 24V 电源模块及 UPS（型号为 SANTAK C3KS，3kVA/2400W）供电。UPS 输出后分别向 2 号 CPU、2 号 24V 电源模块、交换机电源供电；1 号 CPU 由尿素区电源柜供电，1 号、2 号 CPU 为一主一备运行方式，考虑到供电可靠性，2 号 CPU 定义为主运行方式。

（一）事件过程

2021 年 7 月 13 日，事件发生前，1 号机、3 号机运行，尿素溶液输送泵 B、D 运行，尿素溶液输送泵 A、C 备用。尿素溶液输送泵 B、D 跳闸前参数如下：

（1）尿素溶液输送泵 B 变频运行，压力为 1.15MPa，频率为 40.5Hz，电流为 12.4A；设备运行状况正常。

（2）尿素溶液输送泵 D 变频运行，压力为 1.10MPa，频率为 39.1Hz，电流为 12.1A；设备运行状况正常。

（3）DCS 显示尿素溶液输送泵 B 压力为 1.17 MPa、出口流量为 3.14m³；尿素溶液输送泵 D 压力为 1.15 MPa、出口流量为 3.15m³。

7 时 53 分，某电厂运行人员监盘过程中，发现尿素溶液输送泵 B、D 泵突然跳闸，一期、二期尿素溶液输送母管压力迅速下降。

8 时 2 分，运行人员就地启动尿素输送泵 B、D 泵，压力、流量正常。

故障发生后，就地检查发现 UPS 持续蜂鸣报警，面板显示故障状态，UPS 电源报警并切旁路运行。

（二）事件原因查找与分析

1. 事件原因查找

故障发生后就地检查 UPS 持续蜂鸣报警，面板显示故障状态，工作方式已自动切为旁路输出工作方式。

对 UPS 进行检查，市电输入电源电压为 221V，电池单块电池电压为 13.43V 左右，8 块电池总输出电压为 107.9V，电池正常，接线端子紧固、无松动。重新送电发现 UPS 散热风扇不转，分析故障原因为 UPS 散热风扇故障导致内部过热故障，将 UPS 主机返厂进行检测。

就地检查 PLC 主副 CPU 电源正常，2 号 CPU 运行，1 号 CPU 跟踪。测量 PLC 模块和 DC 24V 电源，工作正常。将 UPS 电源隔离，双电源自动切换装置下口出线直接接至 PLC 主电源开关上口，对 PLC 主、副 CPU 进行断电切换试验，CPU 切换正常。对 1 号、2 号的 24V DC 电源进行电源切换试验，电源切换正常。电源切换过程中，测量 AI、AO 模块电流输出无变化，RTD 所监控的温度信号均显示正常，DO 模块输出状态无变化，DO 驱动的继电器无异常，模件和继电器均工作正常。

根据事件发生的现象和调阅有关历史趋势发现，事件发生时，PLC 所监控的所有 RTD 信号变为最大值，部分 4～20mA 信号（如溶液罐液位）出现初始位（数值为 0），由此判定 PLC 的电源部分出现故障，导致 PLC 的 24V DC 电源出现异常。

从 PLC 侧来分析，导致尿素溶液输送泵跳闸的条件有以下几个：

（1）尿素溶液输送泵的"启动/停止"指令为单指令模式：该指令置位为启动指令；该指令复位为停止指令。"启动/停止"指令复位会导致尿素溶液输送泵跳闸。导致该指令的复位有以下几种情况：

1）上位机操作停止（检查情况判断，非人为操作停止）。

2）逻辑判断保护跳闸，逻辑判断保护跳闸条件有：

a. 溶液罐液位同时低于 0.4m 延时 5s（检查历史趋势曲线判断不成立）。

b. 溶液罐温度同时小于 30℃延时 5s（根据历史趋势判断不成立）。

（2）PLC 的 DO 模块通道复位或是该指令继电器 24V 电源异常导致继电器复位（该问题由于没有相关的历史趋势与记录，无法作出进一步的断定）。

（3）尿素溶液输送泵的 AO 指令复位导致（AO 指令复位为 0，会导致尿素溶液输送泵停止。但由于该 AO 指令没有相关的历史趋势与记录，无法作出进一步的断定）。

2. 事件原因分析

在缺少相关的记录与历史趋势辅助进一步分析的情况下，专业人员初步判断是电源部分出现问题，导致 I/O 模块出现异常（或是离线），也不排除 UPS 前端电源异常导致 UPS 出现故障，进而引发后续问题。

3. 暴露问题

（1）对于小型 UPS 硬件老化易故障的风险意识不足。

（2）电源回路可靠性不高，设计回路过程中未考虑 24V DC 电源的可靠性问题，同时缺少有效的电源监测手段。

（三）事件处理与防范

（1）取消 UPS，消除因 UPS 异常导致故障发生的隐患。

（2）对电源配置进行优化，取消热控电源，增加 24V DC 切换装置，增加电源报警功能，该功能接入旁边的 DCS 柜内，并加入历史趋势与光字牌报警。优化的电源原理图如图 2-4 所示。

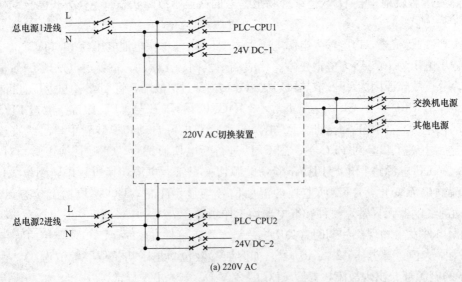

图 2-4 优化的电源原理图（一）

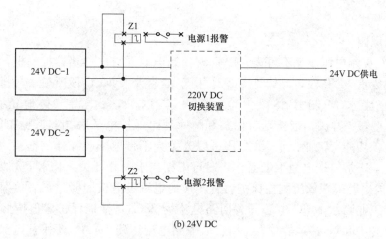

(b) 24V DC

图 2-4 优化的电源原理图（二）

（3）从提高控制系统可靠性和今后检修与维护的方便性考虑，取消该 PLC，按全部 I/O 信号接入旁边 DCS 柜的方案讨论与实施。

四、燃气轮机调压站 ESD 阀电源设计不可靠导致全厂机组停运

（一）事件过程

2021 年 6 月 16 日 10 时 51 分 36 秒，某厂二拖一（1 号、3 号机组）运行，1 号燃气轮机 197MW，3 号汽轮机 108MW，机组群出力为 305MW；4 号、5 号机组一拖一运行，4 号汽轮机 112MW，5 号燃气轮机 191MW，机组群出力为 303MW；全厂机组总负荷为 608MW。

10 时 52 分，运行人员监盘发现 1 号燃气轮机、3 号汽轮机、4 号汽轮机、5 号燃气轮机负荷到 0MW，机组跳闸。

查报警画面，10 时 51 分 36 秒，"调压站入口过滤器前关断阀已关"报警信号，1 号燃气轮机、5 号燃气轮机 P2 压力低保护动作，余热锅炉保护动作联跳 3 号、4 号汽轮机。

检查 DCS 画面上"调压站入口过滤器前关断阀"显示黄色故障，调压站对比计量表压力、流量等参数变为坏点。

（二）事件原因查找与分析

1. 事件原因检查

检查厂用电系统正常，检查交流、直流油泵状态正常，油压、温度正常。现场检查发现 ESD 阀（调压站入口过滤器前关断阀，该阀门安装在调压站内燃气公司管辖的区域，设备资产归属于燃气公司）关闭，联系燃气调度派人检查，共同就地确认 ESD 阀处于失电关闭状态。

ESD 阀的电源取自电加热器控制柜，控制柜的两路电源均接在工业废水 MCC 段上，检查发现工业废水 MCC 段失电。经检查确认为该段所带 1 号排水泵发生接地故障，引发零序保护动作，导致整段失电。

2. 事件原因分析

（1）直接原因。全厂停止对外供电的直接原因是调压站 ESD 阀电磁阀失电，造成 ESD 阀自动关闭，厂内天然气供应中断，1 号、5 号燃气轮机天然气压力低跳机，联跳 3 号、

4 号汽轮机造成。

（2）间接原因。

1）ESD 阀控制电源设计不可靠。ESD 阀控制电源取自电加热器控制柜，该柜两路电源均取自工业废水 MCC 段，具体见图 2-5。由于工业废水 MCC 段所带 1 号排水泵发生接地，导致工业废水 MCC 段整段失电。厂内隧道排水泵电源（接地负荷）开关为 3VT100H-80 型塑壳开关，带长延时保护和瞬时短路保护电子脱扣器，脱扣器不可整定，不具备接地保护功能。工业废水 MCC 段进线开关为不带电子脱扣器的框架式断路器，未设置保护功能，正常停送电为手动操作，运行中相当于隔离开关。化水 PC 段馈线开关工业废水 MCC 段电源配置低压测控保护装置，接地电流定值按照躲过最大负荷的不平衡电流进行整定，工业废水 MCC 电源开关回路电流为 280A，接地保护定值按照回路电流的 60％进行整定为 168A，接地故障发生时，故障相电流达到 196A，不平衡电流为额定电流的 61％，保护动作跳闸。

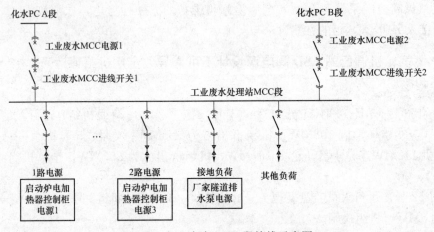

图 2-5　工业废水 MCC 段接线示意图

2）ESD 阀控制电源设计、施工、验收把关不严。设计院负责电加热器柜电源设计，设计图纸明确电加热器柜两路 220V 电源均取自工业废水 MCC 段，造成电源可靠性低；电建负责电加热器柜施工，未按照设计院的设计，将送入电加热器柜的第二路 220V 电源接入厂供 UPS 电源柜，而是直接引入了电加热器柜，电源可靠性进一步降低；电厂、监理单位在设计审查、施工验收中把关不严，均未发现此项问题，造成该隐患长期存在。

3）未将 ESD 阀纳入厂内设备管理范围，关口未能前移，对该阀门电源设计和实际接线方式不掌握，生产期隐患排查工作不严、不细。

3. 暴露问题：

（1）思想认识不到位。

1）电厂在天然气进气模块的日常运行和检修管理中，错误地认为燃气公司的设备，应由燃气公司对其安全运行负责，电厂没有管理责任，没有主动开展该系统的风险排查与评估。

2）电厂基建及生产管理不严、不细，制度执行不严格、要求落实打折扣、抓落实力度不够，设计、监理、安装与基建期间，电源与逻辑可靠性审查验收把关不严、生产期历次隐患排查治理不到位，未能及时发现 ESD 阀的重大隐患。

3）电厂对 ESD 阀关闭后可能造成的严重后果认识不到位，未将其纳入到防止全厂停电的隐患排查内容，生产管理出现明显漏洞。

（2）安全生产责任不明晰，落实不到位。

1）电厂与燃气公司对重要设备管理存在盲区。天然气调压站内分别安装有燃气公司和电厂的天然气进气设备，根据双方签订的《非居民天然气供用合同》第六条，以电厂调压站四路贸易计量汇管后阀门和启动炉贸易计量表后阀门为双方的产权分界点，上游设备由燃气公司负责，下游设备由电厂负责，各自承担相应的安全、维护和管理责任。图 2-6 所示虚线框内为燃气公司管辖设备，现场采用铁栅栏将双方设备进行了物理隔离。但未明确燃气公司所负责设备的电源、气源的供应责任，管理界面不清晰。电厂对所提供的电源、气源的设计用途和实际使用情况不掌握。

2）厂内设备责任划分存在漏洞。ESD 阀的电源取自电加热器柜，此机柜布置在化学水电子间内，电厂未明确电加热器柜的设备分工，管理责任未落实，导致多年来一直处于无人管理的状态。

3）专业验收把关不严。基建设计联络会要求的电源条件为双路 380V 电源，后设计变更为 1 路 380V 电源、两路 220V 电源，变更原因及变更后电源的具体要求均不明确。

按照设计变更单 GJRQRD/00-NCPE/DQ-c06-2012 的内容，变更后的两路 220V 电源中的"启动锅炉电加热器控制柜电源 3"应接入厂家 UPS 电源柜，但实际为直接接入电加热器控制柜，未接入燃气公司的 UPS 机柜，基建验收时未发现此问题。

（3）设备管理不系统，漏洞多。

1）定期试验制度与试验方案欠缺。电厂与燃气公司对 ESD 阀的运行维护的管理存在交叉漏洞，没有制定关于 ESD 阀定期试验的计划与方案。经查，最近一次试验为 2017 年 5 月 2 日，利用全厂全停的机会，向燃气公司发函，配合燃气公司完成了 1 号、2 号 ESD 阀快关试验及电源切换试验。

在电源切换试验过程中仅进行了柜内 24V DC 模块的切换，未从电源的源头进行切换，试验方案不健全。未会同燃气公司制定 ESD 阀定期试验的制度。近几年由于无全厂全停的机会，未联系燃气公司进行 ESD 阀试验，且未根据这个实际情况对 ESD 阀系统进行重点关注。

2）专业协同沟通不够，电源配置不合理。专业接口部分的管理存在盲区，电源使用专业对电源来源不掌握，电源管理专业对电源使用情况不掌握，造成电源配置合理性失控。

3）电气负荷梳理检查不到位，保护配置不匹配。排水泵接地后，造成工业废水 MCC 段失电。配置保护时仅按照图纸设计将工业废水 MCC 段按照 C 类负荷首先切除的原则投入低电压保护及接地保护，未根据实际负荷设置对保护配置情况进行进一步核实。

4）部分辅机的日常检修、预试存在漏洞。电缆隧道排水泵为潜水泵型式，日常按照 C 类设备管理，执行状态检修（故障检修）。其运行方式根据水位高低实现自启停。在春检及防汛检查中只检查了排水泵状态并进行了启停泵试验，未对排水泵及类似设备进行统一摇测绝缘，未掌握设备绝缘及劣化情况。

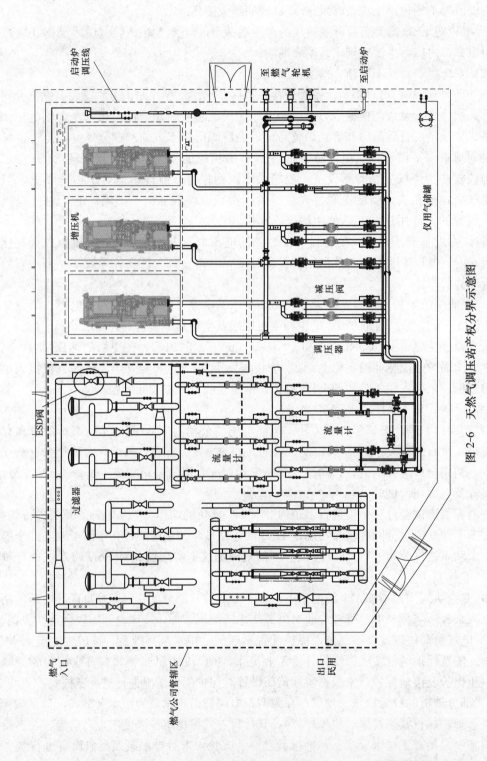

图 2-6 天然气调压站产权分界示意图

（4）运行管理不全面，对调压站管理有缺失。

1）事发前的天然气管线运行方式存在风险。图 2-7（a）所示为 ESD 阀示意图，两个 ESD 阀并联布置，每个 ESD 阀前均有串联设置的手动阀，详见图 2-7（a）中圆圈内设备。实际检查发现，位于下部的 2 号手动阀开启［见图 2-7（b）］，管线正常投入；位于上部管线的 1 号手动阀关闭，处于冷备用状态。经向燃气公司核实，回复此种方式为正常运行方式。但与其他电厂核实，其两个手动门均应处于开启状态，两路应并联运行。

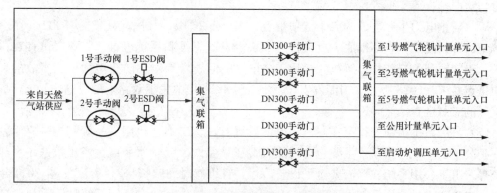

(a) ESD 阀示意图

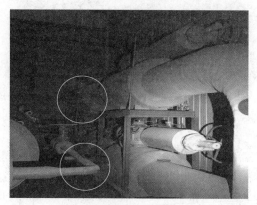

(b) ESD 阀前手动阀安装位置示意图

图 2-7 ESD 阀控制及安装示意图

根据实际情况进行分析，此种运行方式相当于退出了一路天然气管线运行，在 2 号 ESD 阀故障关闭的情况下同样会引起入厂天然气中断。电厂对燃气公司天然气供气运行方式不掌握，投产以来未提出明确诉求协调整改。

2）日常巡检不到位。没有针对与燃气公司交叉管理的 ESD 阀等重要设备制定日常巡检制度。目前仅采取联络单的方式，由燃气公司定期到电厂进行所属设备巡检，电厂对燃气公司的巡检、维护、消缺、检修质量的周期与标准不掌握，也未对燃气公司负责设备进行日常检查，造成重要设备失控。

（5）隐患排查不彻底，重大隐患长期存在。

1）电厂没有协同燃气公司有效的开展共用设备的隐患排查工作。调压站 ESD 阀虽资产归属燃气公司，但电源供应在本厂，电厂未落实管理责任，对电源系统配置的合理性排查，管控不到位，没有主动联系燃气公司共同分析电源可靠性，造成假两路电源供电隐患长期存在。

2）厂内隐患排查不深入。从历次隐患排查结果来看，现场问题多、表面问题多，管理问题、深层次问题少，尤其是涉及专业接口、系统接口的部位，专业间的配合未形成合力，存在隐患排查盲区，本位主义严重。过度信赖厂家及设计院，未将真正的问题及矛盾查找清楚。

（6）《防止电力生产事故的二十五项重点要求（2023 版）》（国能发安全〔2023〕22 号）学习与对照排查落实不到位。

对《防止电力生产事故的二十五项重点要求（2023 版）》（国能发安全〔2023〕22 号）理解不深入，对照排查不彻底。反措排查中缺少发散思维和系统思维，专业接口存在排查盲区，未能做到关口前移、解决"最后一公里"的问题，未对《防止电力生产事故的二十五项重点要求（2023 版）》（国能发安全〔2023〕22 号）中关于双路电源设置的要求开展举一反三的对照排查。

（7）公用系统检修安排存在漏洞。电厂设置有一套二拖一机组、一套一拖一机组，共用一套公用系统，公用系统主要包含天然气调压站系统、化学水系统、空压机系统、热网系统等，由于公用系统检修需要全厂设备停运，且维修时间较长（7～9 天），自 2014 年投产以来未曾安排过公用系统设备清理、升级、检修等工作，造成公用系统部分重要设备的维护与检修不足。

（三）事件处理与防范

1. 事件处理

对电加热控制柜进行改造，图 2-8（a）所示是改造前电源示意图，将电加热器控制柜两路电源从工业废水 MCC 段移出，分别改接至调压站 MCC 段和化学水 DCS 电源分配柜作为电源一和电源二，如图 2-8（b）所示，双路电源分别取自不同机组厂用电系统，供电可靠性提高。

改造完成后，开启 ESD 阀进行两路电源互投试验，确认试验合格后，恢复天然气供应。

6 月 16 日 15 时 55 分，向电网报告机组具备启动条件。17 日 16 时 33 分市调同意 1、3、4、5 号机组启动。22 时 28 并列 5 号燃气轮机，23 时 27 分并列 4 号汽轮机；6 月 18 日 1 时 11 分并列 1 号燃气轮机，2 时 47 分并列 3 号汽轮机。

2. 切实吸取教训，确保安全生产稳定

（1）组织召开专题安委会针对暴露问题，研究解决电厂安全生产的深层次、根源问题，组织开展安全生产大讨论，进一步提高对安全生产极端重要性的认识，自上而下转作风、履责任、夯基础、抓落实，扭转安全生产被动局面，健全安全生产长效机制，夯实安全生产基础。

（2）保持安全生产定力，有序有效组织安全生产工作，严格落实保电实施阶段各项措施、各项操作、作业，做好安全风险评估，提高监护等级，加强值班和应急值守。

3. 加强管理，梳理明确安全生产责任

（1）将天然气调压站区域内燃气公司所属设备、中水阀门、热网计量系统等厂区范围内资产不属于本厂的设备同样纳入设备管理范围。对现有的系统图进行补充完善，掌握相关设备技术规范及工艺流程，按照厂内设备管理的标准开展日常点检、巡查，做好风险防控。

（2）针对事件暴露出的设备分工不明确问题，重新梳理设备分工管理办法，尤其是电气与热控、继电保护专业接口部分，在明确每台设备责任的同时，要求"向前一步"了解

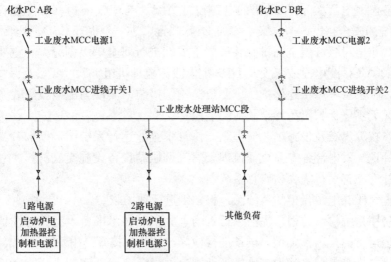

(a) 电加热控制柜改造前电源示意图

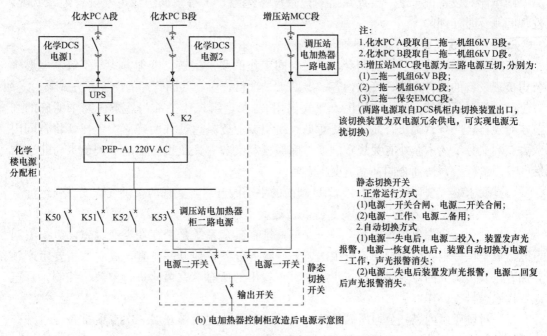

注:
1.化水PC A段取自二拖一机组6kV B段。
2.化水PC B段取自一拖一机组6kV D段。
3.增压站MCC段电源为三路电源互切,分别为:
(1)二拖一机组6kV B段;
(2)一拖一机组6kV D段;
(3)二拖一保安EMCC段。
(两路电源取自DCS机柜内切换装置出口,该切换装置为双电源冗余供电,可实现电源无扰切换)

静态切换开关
1.正常运行方式
(1)电源一开关合闸、电源二开关合闸;
(2)电源一工作、电源二备用。
2.自动切换方式
(1)电源一失电后,电源二投入,装置发声光报警,电源一恢复供电后,装置自动切换为电源一工作,声光报警消失;
(2)电源二失电后装置发声光报警,电源二回复后声光报警消失。

(b) 电加热器控制柜改造后电源示意图

图 2-8　电加热器控制柜改造前、后电源示意图

对口专业的需求。

4.突出重点,提升设备运行管理水平

(1)目前已将 ESD 阀的第一路电源改接至增压站 MCC 段,第二路电源改接至化水楼电源分配柜(Y0CUM02)内电源切换装置 PEP-A-220V AC 出口,最大限度提高设备运行可靠性。通过对电源进行分析,明确规范电源管理,将第二路电源作为主用电源,将第一路电源作为备用,在此种方式下运行时,两路主要工作电源的源头分别取自二拖一机组 6kV B 段与一拖一机组 6kV D 段,实现电源互为备用,保证在电源异常发生切换时最大限度的切换安全。

（2）调研各燃气电厂关于 ESD 阀的电源设计方案，与燃气公司召开专题会议，完善 ESD 阀电源系统的安全裕度改造方案，增加 UPS 装置，进一步提升 ESD 阀电源可靠性。

（3）对全厂用电设备开展全面排查并根据重要性进行安全等级划分，将重要负荷开关改接至机组 PC、MCC 配电段或保安及 UPS 配电段。梳理机组 PC、MCC 及保安段上的负荷及电源开关，不具备零序接地保护的重要负荷制定措施，实现与配电段进线开关的极差配合。非重要又无零序保护负荷移至其他配电段。

（4）根据产权分界点及设施工艺流程图，修订本企业运行系统图，增加分界点明显划线及文字描述标识。发电部各专业全面梳理天然气调压站设备设施交底材料，对照各专业的交底材料，补充完善运行规程，修订系统图。

（5）完善电气段、电源盘柜的系统图，将图纸进行现场张贴。

（6）制定公用系统检修计划，提前进行人力、物资、技术准备，有针对性地对可能危及机组安全稳定运行的公用系统重要设备进行检修、试验，提升公用系统的可靠性。

（7）统计建立排水泵、墙壁轴流风机等外围电气设备台账，定期进行状态检查，每年高温雨季前对设备进行逐一检查并摇测记录设备绝缘，了解掌握边缘电气设备绝缘状况，发现问题及时处理。

5. 主动沟通，健全外部协调机制

（1）联系燃气公司召开协调会，畅通不同工作的联系渠道、管理方式，了解掌握燃气公司负责设备的运行方式、管理内容、定期维护项目，协商共同管理的内容、方式等。

（2）针对目前签订的《非居民天然气供用合同》，组织相关部门逐条研究未明确的细节，对现行合同条款提出补充、变更意见。组织专业逐条讨论并明确落实责任，将合同内双方权利义务纳入本企业有关规章制度，确保权利义务有人负责。明确专人负责与北京市燃气有限责任公司协商合同补充、变更事宜。

（3）要求燃气公司将位于 1 号 ESD 阀前的手动阀开启，实现两条供气管线并列运行。

6. 健全机制，持续深入开展隐患排查治理

（1）健全深化隐患排查机制，举一反三，排查其余系统是否存在类似隐患，组织编制可能造成全厂停电的思维导图，分主次、分等级、分系统地开展排查，成立由主要生产领导加专业人员组成的专业隐患排查小组，对查找出的所有潜在风险进行整改、控制，真正地发挥隐患排查的作用。

（2）对调压站内燃气公司所属设备的电源、气源、逻辑等开展一次专项排查，对排查出的问题制定整改计划、明确责任人并按期整改。

（3）梳理可能导致全厂停电的主设备、重要单辅机设备、控制逻辑、保护定值等风险隐患设备清单，根据清单组织隐患排查并制定防范措施及整改措施、方案。

（4）对照《防止电力生产事故的二十五项重点要求（2023 版）》（国能发安全〔2023〕22 号）要求开展举一反三排查，同时各专业协作排查，不同专业的同类型设备做到按照相同标准执行《防止电力生产事故的二十五项重点要求（2023 版）》（国能发安全〔2023〕22 号）要求，保证设备系统同时满足电力调度、热电平衡及网源协调的要求。

7. 强化培训，提升技能水平与管理水平

加强专业技术培训，明确岗位技能要求和管理要求，细化培训项目及考核标准，提高隐患排查和问题分析能力，培养专业带头人和跨专业人才。

第二节　控制设备电源故障分析处理与防范

本节收集了控制设备电源故障案例 3 起，分别为 DEH 系统电源分配模块老化故障导致机组跳闸、DEH 系统电源故障造成 AST 电磁阀失电导致机组跳闸、主汽门位置变送器供电电源设计不合理导致再热器保护误动。

一、DEH 系统电源分配模块老化故障导致机组跳闸

某厂 3 号锅炉是武汉锅炉股份有限公司生产的 WGZ1025/18.24-4 型亚临界锅炉，汽轮机为东方汽轮机厂设计，日立公司制造的 N300-16.7/538/538-9 型亚临界、一次中间再热、双缸双排汽凝汽式汽轮机。DCS 为国内品牌，2007 年与机组同步投产，系统包括了协调控制系统（CCS）、顺序控制系统（SCS）、数据采集系统（DAS）、模拟量控制系统（BMS）、锅炉炉膛安全监控系统（FSSS）、MEH、DEH、ETS、脱硝系统等控制功能。

（一）事件过程

2021 年 4 月 3 日 10 时 16 分，某发电有限公司 3 号机组运行正常，负荷为 180MW，主蒸汽压力为 13.74MPa，主蒸汽温度为 540℃，再热蒸汽温度为 487℃。3 号机协调画面"汽轮机指令""DEH 阀位控制"显示变灰色，汽轮机调节门关闭，有功负荷快速下降，汽包水位快速上升，汽包事故放水门动作，10 时 20 分，锅炉 MFT 动作熄火，首出原因"汽包水位高Ⅲ值"。

（二）事件原因查找与分析

1. 事件原因检查

现场检查为 DCSDEH 主控柜内的主 DPU31、辅 DPU159 故障离线，经进一步检查为 DEH 柜电源分配模块故障，DPU 死机。

检查情况：

（1）3 号机组 DCSDEH 控制柜电源装置配置情况。DCSDEH 控制柜电源装置为双重冗余配置，配置两套直流电源模块及一块电源分配模块。两套直流电源模块为冗余配置，每套直流电源模块 220V AC 电源转换为 24V DC 和 48V DC 电压后通过电源分配模块（非冗余）输出至控制柜内，24V DC 输出 6 路分别作为控制柜内模件系统和访问电源（4 路）、DPU 系统电源（1 路），备用 1 路，48V DC 作为模件采样电源。直流电源模块冗余连接与安装示意如图 2-9 所示。

（2）DEH 控制柜电源装置检查情况。2021 年 4 月 3 日事件发生后，检查发现 DCS 画面 DEH31、DEH159 均为故障离线状态，现场对 DEH 柜内设备检查发现电源模块的输入、输出指示灯亮，但所有模件电源状态指示灯熄灭，测量模件供电电压仅为 7.15V，进一步检查电源模块 24V DC 输出端电压仅为 7.16V（如图 2-10 所示），判断为电源模块故障导致输出电压下降，DPU 及模件供电电压不足，发生死机故障。

对拆除的设备进行测试，直流电源模块 24V DC 输出空载电压分别为 20.12V、22.8V，电源分配模块 24V DC 输出端空载电压为 14.55V，确定电源分配模块故障。

2. 事件原因分析

（1）直接原因。3 号机组 DEH 柜电源分配模块故障，导致输出电压由 24V DC 大幅降低至 7.16V DC，主辅 DPU 及模件不能正常工作，该 DPU 控制下汽轮机调节门控制卡输出失去，汽轮机调节门关闭，汽包水位高三值 MFT 动作，因 DEH 系统参数及设备失去监

控，汽轮机打闸停机。

（2）间接原因。追溯DEH柜电源模块使用情况，该模块于2005年9月25日生产（见图2-11），2007年随机组同步投产，因长周期连续运行（14年），控制主板电子元件老化导致模块故障，输出电压大幅降低。

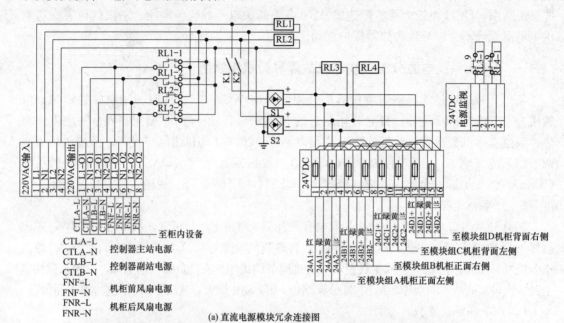

(a) 直流电源模块冗余连接图

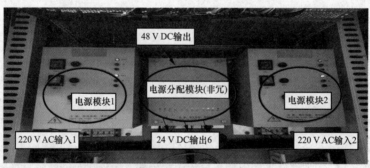

(b) 直流电源模块冗余安装图

图 2-9　直流电源模块冗余连接安装图

图 2-10　电源分配模块输出电压仅为 7.16V

图 2-11　电源分配模块控制主板生产日期

3. 暴露问题

（1）电子元器件的寿命一般为8～10年。而该电源模块，随着DCS长周期连续运行了14年，电子元件老化，设备应修未修导致欠修严重。同时该DCS厂方早已升级，现有EDPF-NT系统主要备件已经停产，备件储备不足，部分I/O模块采取拆除长期停备的2号机组脱硫系统模件保证备件。

（2）设备维护管理不够深入，对设备非停事件影响的严重性认识不足，停机检修仅做冗余切换试验及输出电压测量，未能检测电源模块性能变化，及时发现电源下降的安全隐患。

（三）事件处理与防范

（1）积极推动设备技术改造和设备升级工作，结合企业实际，以及某省电力需求不断增长，发电利用小时逐年增加的情况，拟计划2021年10月31日前结合4号机组A修，对4号机组DCS进行全面检查，按照"应修必修、修必修好"的原则对重要测量控制、保护控制系统进行逐步升级改造，解决因投运时间早、运行时间长导致电子设备老化、DPU负荷率高、工控机及I/O模块故障频发、备件不足、网络安全等问题。适时对3号机组重要测量控制、保护控制系统进行逐步升级改造，提高设备可靠性。

（2）停机期间对DCS进行全面检查测试，针对DCS电源及重要模件制定更换计划，联系厂家落实备件供应，在进行升级改造前进行更换，保证系统安全运行。

（3）吸取本次事故经验教训，举一反三，进一步清理公司在运机组DCSDPU、热控模件缺陷故障情况，全面梳理存在的问题，对影响保护、控制调整监视的热控、电气设备的缺陷制定整改措施，能进行处理消除的第一时间整改消除，一时不能整改的，进一步梳理优化应急处置方案和应急措施。

二、DEH系统电源故障造成AST电磁阀失电导致机组跳闸

某公司13号发电机组为35万kW超临界燃煤机组，于2011年8月11日投产。锅炉为哈尔滨锅炉厂生产，型号为HG-1125/25.4-YM1；汽轮机为东方汽轮机厂生产，型号为CC350/307-24.2/4.0/0.4/566/566。机组DCS为国内品牌，主要包括炉膛安全监控系统（FSSS）、顺序控制系统（SCS）、模拟量控制系统（MCS）、数字电液调节系统（DEH）、数据采集系统（DAS）。

（一）事件过程

2021年4月5日8时50分，13号机组负荷为275MW，主蒸汽压力为23.78MPa，主蒸汽温度为564℃，再热蒸汽压力为3.82MPa，再热蒸汽温度为565℃，A/B汽动给水泵运行、A/B空气预热器运行，A/B引风机运行，A/B送风机运行，A/B一次风机运行，A/B/D/E磨煤机运行，C磨煤机备用。13号机组跳闸，锅炉首出"汽轮机跳闸"，汽轮机跳闸首出"DEH故障输出"。

（二）事件原因检查与分析

1. 事件原因检查

经检查，13号机组ETS首出信号是"DEH故障"，锅炉MFT首出信号为"汽轮机跳闸"，事件记录如图2-12所示。

经分析确认MFT保护动作正常。"DEH故障"是AST电磁阀失电引起机组的安全油压低引起。

图 2-12　跳闸 SOE 报警记录

2. 事件原因分析

(1) 直接原因。13 机组 DEH 系统的直流 220V DC 电源装置,其中一路在机组运行过程中发生故障,而另一路输出电压偏低,直接导致 AST 电磁阀失电,AST 阀的油路通道打开,安全油压被破坏,导致机组跳闸。

(2) 间接原因。发生故障的这路 DEH 直流电源于 2014 年技改时更换,至故障时运行 7 年,存在内部元器件逐渐老化趋势。电控专业于 2021 年 1 月 25 日进行节前防机组非停专项隐患排查时,发现 DEH 系统直流电源其中一路输出电压偏低,不满足运行要求。但因两组电源出口为并联方式,有故障的装置出口存在反流电压。因无完全隔离断开故障装置的措施,无法进行在线更换。

3. 暴露问题

(1) 风险预控分析评估能力不足,对于该电源缺陷造成的结果评估判断不准确,未采取有效的预控措施,降低或消除停机风险。

(2) 设备缺陷及隐患排查管理工作执行不到位,对于排查出的重大设备缺陷制定的整改计划不合理(原计划为利用停机期间处理),应采取向调度申请停机备用进行整改的方式。

(3) 技术监督管理存在缺失,对重要的电源装置仅进行清灰等常规的维护工作,未对电源的运行工况进行试验评估。

(三) 事件处理与防范

(1) 将 13 号机组两组直流电源装置进行更换。

(2) 编制重要电源巡视检查项目表,明确检查试验项目及巡检周期和频次。

(3) 对现有其他机组相同或类似电源装置进行隐患排查,对检查结果进行评估,并制定切实可行的整改措施和计划。

三、主汽门位置变送器供电电源设计不合理导致再热器保护误动

某电厂汽轮机由上海汽轮机有限公司设计制造,采用德国西门子公司的技术,汽轮机型号为 N680-25/600/600。汽轮机型式为超超临界、一次中间再热、单轴、四缸四排汽、双背压、八级回热抽汽、反动凝汽式。汽轮机采用两个高压联合汽门及两个中压联合汽门,

主汽门和调节门放置在共用的阀体内，并具有各自的执行机构。联合汽门均布置在汽门两侧，采用切向进汽。

（一）事件过程

2021年7月16日4时56分49秒，某机组CCS方式运行，机组负荷为315MW，1号高压主汽门关闭、2号高压主汽门关闭信号先后发出，锅炉MFT，发电机解列，首出原因为"再热器保护动作"。

（二）事件原因检查与分析

1. 事件原因检查

机组跳闸后，检查发现1号高压主汽门、2号高压主汽门位置变送器供电电源开关跳闸，进一步检查和试验如下：

（1）电缆绝缘检查：检查1号、2号高压主汽门位置变送器供电电源开关至就地接线盒电缆无破损。使用250V绝缘电阻表测量1号高压主汽门、2号高压主汽门位置变送器电源电缆线间及对地绝缘阻值，绝缘阻值符合要求。

（2）接线检查：检查就地接线盒、DEH机柜内端子紧固，无松动现象。

（3）DEH机柜内设备检查：电源无异常，模件无松动、无报警。

（4）就地位置变送器检查：1号高压主汽门位置变送器拆下检查，发现线路板存在局部变色现象，与新线路板比较如图2-13（a）所示。

（5）检查线路板，发现局部电阻存在松脱现象，周围区域电子元器件管脚存在腐蚀碱化现象，如图2-13（b）所示。

(a)线路板变色区域对比图　　　　　　　　(b)线路板腐蚀且电阻脱落

图2-13　线路板腐蚀且电阻脱落

（6）DCS检查：检查再热器保护逻辑，设计为高压旁路阀关闭时，（1号高压主汽门或高压调节门关闭）且（2号高压主汽门或高压调节门关闭），蒸汽阻塞信号发出，延时20s触发机组再热器保护动作。

2. 事件原因分析

（1）直接原因。5号机组1号高压主汽门关闭、2号高压主汽门关闭信号同一秒内先后发出，延时20s触发机组再热器保护动作，机组MFT。

（2）间接原因。1号、2号高压主汽门位置变送器存在共用的供电电源开关设计不合理，1号高压主汽门位置变送器故障导致了共用的电源开关异常。

1号高压主汽门位置变送器因沿海区域盐雾造成电子元器件腐蚀老化。

3. 暴露问题

（1）隐患排查与风险分析预控不到位。未辨识出 1 号、2 号高压主汽门位置变送器共用一路供电电源，电源跳闸将造成 1 号高压主汽门关闭、2 号高压主汽门关闭信号同时发出，触发机组再热器保护动作 MFT 的风险。

（2）设备管理不到位，对沿海区域盐雾造成电子元器件腐蚀隐患及危害认识不足，对重要设备未制定专项检查、检修及维护措施。

（三）事件处理与防范

（1）进一步细化隐患排查范围，对共用电源的重要设备进行全面梳理排查，合理优化电源配置。

（2）对同类机组 DEH 系统电源开关进行改造，将 1 号、2 号高压主汽门和 1 号、2 号中压主汽门位置变送器共用供电电源改为独立供电，如图 2-14 所示。

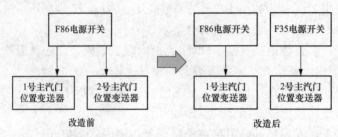

图 2-14　供电方式改造前、后对比图

（3）采购位置变送器备品，待停机时更换汽轮机主汽门、调节门和补汽阀的位置变送器。

（4）完善检修规程，将汽轮机主汽门、调节门和补汽阀的位置变送器纳入定期检查及更换计划中，更换周期为 6 年。

第三章

控制系统故障分析处理与防范

DCS 的可靠性程度直接影响机组运行稳定性以及发电效率。但由于控制系统故障和设置不合理造成的机组故障停机事件仍屡有发生。本章收集了 29 起案例，包括控制系统设计配置不当 2 起、模件通道故障 6 起、控制器故障 3 起、网络通信故障 5 起 DCS 软件和逻辑组态不合理故障 8 起、DEH/MEH 控制系统设备故障 5 起案例进行分析。希望借助这些案例的分析、探讨、总结和提炼，供专业人员在提高机组控制系统设计、组态、运行和维护过程中的安全控制能力参考。

第一节　控制系统设计配置故障分析处理与防范

本节收集了因控制系统设计配置不当引起机组故障 2 起（因除氧器液位三取中参加保护逻辑设计不合理导致机组跳闸事件、DEH 系统端子排短接片选型不合理导致机组异常跳闸）。

两案例反映了 DCS 控制系统保护控制逻辑设计、控制系统内部元器件的选型配置还不够完善。进一步说明了在控制系统的设计、施工过程中，应规范设计标准，制定详细施工工艺。

一、除氧器液位保护逻辑判断方式不合理导致机组跳闸

某电厂 6 号机组汽轮机是由哈尔滨汽轮机有限责任公司制造生产的超临界、一次中间再热、单轴、三缸、四排汽、凝汽式汽轮机，机组型号为 CLN600-24.2/566/566 型。6 号锅炉为哈尔滨锅炉厂有限公司生产的 HG-1900/25.4-HM14 超临界压力直流锅炉，该锅炉是采用超临界压力参数变压运行、一次中间再热、带内置式再循环泵启动系统、八角切圆燃烧方式、平衡通风、固态排渣、全钢悬吊构造、紧身封闭布置的直流锅炉。锅炉尾部配备三分仓空气预热器、静电除尘器、湿法脱硫系统及湿烟囱。控制系统采用 ABB 北京贝利控制有限公司的 DCS。6 号机组于 2010 年 12 月 3 日投产。

（一）事件过程

2021 年 11 月 22 日，6 号机组 AGC 方式运行，目标负荷为 260MW，机组实际负荷为 262MW，主蒸汽压力为 12.1MPa，主蒸汽流量为 795t/h，主给水流量为 763t/h，6A、6B 汽动给水泵运行，除氧器压力为 0.4MPa，除氧器温度为 147℃，凝结水流量为 649.8t/h，除氧器水位为 2047mm。

23 时 4 分，6 号机凝结水画面除氧器水位发生晃动（幅度为 2060～2100mm），凝结水流量发生晃动（幅度为 580～780t/h）。联系热网核实，未进行热网疏水倒三期除氧器操作。

23 时 5 分，观察 6 号机除氧器水位恢复正常值 2060mm 后再次晃动。

23 时 6 分，6 号机主值检查 6 号机 DEH 画面模拟量三冗余选择画面除氧器水位测点，发现 6 号机主值令 6 号机值班员去就地检查除氧器水位，并联系检修人员核实测点。

23 时 8 分，6 号机主值发现 6 号机除氧器水位测点 1 显示－43mm，6 号机除氧器水位测点 2 显示－98mm，6 号机除氧器水位测点 3 显示 2058mm，6 号机 6A、6B 汽动给水泵保护动作跳闸（除氧器水位低低跳汽动给水泵保护动作值≤1000mm，三取二，延时 3s），6 号机汽动给水泵全停，延时 2s，6 号机组保护动作，机组跳闸。首出故障显示 6 号机组汽动给水泵全停，主保护动作。

（二）事件原因检查与分析

1. 事件原因检查

调取除氧器液位测点 1、2、3 画面历史趋势，发现事故前除氧器液位测点 1、2 都发生过异常情况：2021 年 11 月 21 日 5 时 32 分，除氧器液位测点 1 数值由 2028mm 降至－41mm；6 时 23 分，液位测点 1 恢复正常见图 3-1（a）；2021 年 11 月 22 日 5 时 6 分—9 时 2 分，除氧器液位测点 2 数值在－96～3452mm 波动，见图 3-1（b）。检查 DCS 模件状态及端子板，未发现异常，调取同一模件其他测点趋势均显示正常。对除氧器液位测点 1、2、3 变送器电缆进行绝缘测试，信号电缆正和负极对地绝缘、相间绝缘大于 550MΩ，电缆绝缘合格；对变送器仪表管、冷凝管、各接头处及取样管路检查未发现渗漏情况；校验变送器过程，发现液位测点 1 变送器出现输出电流归零现象；液位测点 2 变送器输出数值跳变，初步判定为变送器内部元件故障。

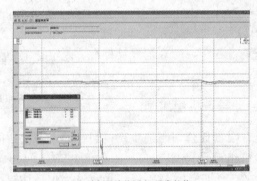 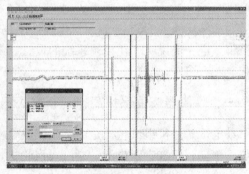

(a) 除氧器液位测点 1 异常趋势　　　　　　　　　　(b) 除氧器液位测点 2 异常趋势

图 3-1　除氧器液位测点异常趋势

2. 原因分析

经分析，造成此次事件的主要原因是除氧器液位保护逻辑设计不合理，报警不完善。

（1）除氧器液位保护逻辑设计不合理。除氧器液位低低保护跳闸两台汽动给水泵逻辑关系为三取二，逻辑中设计 3 个除氧器液位测点分别与三取中后的选择值进行比较，当与选择值偏差超过±300mm，判断该点为坏质量点，发出偏差大闭锁信号，该液位测点自动退出保护逻辑，不参与保护动作；但逻辑中并未设置手动复位，当判断为坏质量点的测点恢复正常时，逻辑自动解除该点的坏质量判断后闭锁信号，并自动参与到除氧器水位低低保护逻辑。

2021 年 11 月 22 日 23 时 6 分，6 号机除氧器液位测点 1 显示－43mm 时，逻辑中液位选择值为液位测点 3，显示数值为 2047mm（此时液位 1 为－43mm，液位 2 为 2089mm，液位 3 为 2047mm，三取中后选择值为 2047mm），此时测点 1 与三取中后选择值偏差大于±300mm，发出测点 1 偏差大闭锁信号，测点 1 自动退出保护；23 时 8 分，测点 2 快速下降显示－98mm，逻辑中液位三取中后选择值为液位测点 1，数值为－43mm（此时液位 1 为－43mm，液位 2 为－98mm，液位 3 为 2047mm，三取中后选择值为－43mm），液位测点 1（－43mm）、液位测点 2（－96mm）与选择值（－43mm）偏差均小于±300mm，液位测点 3（正常液位值 2047mm）与选择值（－47mm）偏差超过±300mm，此时逻辑中判断液位测点 1、2 为正常点，液位测点 3 为坏点，屏蔽液位测点 3 参与保护的同时，恢复液位测点 1 自动参与到保护中。此时液位测点 1、2 均小于保护定值（1000mm），三取二保护逻辑动作，延时 3s，跳闸 6A、6B 给水泵汽轮机，同时触发汽动给水泵全停主保护动作，6 号机组跳闸，跳机时除氧器液位测点变化趋势见图 3-2。

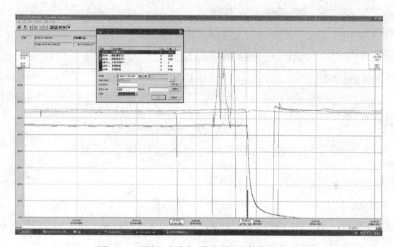

图 3-2 跳机时除氧器液位测点变化趋势

（2）DCS 逻辑无除氧器水位测点偏差大报警信号，除氧器水位测点异常时，未能提醒运行人员注意。

间接原因为除氧器水位 1、2 变送器故障，输出数值异常。

3. 暴露问题

（1）安全生产责任制落实不到位，在生产保供的关键时期，没有将"控非停"的目标真正落实到实处，电力保供措施执行不到位，现场安全风险分级管控不到位。

（2）隐患排查不到位。未能深入吸取近期集团内非停事件的教训，没有发现重要保护逻辑设计存在的漏洞，原始逻辑没有设计报警，不能及时提醒运行人员注意，坏质量判断逻辑设计不合理，经判断为坏点的液位不应再次参与保护动作逻辑。逻辑隐患排查开展不到位、不深入，保护逻辑隐患排查工作仍存在死角，未发现设计薄弱环节。

（3）热控专业对重要保护测点模拟量趋势巡检不到位，未能及时发现主要保护测点的异常，导致事故进一步扩大，造成机组非停的严重后果。

（4）重要保护测点无偏差大报警，运行人员对冗余画面重要参数监视不到位，未能提前发现机组重要参数波动的异常现象。

（5）设备管理工作不到位。对现场重要设备运行情况了解不够深入，没有对生产现场使用年限较长的重要设备可能导致的严重后果引起足够的认识，设备管理工作缺失，存在设备管理死角，导致部分年限较长的设备没有得到及时更新。

（三）事件处理与防范

（1）更换故障变送器，完善除氧器液位低低保护及除氧器液位测点偏差大报警逻辑。

（2）进一步排查现场同类型重要变送器工作状态，对现场长时间使用的同类变送器进行更换，并提报物资计划，按照重要程度制定整改计划；联系设备厂家，对故障变送器进行返厂检测，分析具体原因。

（3）进一步落实全员安全生产责任制，将安全生产责任的压力层层分解，传递到各级岗位和人员，切实落实安全管理主体责任。认真反思安全管理和事故管理过程中存在的漏洞和风险，真正将防范措施落实执行到位。

（4）进一步开展隐患排查治理。通过开展专项隐患排查工作，对隐藏在逻辑中深层次的设计漏洞进行深入挖掘，梳理集团近几年非停事件，横向对比，进一步强化隐患排查力度，严抓隐患治理整改率。

（5）加强热控专业巡检管理，重新梳理巡检管理标准，完善巡检质量考核制度，对运行机组保护、联锁测点模拟量趋势每日进行巡检，确保现场设备安全稳定运行。

（6）运行人员严格执行交接班管理制度，每班做好重要测点模拟量趋势监视，做到重要参数监视不留死角。

二、DEH 系统端子排短接片选型不合理导致机组异常跳闸

（一）事件过程

2021 年 1 月 21 日 9 时 12 分，1 号机组负荷为 644MW，AGC 投入，A、B、D、E 磨运行，总风量为 2053t/h，燃料量为 242t/h，给水流量为 1780t/h。汽轮机 1 号、2 号高压阀调节开度均为 33.8%。

9 时 12 分 13 秒，汽轮机 1 号、2 号高压主汽阀，1 号、2 号高压调节阀，1 号、2 号中压主汽阀，冷再逆止阀关闭，机组负荷两秒内由 644MW 降至 0MW。

9 时 12 分 18 秒，发电机保护动作，汽轮机跳闸，首出原因为发电机保护动作；锅炉MFT 动作，首出原因为汽轮机跳闸。

（二）事件原因检查与分析

1. 事件原因检查

机组停运后，检查历史曲线显示，9 时 12 分 13 秒，汽轮机 1 号、2 号高压主汽阀，1 号、2 号高压调节阀，1 号、2 号中压主汽阀，冷端再热止回阀同时关闭，但上述阀门跳闸电磁阀未发出失电指令（每个阀门均配有两个跳闸电磁阀，且任一跳闸电磁阀失电，阀门速关）。

进行汽轮机阀门挂闸试验，发现汽轮机 1、2 号高压主汽阀，1 号、2 号高压调节阀，1号、2 号中压主汽阀，冷端再热止回阀的 1 号跳闸电磁阀正常得电，2 号跳闸电磁阀在得电指令发出后未正常得电。

查看图 3-3 ETS-柜电磁阀等电源接线图，发现汽轮机上述阀门的 2 号电磁阀电源由同

一路电源供电。至电子室 ETS 柜测量该回路电压，显示电压为 0V，测量 TB6 端子排正端
L＋B 对地电压为＋12V，负端 XM16 对地电压为 0V；检查供电回路端子排接线紧固情况，
并未发现接线松动、虚接现象。

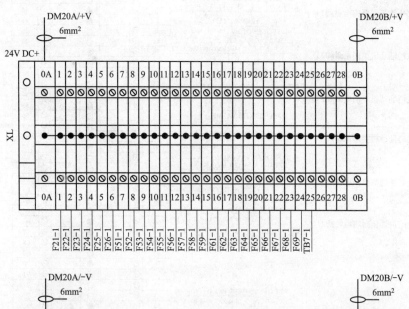

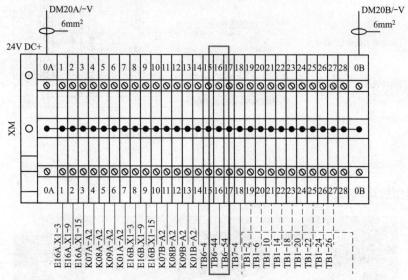

图 3-3 ETS 柜电磁阀等电源接线图

检查 XM 端子排 16 号下端子，未测量到电压。用手按压端子排中的插拔式短接片后，
测量 16 号下端子电压为－12V。

2. 事件原因分析

汽轮机 ETS 回路采用 24V 直流电源供电，该电源由冗余电源转换模块输出，24V 电
源正、负端分别引至 XL、XM 端子排，端子排之间采用短接片短接如图 3-3 所示，图中黑
颜色圆点连接为短接片，右图标出 XM 端子排 16 号端子引线至 TB6 端子排 44 号端子，
TB6 端子排作为 DEH 系统汽轮机阀门跳闸指令的输出端子排，如图 3-4 所示。

在图 3-4 中 XM 端子排 16 号端子作为 1 号、2 号高压主汽阀，1 号、2 号高压调节阀，

TB6端子排   L+B K08B-24

左侧信号	端子号		端子号
补汽阀油动机关闭电磁阀1号			
CTRL41/91 A4-5_13 & CTRL41/91 B1-5_13	41	○	41
CTRL41/91 A4-5_14 & CTRL41/91 B1-5_14	42	○	42
TRIP OUTPUT	43	●	43
TO SOLENOID VALVE	44	○	44
高压排汽通风阀电磁阀1号			
CTRL41/91 A4-6_13 & CTRL41/91 B1-6_13	45	○	45
CTRL41/91 A4-6_14 & CTRL41/91 B1-6_14	46	○	46
TRIP OUTPUT	47	●	47
TO SOLENOID VALVE	48	○	48
1号主汽门油动机关闭电磁阀2号			
EXT 41-1 A1-1_13 & EXT 41-1 B8-1_13	49	○	49
EXT 41-1 A1-1_14 & EXT 41-1 B8-1_14	50	○	50
TRIP OUTPUT	51	●	51
TO SOLENOID VALVE	52	○	52
2号主汽门油动机关闭电磁阀2号			
EXT 41-1 A1-2_13 & EXT 41-1 B8-2_13	53	○	53
EXT 41-1 A1-2_14 & EXT 41-1 B8-2_14	54	●	54
TRIP OUTPUT	55	●	55
TO SOLENOID VALVE	56	○	56
1号再热主汽门油动机关闭电磁阀2号			
EXT 41-1 A1-3_13 & EXT 41-1 B8-3_13	57	○	57
EXT 41-1 A1-3_14 & EXT 41-1 B8-3_14	58	●	58
TRIP OUTPUT	59	●	59
TO SOLENOID VALVE	60	○	60
2号再热主汽门油动机关闭电磁阀2号			
EXT 41-1 A1-4_13 & EXT 41-1 B8-4_13	61	○	61
EXT 41-1 A1-4_14 & EXT 41-1 B8-4_14	62	●	62
TRIP OUTPUT	63	●	63
TO SOLENOID VALVE	64	○	64
1号冷端再热止回阀电磁阀2号			
EXT 41-1 A1-5_13 & EXT 41-1 B8-5_13	65	○	65
EXT 41-1 A1-5_14 & EXT 41-1 B8-5_14	66	○	66
TRIP OUTPUT	67	●	67
TO SOLENOID VALVE	68	○	68
	69	○	69
	70	●	70
	71	●	71
1号调节门油动机关闭电磁阀2号			
EXT 41-1 A2-1_13 & EXT 41-1 B7-1_13	72	○	72
EXT 41-1 A2-1_14 & EXT 41-1 B7-1_14	73	○	73
TRIP OUTPUT	74	●	74
TO SOLENOID VALVE	75	●	75
2号调节门油动机关闭电磁阀2号			
EXT 41-1 A2-2_13 & EXT 41-1 B7-2_13	76	○	76
EXT 41-1 A2-2_14 & EXT 41-1 B7-2_14	77	○	77
TRIP OUTPUT	78	●	78
TO SOLENOID VALVE	79	●	79
	80	○	80

XM-16

图 3-4   ETS柜 TB6 端子排接线图

1号、2号中压主汽阀，冷端再热止回阀的2号跳闸电磁阀的24V负公用端。XM端子排端子之间采用插拔式短接片，如图3-5所示。

图 3-5   XM端子排配置的插拔式短接片

    测量1号、2号高压主汽阀，1号、2号高压调节阀，1号、2号中压主汽阀，冷端再热止回阀的2号跳闸电磁阀的24V正公用端电压正常，由于24V负公用端异常降至0V，使1号、2号高压主汽阀，1号、2号高压调节阀，1号、2号中压主汽阀，冷端再热止回阀的2号跳闸电磁阀失电，造成上述阀门关闭，机组负荷降到0MW，发电机逆功率保护动作，汽轮机跳闸，锅炉MFT。

因此，端子排短接片选型不合理，易造成接触不良，阀门跳闸电磁阀失电，阀门异常关闭是本次事件的直接原因。

排查过程中发现TB6端子排中短接片同样采用插拔式短接片。

3. 暴露问题

（1）端子排短接片存在接触不牢固、容易松动缺陷。

（2）成套机柜的内部元器件受厂家自主设计影响，部分隐患较难发现，尤其是元器件选型不当带来的隐患。

（三）事件处理与防范

（1）更换1号、2号机组端子排短接片，拟采用螺钉固定短接片。

（2）在1号、2号机组ETS柜TB6端子排中接有短接片的端子处增加短接线。

（3）举一反三，仪控、电气排除机组主重要控制系统中是否存在同类型端子排短接片。

（4）检修期间安排重要回路接线检查、紧固，并列入标准项目。

第二节　模件故障分析处理与防范

本节收集了因模件通道故障引发的机组故障6起，分别为燃气轮机模件故障造成透平冷却空气系统冷却水流量低保护动作、MarkVIe系统继电器保护卡端子板故障引起燃料中断停机、AO模件通道故障引发供热调节门关闭导致锅炉MFT、DEH模件老化故障导致推力轴承温度高保护误动事件、DEH模件老化导致轴承金属温度高保护动作停机、LK510模件故障误关LV阀导致机组跳闸。

这些案例，有些是控制系统模件自身硬件故障、有些则是外部原因导致的控制系统模件损坏，还有些则是维护过程中对控制系统模件的安全措施不足。控制系统模件故障，尤其是重要的保护系统的模件故障极易引发机组跳闸事故，应给予足够的重视。

一、燃气轮机模件故障造成透平冷却空气系统冷却水流量低保护动作

2021年6月11日19时10分，二套机组（一拖一）正常运行，机组总负荷为400MW，3号燃气轮机负荷为266MW，4号汽轮机负荷为134MW，高压主蒸汽压力为12.0MPa，高压主蒸汽温度为566.4℃，天然气瞬时流量为71964m³/h（标准状态）。

（一）事件过程

19时17分28秒，3号燃气轮机TCS报"GT TCA COOLER INLET FEED WATER-FLOW LOW"（3号燃气轮机透平冷却空气系统TCA冷却水流量低）。

19时17分29秒，3号燃气轮机TCS报"GT COOLING AIR COOLER FEED WA-TER FLOW LOW TRIP（86TCAFLW）ON"（3号燃气轮机透平冷却空气系统TCA冷却水流量低跳闸），3号燃气轮机保护动作跳闸，3号燃气轮机熄火开始惰走，机炉电大联锁联跳4号汽轮机，汽轮机开始惰走，二套机组甩负荷（400MW）。

19时55分，4号汽轮机盘车投运，惰走37min（正常惰走时间为35～40min）；19时

57分，4号汽轮机1号、2号轴承振动、顶轴油压摆动，经查阅调试记录，结合历次开机情况分析判断为机组运行中顶轴油装置供油管长时间晃动导致顶轴油供油针型阀开度发生变化，通知检修人员就地调整4号汽轮机顶轴油压。

21时10分，3号燃气轮机点火成功；21时43分3号燃气轮机并网成功。22时51分，二套机组3号燃气轮机正常运行，燃气轮机负荷为136MW，机组总负荷为136MW，4号汽轮机偏心20μm，高压内缸（上半）温度为522.7℃，高压内缸（下半）温度为508.4℃。

22时52分，4号汽轮机挂闸冲转。冲转参数：高压主蒸汽压力为7.14MPa，高压主蒸汽温度为559.2℃，升速率为300r/min²。冲转过程中高压内缸上下壁温差最大仅为13℃。

22时59分，汽轮机转速为2280r/min时2X轴振达最大91μm后下降稳定至69μm。

23时1分，汽轮机转速为2956r/min时3X轴振达最大89μm后缓慢下降的同时1X轴振由44μm开始上涨。

23时5分，汽轮机转速达3000r/min时1X轴振为92μm，1Y轴振为41μm。运行人员采取调节真空、降汽轮机转速等措施控制振动均无效，振动仍然快速增大。

23时23分7秒，4号汽轮机转速为1990r/min，4号汽轮机振动大幅突增，2s中之内1X轴振由182μm跳跃至223μm，1Y轴振由105μm跳跃至197μm，为防止振动超限按紧急破坏真空停机，在DCS上打开凝汽器真空破坏阀降真空（调试期间4号汽轮机多次冲转过程中振动异常增大而破坏真空紧急停机，但当时调试人员将二套机组燃气轮机凝汽器保护退出，故开真空破坏阀后真空低未触发燃气轮机保护动作）。

23时44分44秒，3号燃气轮机TCS报"GT COOLING AIR COOLER FEED WATER FLOW LOW TRIP（86TCAFLW）"（燃气轮机TCA冷却水流量低跳闸），3号燃气轮机保护动作跳闸，燃气轮机熄火开始惰走，二套机组3号燃气轮机甩负荷136MW。

23时45分，4号汽轮机转速到零投盘车运行，顶轴油压波动导致偏心及轴振大幅摆动，调整顶轴油压至正常。通过分析初步判断4号汽轮机冲转过程振动大的原因为顶轴油压不稳引起。

（二）事件原因检查与分析

1. 事件原因检查

根据调取的事故曲线及现场排查，二套机组燃气轮机第一次跳闸保护原因为二套燃气轮机TCA冷却水流量低跳闸，燃气轮机保护动作跳闸，机炉电大联锁联跳汽轮机。检查发现TCA冷却水流量模件故障，造成TCA冷却水流量低保护误动。

根据调取的事故曲线及现场排查，二套机组燃气轮机第二次跳闸保护原因为汽轮机停机时因振动大，打开凝汽器真空破坏阀，致使凝汽器真空低于－60kPa，燃气轮机TCS报"GT CONDENSER PROTECTION"（燃气轮机凝汽器保护动作），自动联关燃气轮机TCA冷却水供水隔离阀A，导致燃气轮机TCA冷却水流量低跳闸。

2. 原因分析

第一次机组跳闸的直接原因：TCA冷却水流量模件故障，造成TCA冷却水流量低燃气轮机保护跳闸，联跳4号汽轮机。

第二次机组跳闸的直接原因：打开真空破坏阀，致使凝汽器真空低于－60kPa，燃气

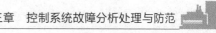

轮机凝汽器保护动作，自动联关 3 号燃气轮机 TCA 冷却水供水隔离阀 A，导致 3 号燃气轮机 TCA 冷却水流量低跳闸。

第一次机组跳闸的间接原因：真空破坏阀无中停功能，开启过程中无法关闭，必须全开后再复位才能关闭，导致凝汽器保护动作，自动联关 TCA 冷却水供水隔离阀 A，导致 3 号燃气轮机 TCA 冷却水流量低保护动作跳闸。

第二次机组跳闸的间接原因：业务技能培训不到位，运行人员对设备特性不够了解，没能提前做好打开破坏真空门后引起真空快速下降的预防措施，同时存在少数运行人员未完全熟悉 TCA 所有的联锁逻辑。

3. 暴露问题

（1）设备可靠性较差，在设备运行过程中存在设备状态不稳定的现象。

（2）设备维护不到位，未能及时排除设备故障，消除设备隐患。

（3）运行安全、技术培训不到位，员工学习不深入、不牢固，对现场设备控制不熟悉。

（4）对重要操作不严谨，思想重视程度不够，特别是在涉及保护的操作时未进行二次确认，未对操作后造成的影响做出预判。

（三）事件处理与防范

（1）更换 TCA 冷却水流量模件。

（2）运行人员做好事故预想，加强监盘质量，及时发现运行参数异常。

（3）针对燃气轮机模件故障率高的问题，制定措施：一是加强巡检排查、定期检查和定期维修；二是全面梳理燃气轮机等设备的备品配件采购计划，特别是消耗性备件计划，确保备品配件数量满足现场检修消缺需求。

（4）梳理燃气轮机 TCA 逻辑设置和相关操作注意事项，并举一反三，编入规程，列入运维班组每周安全学习内容。

（5）增加二套机组真空破坏阀中停功能和中停按钮，检查一套机组真空破坏阀逻辑正确性。

（6）在一套、二套机组真空破坏阀中停功能未实现前，如需快速降低机组凝汽器真空，应采用就地手动控制真空破坏阀的措施，尽量避免在 DCS 操作画面上进行真空破坏阀操作。

二、Mark VIe 系统继电器保护卡端子板故障引起燃料中断停机

某燃气轮机电厂，机组为 Mark VIe 控制系统，2021 年 5 月 19 日，因控制系统继电器保护卡端子板故障引起燃料中断燃气轮机停机。

（一）事件过程

7 时 49 分 17 秒，3 号燃气轮机机组运行中停机，停机前 3 号燃气轮机负荷为 261MW，4 号汽轮机负荷为 107MW，低压供热流量为 53t/h，中压供热流量为 87.9t/h。查看 Mark VIe 报警数据，停机首出故障信号为"天然气压力低"。

（二）事件原因检查与分析

1. 事件原因检查

（1）报警记录及趋势检查情况。查看 Mark VIe 报警记录，天然气辅助关断阀（VS4-1）开反馈首先消失（Gas Fuel Stop Valve Open Limit Switch），因系统无指令输出，随后报出辅助关断阀阀位反馈故障、天然气压力低、辅助关断阀（VS4-1）关、机组停机等报警

信息。查看停机时曲线，见图3-6。

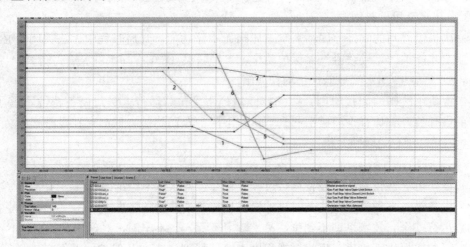

图3-6　停机事故曲线

从曲线上可见，辅助关断阀电磁阀开反馈消失先于开指令消失，与辅助关断阀同一保护卡的挂闸电磁阀动作时间，在辅助关断阀开反馈消失及主保护信号动作之后。

（2）现场设备检查及处理情况。强制保护停机信号（L4 _ XTP）为FALSE，VS4-1开阀指令为TRUE，阀门未动作，测量VS4-1电磁阀线圈无电压。拆除VS4-1阀门电磁阀指令电缆，检查阀门电磁阀线圈电阻为4.1kΩ，线圈对地绝缘电阻为10MΩ左右，恢复指令电缆。

保持强制开阀指令信号，在继电器保护卡的VS4-1开指令测量两输出端子间及对地电压为0V，折线后测量，指令两输出端子间及对地电压仍为0V，同时再拆除电磁阀就地指令电缆，测试电缆对地及相间绝缘为无穷大正常。恢复所有指令电缆接线，释放VS4-1开阀指令及保护停机信号（L4 _ XTP）强制信号。

检查继电器保护卡的上级电源分配卡，供电熔丝正常；进一步检查继电器保护卡的供电电源，分别拔出两块继电器保护卡供电电源插头，测量电源插头电压为110V；分别检查继电器保护卡供电电源插头连接部位，连接点无氧化，插拔检查插头无松动。保持保护停机信号及VS4-1开阀指令强制信号的状态下，恢复两块继电器保护卡供电电源后，两输出端子对地电压均为−55V的等电位，按下Mark VIe操作画面主复位按钮后，VS4-1开启正常。

考虑保护动作后，继电器保护卡是无输出状态，属于不正常现象，重新断电、送电后虽然恢复正常，但无法进一步检测模件状况，决定更换继电器保护卡（从1号燃气轮机拆到3号燃气轮机）。更换后强制保护停机信号为FALSE，开阀指令端子对地电压正常（−55V），强制VS4-1开阀指令并复位后，VS4-1阀门动作正常。

再次对VS4-1进行开关阀试验，阀门开关正常，3号燃气轮机开始启动。

2. 事件原因分析

（1）直接原因：Mark VIe控制系统继电器保护卡端子板故障，导致燃料辅助关断阀电磁阀失电，引起燃料中断，燃气轮机停机。

（2）3号燃气轮机停机原因：天然气压力低。

（3）天然气压力低原因：辅助关断阀无指令情况下关闭。

（4）辅助关断阀关闭原因：在排除电源、电缆、接线等原因后，经查原因为继电器保护卡端子板故障，具体原因待返厂检测。

3. 暴露问题

（1）对燃气轮机 Mark VIe 控制系统继电器保护卡端子板特性不够熟悉。

（2）针对此模件故障问题，板卡内部的潜在隐患查找手段不多，还需进一步联系 GE 公司，了解如何检查 Mark VIe 控制系统模件的工作状态。

（3）阀门双电磁阀改造进度较慢，未全部完成改造。

（三）事件处理与防范

（1）针对此模件故障问题，继续联系 GE 公司，要求协助进一步分析此模件故障的原因，并根据 GE 公司反馈意见开展一次针对性检查工作。

（2）加快有关单电磁阀阀门改双电磁阀阀门的改造，实现信号通道、电源回路等完全独立布置，避免重复出现类似问题。

（3）加强 Mark VIe 重要设备模件备品备件的管理，并及时进行补充。

三、AO 模件通道故障引发供热调节门关闭导致锅炉 MFT

某电厂总装机容量为 1240MW。Ⅱ期 5 号、6 号两台 2×330MW 机组，锅炉是上海锅炉厂制造亚临界、中间再热、强制循环、平衡通风、单炉膛、悬吊式、燃煤汽包炉；汽轮机是上海汽轮机厂制造单轴、双缸、双排汽、一次中间再热、喷嘴调节、反动凝汽式汽轮机。DCS 为鲁能 LN2000 V3.1 控制系统，DEH 为上海新华 XDPS400＋控制系统，控制系统自 2006 年随机组基建投运。2020 年电厂启动二期 5 号、6 号机组 DCS 一体化改造项目，当时 5 号机组已改造完毕；6 号机组计划 2021 年 5 月进行，机组配置炉水循环泵 3 台。

（一）事件过程

2021 年 2 月 28 日 10 时，6 号机组负荷为 240MW，主蒸汽压力为 15.18MPa，汽包压力为 16.7MPa，机组 CCS 方式投入，汽轮机主控输出 280.7MW（量程 0～330MW）；机组带供热抽汽方式运行，抽汽流量为 200t/h。

10 时 6 分 12 秒，供热抽汽调节阀突关至 0%（指令 100%），联动中压排汽调节阀全开；机组负荷从 240MW 突升至 283MW，随后开始下降。

10 时 8 分 39 秒，为保证首站供热不中断，运行人员到现场就地开启供热调节门。

10 时 10 分 13 秒，机组负荷下降至 226MW，CCS 汽轮机主控自动切手动方式。运行人员投入 DEH 功率回路不成功，开始紧急排查原因。

10 时 11 分 25 秒，机组负荷下降至 176MW，运行人员停运 C 磨煤机。

10 时 14 分 2 秒，运行人员将"DEH 遥控"切为就地。

10 时 14 分 28 秒，锅炉 MFT，首出记忆"炉水循环不良"，汽轮机跳闸、发电机解列。DEH 与 DCS 记录事故过程曲线分别见图 3-7 和图 3-8。

（二）事件原因检查与分析

1. 事件原因检查

（1）供热抽汽调节门在运行中突然发生关闭（指令仍是全开），并联动中压排汽调节阀全开，低压缸进汽量增加，机组发电功率负荷上升 43MW。由于实际负荷突增，汽轮机主控负荷自动控制回路开始输出指令，降低机组出力，机组负荷从 283MW 起开始持续下降。

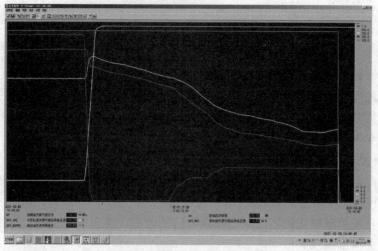

图 3-7　DEH 记录事故过程曲线

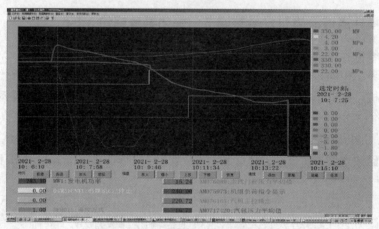

图 3-8　DCS 记录事故过程曲线

（2）汽轮机主控负荷指令大幅降低汽轮机出力过程中，主蒸汽压力持续上涨至 16.14MPa，与蒸汽压力设定值 14.94MPa 偏差超过 1.2MPa，触发了"主蒸汽压力控制偏差超过±1.2MPa，汽轮机主控切手动、CCS 退出"联锁逻辑，导致 CCS 汽轮机主控自动切手动，CCS 方式退出。

（3）DEH 逻辑中，功率回路投入条件之一为"DEH 遥控方式切至就地"。CCS 方式退出后，运行操作投入 DEH 功率回路的过程中未先将 DEH 遥控切就地，DEH 仍在遥控状态，是导致运行人员投入 DEH 功率回路失败的原因。

（4）CCS 汽轮机主控切手动时，汽轮机主控指令处于高压调节门总开度指令的 29.7% 处，并随后在此位置保持。由于 DEH 仍在遥控位，DEH 持续接收该指令信号并作为目标值来控制负荷，因此导致高压调节门向 29.7% 处继续关闭，使负荷继续下降，蒸汽压力持续升高。

（5）汽轮机负荷进一步降至 142MW，汽包压力升至 20MPa，锅炉上水困难，触发"三台炉水循环泵进出口差压均低于 105kPa"，锅炉 MFT 保护动作。

（6）机组停运后，热控专业对供热调节阀执行装置的遥控输入通道进行试验，阀门动作良好；对阀门控制电缆、端子等进行检查，均未发现问题。在检测 DEH 模拟量输出 I/O

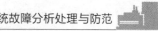

模件通道时发现，供热调节阀输出通道指令信号为 0mA，判断该通道发生故障，将模件进行更换后，试验供热调节阀开和关恢复正常。

2. 事件原因分析

由上述查找分析判断，供热抽汽调节阀在运行中异常关闭，是 DEH 系统中供热调节阀执行器模拟量输出 AO 模件通道发生故障导致。

3. 暴露问题

（1）设备管理不到位。6 号机组 DEH 系统自投运以来，至今已连续运行超过 15 年，设备老化，可靠性降低。本次 DEH 供热调节阀指令输出模件通道故障，充分暴露出电厂对于设备老化、可靠性降低后的危害程度认识不到位，未针对性启动预防和专项防护措施。

（2）技术管理不到位，运行规程中缺少供热调节阀异常关闭的应急处理措施。

（3）运行人员应急处置能力不足，CCS 退出后未及时切除 DEH 遥控状态，手动投入 DEH 功率回路不成功，导致负荷持续降低、主蒸汽压力升高。

（三）事件处理与防范

（1）对故障的模件进行备件更换，损坏的模件送设备厂家进行检测。针对运行超过 10 年的 DCS、DEH 系统制定专项防护措施，改造前实施专项防护。

（2）在运行规程中增加供热调节阀异常关闭应急处理措施。

（3）完善仿真机事故案例库，加强运行人员仿真机培训，提高应急处理能力。

（4）举一反三进行隐患全面排查，确保设备长期可靠运行。

四、DEH 模件故障导致推力轴承温度高保护误动事件

2021 年 1 月 1 日 15 时 11 分，6 号机组负荷为 332.91MW，TF（汽轮机跟随）运行方式，A、B、D、F 制粉系统运行，A、B 汽动给水泵运行，总煤量为 194t/h，给水流量为 964t/h。汽轮机润滑油系统运行正常，汽轮机轴系各参数均显示正常。

（一）事件过程

15 时 10 分 51 秒，DEH 推力轴承工作面金属温度 2 升至 99℃，达到报警值报警；

15 时 11 分 46 秒，DEH 推力轴承工作面金属温度 2 以 8℃/min 左右的速率升至 107℃，延时 2s 后，保护动作汽轮机跳闸。

15 时 11 分 46 秒，6 号机组跳闸，ETS 报警首出为"汽轮机轴承温度高"。

15 时 11 分 56 秒，6 号发电机出口开关 551、553 联跳正常，灭磁开关断开。6kV 6A、6B、OA 段快切启动，厂用电切换正常。

（二）事件原因检查与分析

1. 事件原因检查

（1）停机后检查情况。查阅图 3-9 6 号机组 DEH 推力轴承温度曲线发现：14 时 56 分 0 秒，DEH 推力轴承工作面金属温度 2 从 58.83℃开始以 3.2℃/min 的速率上升，直到 15 时 11 分 46 秒，6 号机组跳闸过程，DEH 推力轴承其余三点金属温度稳定，无上升趋势，推力轴承非工作面排油温度、工作面排油温度稳定，无上升趋势。

查阅图 3-10 曲线发现：在 DEH 推力轴承工作面金属 2 温度上升期间，DCS 推力轴承金属温度 1、2、3、4 点均显示正常，无上升趋势。温度显示值为 50.08℃、49.97℃、49.52℃、47.78℃。

图 3-9　6 号机组 DEH 推力轴承温度曲线

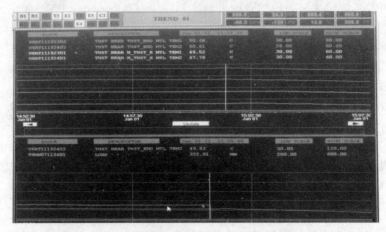

图 3-10　6 号机组 DCS 推力轴承温度曲线

15 时 43 分 12 秒，测量 DEH 推力轴承工作面金属温度 2 热电阻元件阻值、线阻、温度元件引出线对地测绝缘均正常，恢复接线后，DEH 推力轴承工作面金属温度 2 显示 86℃。

16 时 3 分 23 秒，测量 DCS 推力轴承工作面金属温度 2 热电阻元件阻值、线阻、引出线对地测绝缘均正常，恢复接线后，DCS 推力轴承工作面金属温度 2 显示 29.5℃。

16 时 15 分 30 秒，就地控制柜将该测点两支热电阻元件导线进行对调（原 DCS 侧热电阻元件导线接至 DEH 侧，原 DEH 侧热电阻元件导线接至 DCS 侧），恢复接线后推力轴承工作面金属温度 2DEH 画面显示 67℃，DCS 画面显示 29.5℃。

16 时 19 分 46 秒，将 DEH 测量回路电缆在就地控制柜侧和 DEH 机柜侧分别解开，测量 DEH 机柜侧、就地控制柜侧电缆线间绝缘，对地绝缘均正常。恢复接线后，DEH 画面温度显示为 34℃，与 DCS 画面显示一致。

16 时 20 分，6 号机组启动。

（2）测量装置及保护配置。6 号机组推力轴承工作面金属温度 2 就地测量元件为双支热电阻，即在同一测量位置安装有两支测量元件，其中一支送往 DCS 系统用作监视使用，另外一支送往 DEH 系统用作保护使用。

推力瓦工作面金属温度 2 温度高于 99℃报警，温度高于 107℃，延时 2s 跳闸，为单点保护配置，设置有速率梯度及坏点判断闭锁功能限制，如果温度变化速率达到或超过5℃/s，则逻辑自动判断该测点故障并将该保护自动解除。本次推力轴承工作面金属温度2从14时56分0秒开始上升至15时11分46秒，达到跳闸值总共历时15min，期间温度值虽有小幅波动的现象，但均未达到5℃/s的速率门槛限制值，未触发温度梯度限制。

（3）等级检修模件通道试验情况查阅。在6号机组A修（2016年11月）、D修（2020年3月）中，均进行机组热控主保护试验，其中包含"汽轮机轴承金属温度高"模件通道试验项目，试验结果均合格。

（4）电力科学研究院人员协助检查。1月5日，电力科学研究院人员到厂协助推力轴承工作面金属温度2测点检查，判断就地热电阻元件正常、电缆绝缘正常、DCS和DEH的热电阻元件对换测量均正常，在电子间DCS机柜处，将两支热电阻元件分别接入示波器中监视测量状态，经两天监测未发现有异常波动或升高现象。检查该DEH模件所有通道历史趋势，发现除该通道外，其他所有热电阻元件测量信号均无波动、跳变及异常升高现象。

2. 测点跳变的原因分析

根据上述检查，可排除热电阻元件故障、电缆绝缘或接线故障。分析该测点热电阻测量原理是采用电桥平衡法，若DEH模件通道内部电桥的某一元器件存在异常，会导致测量电桥不平衡，将使测量结果逐渐偏离实际测量数值，而停机后的拆接线操作致使该电桥复位重置，测点重新显示正常。初步判断DEH模件可能存在老化问题。

根据上述分析初步判断，故障原因为DEH模件该通道内部电桥的某一元器件老化，性能下降，测量电桥不平衡，使测量结果逐渐持续偏离实际数值，导致DEH推力轴承工作面金属温度2逐渐上升至保护动作值，期间温度未达到5℃/s的速率门槛限制值，未触发温度梯度限制，从而保护误动，造成6号机组跳闸。

因6号机组DEH系统不具备在线修改逻辑的功能，部分整改措施无法实行，为保证机组的安全运行特制定以下风险控制措施。

（1）在6号机组DEH机柜内拆除推力轴承工作面金属温度2接线，敷设DEH机柜至DCS机柜盘间电缆，将该温度测点接入DCS系统中。

（2）在6号机组DCS中增加逻辑：将原DCS中的6号机组推力轴承工作面金属温度2与新接入的温度测点进行偏差计算，当偏差大于5℃时发出报警并在光字牌中显示。

（3）6号机组推力轴承工作面金属温度2的保护暂时不投入，修改6号机组推力轴承工作面金属温度2报警定值，温度高报警由原来的99℃变更为75℃，待机组停运更换DEH模件及进行逻辑优化后，投入推力轴承工作面金属温度2的保护。

（4）运行人员每间隔两个小时在DCS画面上对两个温度测点进行对比检查，如发现任一温度波动大或光字牌报警则立即通知检修处理。如果发现两个温度同时达到107℃，并且两个温度偏差不超过5℃时，则立即手动停机。

（5）检修人员在工程师站将两个温度测点做出历史趋势，每天两次对温度测点进行巡视并在历史趋势上观察有无异常变化，如发现异常立即处理。

3. 暴露问题

（1）机组重要保护热控测量装置定期管理、隐患排查工作不到位。

（2）DEH模件使用年限较久，存在硬件老化现象。

（3）汽轮机轴承金属温度高保护逻辑不完善，需优化。

（三）事件处理与防范

（1）为了进一步确保推力轴承金属温度高跳机保护回路的可靠性，采取临时性措施：在DEH机柜和DCS机柜之间敷设盘间电缆，将盘间电缆屏蔽层做接地处理；在6号机组电子间机柜DEH推力轴承工作面金属温度2接线端子排处并接两个电容；将DCS侧与DEH侧温度测量回路电缆进行对调。DEH侧、DCS侧推力轴承工作面金属温度2均显示正常。

（2）利用机组停运机会，更换DEH推力轴承工作面金属温度2的模件、接线板和连接预制电缆，并将更换下来的模件端子板及预制电缆返厂测试。

（3）待机组停运，对汽轮机轴承金属温度高保护逻辑进行优化。

（4）加强DEH模件管理，使用年限较久的重要DEH模件，结合机组检修计划逐步进行更换。

（5）组织系统单位开展经验反馈，进行对照检查。

五、DEH模件老化导致轴承金属温度高保护动作停机

（一）事件过程

2021年10月24日1时57分，5号机组负荷为270.83MW，TF运行方式，A、B、D、F制粉系统运行，A、B汽动给水泵运行，总煤量为172t/h，给水流量763t/h。汽轮机润滑油系统运行正常，汽轮机轴系各参数均显示正常。

1时57分，5号机组跳闸，ETS报警首出为"汽轮机轴承温度高"。

（二）事件原因检查与分析

1. 事件原因检查与分析

（1）停机后检查情况。查阅图3-11发现：1时52分，DEH系统4号轴承金属温度2上升至107℃，达到报警值；1时57分，DEH系统4号轴承金属温度2上升至113℃，到达跳闸值，延时2s后保护动作，汽轮机跳闸。期间4号轴承金属温度1及4号轴瓦回油温度稳定，无上升趋势。

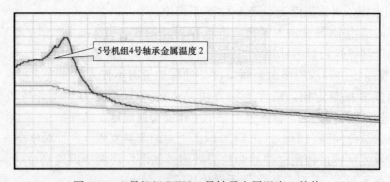

图3-11 5号机组DEH 4号轴承金属温度2趋势

查阅图3-12发现：在DEH系统4号轴承金属温度2上升期间，DCS系统4号轴承金属温度1、2两点及4号轴瓦回油温度显示正常，无上升趋势。

就地检查4号轴承金属温度2测量元件阻值、对地测绝缘均正常；检查测量回路，电缆线间绝缘、对地绝缘均正常。恢复接线后，DEH画面温度显示37.05℃，与DCS画面显示一致。

图 3-12　5 号机组 DCS 4 号轴承金属温度 2 趋势

（2）测量装置情况。5 号机组汽轮机轴承金属温度就地测量元件为双支热电阻，其中一支送至 DCS 系统作为监视使用，另外一支送至 DEH 系统用作保护使用。

轴承金属温度高于 107℃报警，温度高于 113℃，延时 2s 跳机。设置有速率梯度及坏点判断闭锁限制功能，如果温度变化速率达到或超过 5℃/s，则逻辑自动判断该测点故障并将该保护自动解除。本次 DEH 系统 4 号轴承金属温度 2 温度变化速率均未达到 5℃/s 的速率门槛限制值，未触发温度梯度限制。

（3）机组检修模件通道试验情况。

1）2020 年 6 月，在 5 号机组 C 修期间，进行 5 号机组热控主保护试验，其中包含"汽轮机轴承金属温度高"模件通道试验项目，试验结果合格。

2）2021 年 2 月，在 5 号机组停机临检期间，进行 5 号机组 DEH 轴瓦温度阻值以及绝缘连续性检查，检查结果合格。

3）针对 6 号机组 2021 年 1 月 1 日推力瓦温度高跳闸事件制定的预控措施，策划 5、6 号机组 DEH 模件更换升级改造项目。

4）加强 DEH 系统温度元件巡视、检查，于 2021 年 9 月 13 日，运行人员发现 5 号机组推力瓦工作面温度 1 波动，趋势见图 3-13。检查就地测量元件及回路无异常，经拆接线后，DEH 系统推力瓦工作面温度 1 显示正常，同时将推力瓦温度报警值下调至 70℃，推力瓦工作面温度 1 保护速率判断值由 5℃/s 改为 2.5℃/s，避免出现机组异常。

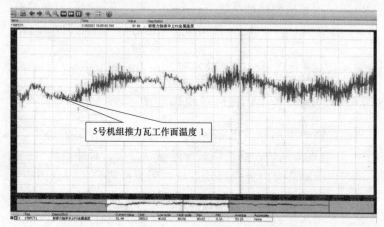

图 3-13　5 号机组推力瓦工作面温度 1 波动趋势

（4）测点波动的原因分析。

1）DEH 系统 4 号轴承金属温度 2 测点热电阻元件在检查过程中，均未发现设备异常，测量元件故障的因素可以排除。

2）测量回路的电缆、接线在绝缘检查过程中未发现明显异常，若现场存在异常电磁干扰，将使测量结果逐渐偏离实际测量数值，而测量回路在拆接线后，测量回路对地放电，测点显示正常。初步判断现场存在电磁干扰的可能。

3）该测点热电阻测量原理是采用电桥平衡法，若 DEH 模件通道内部电桥的某一元器件存在异常，会导致测量电桥不平衡，将使测量结果逐渐偏离实际测量数值，而停机后的拆接线操作致使该电桥复位重置，测点显示正常。初步判断 DEH 模件可能存在老化的可能。

综上分析认为：结合 2021 年 1 月 1 日 6 号机组推力瓦金属温度异常、2021 年 9 月 13 日 5 号机组推力瓦金属温度异常和此次 5 号机组 4 号轴承金属温度异常三次异常事件分析，一方面 DEH 模件可能存在老化问题；另一方面现场可能存在干扰，造成测量回路异常波动，该类事件需邀请厂家、相关专家进一步深入分析设备根本原因，从而采取有效手段，避免该类事件频繁发生。

2. 暴露问题

（1）机组重要保护热控测量装置管理工作不到位，隐患排查工作不到位。

（2）DEH 模件使用年限较久，存在硬件老化现象。

（3）汽轮机轴承金属温度高保护逻辑不完善，需优化。

（三）事件处理与防范

（1）为了进一步确保轴承金属温度高跳汽轮机保护回路的可靠性，采取临时性措施。

1）在 DEH 机柜和 DCS 机柜之间敷设盘间电缆，将 DCS 系统 4 号轴承金属温度 2 引至 DEH 系统。优化 DEH 系统 4 号轴承金属温度 2 保护逻辑，DCS 系统温度测点与 DEH 系统温度测点偏差大时，退出该保护。

2）优化报警和速率保护逻辑，将汽轮机轴承金属温度高报警值由 107℃ 修改为 80℃，轴承金属温度单点保护速率判断值由 5℃/s 修改为 2.5℃/s。运行及检修人员加强汽轮机轴瓦温度测点巡视，调取历史趋势，定期分析温度变化情况，如发现异常，及时处理。

（2）利用机组停运机会，更换 DEH 系统相关模件、接线板和连接预制电缆，同时对汽轮机轴系热控电缆屏蔽和机柜接地系统进行全面排查，发现问题及时消缺。

（3）对 5 号、6 号机组 DEH、ETS 控制系统模件进行换型改造，结合机组检修计划逐步进行更换。

（4）利用机组停运的机会，优化汽轮机轴承金属温度高保护逻辑。

六、LK510 模件故障误关 LV 阀导致机组跳闸

某电厂 2 号机组，锅炉采用北京巴布科克·威尔科克斯有限公司生产的超临界参数、B&WB-1140/25.4-M 型直流锅炉；锅炉型式为超临界参数、对冲燃烧、一次中间再热、单炉膛平衡通风、不带启动循环泵内置式启动系统、固态排渣、紧身封闭布置、全钢构架的 Ⅱ 形直流炉。汽轮机采用哈尔滨汽轮机有限责任公司生产的超临界参数、CC300/N350-24.2/566/566、超临界蒸汽参数、一次中间再热、单轴、三缸两排汽、凝汽式机组。机组于 2014 年 12 月投产；汽轮机 LV 阀 2020 年 9 月改造为江南阀门有限公司生产的阀门，型

号为 TKD-B-SK（DN1200YTKD），配套 HollSys LK 系列 PLC 控制系统，改造后的 LV 阀于 2020 年 10 月底投入使用。

（一）事件过程

2021 年 11 月 20 日 14 时 44 分，2 号机组负荷为 263MW，主蒸汽流量为 922t/h，主蒸汽压力为 23.18MPa，主、再热蒸汽温度为 565℃、562℃，热网疏水流量为 336t/h，LV（低压缸进汽调节阀）阀开度为 100%，2B 热网疏水泵运行，采暖调节阀开度为 37%，2A、2B、2C、2D、2E 五台磨煤机运行，总煤量为 136t/h。

14 时 44 分 10 秒，LV 指令 100%，反馈由 100% 开始不受控下降。

14 时 44 分 48 秒，发 DEH 阀门状态报警，2 号机组负荷开始由 263MW 下降。

14 时 45 分 30 秒，LV 指令 100%，反馈下降至 0。

14 时 58 分 49 秒，机组负荷降至 112MW，LV 阀法兰盘处大量漏汽，2 号机组紧急打闸，联锁锅炉 MFT 动作，发电机解列。

（二）事件原因检查与分析

1. 事件原因检查

（1）现场检查。

14 时 50 分，热控值班人员接运行人员通知后对 2 号机组 LV 阀进行检查。在 14 时 44 分 10 秒时，LV 反馈由 100% 开始下降到 0，持续时间为 1min20s。到就地检查 LV 阀控制柜反馈显示 0。

16 时 3 分，关闭 LV 阀高压油进油门后 LV 阀逐渐开启（LV 阀为油压关闭弹簧开启）；16 时 12 分打开高压油门后 LV 阀自动关闭。怀疑比例阀故障，通知机务专业更换比例阀，更换后故障现象仍存在。

检查 LV 阀控制系统，发现比例阀电子放大器板指示灯 S1 常亮，测量 S1 通道输出电压为 3.8V DC（驱动比例阀关线圈），使比例阀关线圈保持带电，造成 LV 阀关闭。

检查电子放大器板电源及各输入/输出信号，发现 LK510 模件输出电压为 5V DC，且模件 RUN 灯熄灭，将 LK510 模件进行更换，更换后在 DCS 上对 LV 阀进行传动，动作正常，LV 阀故障消除。

（2）LV 阀故障原因检查。

LV 阀控制原理：DCS 远程发 4～20mA 指令给就地 PLC 控制柜，就地 PLC 控制柜将指令转换成电压信号再送至比例阀来控制 LV 阀动作。

LV 阀就地控制系统为 HollSys LK 系列 PLC 系统，配有 6 块模件，其中 LK412 6AI 模拟量模件接收 DCS 4～20mA 指令信号，通过 LK510 卡模拟量输出电压信号至放大器板（atos E-EM-AC-05F），经过放大器板后输出电压信号至比例阀 YH1 的 AC26AC28（关指令）或 AC30AC32（开指令），通过 EH 油对 LV 阀进行开关控制，如图 3-14 所示。

1）比例阀检查无异常。

2）比例放大器板问题查找：LV 阀关方向线圈带电的原因，测量比例放大器板 AC26AC28（关指令）端子有 3.8V DC，且 S1 灯亮（输出指示）。比例放大器板输入电压有 5V DC。

3）LK510 模件问题查找：比例放大器板输入电压由 LK510 模件输出，检查模件 RUN 灯熄灭，初步判断模件故障。经与厂家技术人员沟通，该模件故障时输出的电压不受 PLC 系统控制，直接输出至比例放大器板驱动比例阀，使 LV 阀关闭。

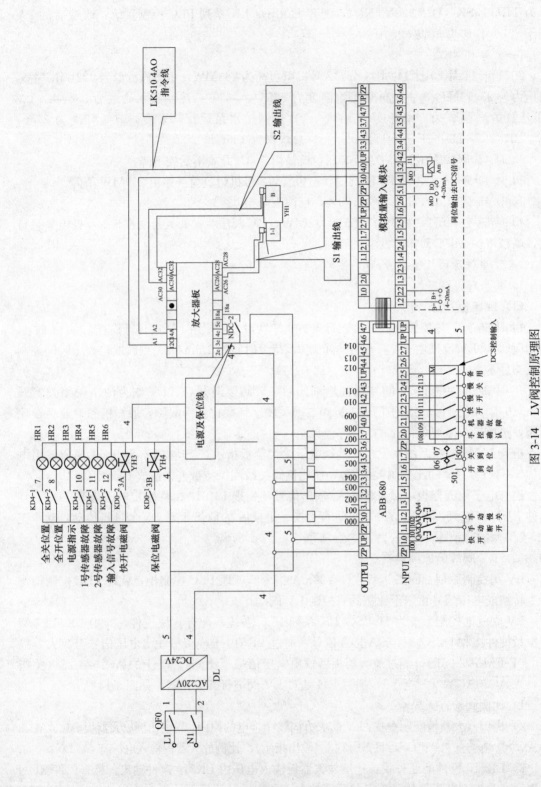

图 3-14 LV阀控制原理图

4）继续对 LV 阀保位功能测试：断开 DCS 输入指令信号，保位电磁阀动作，阀门保持当前阀位，验证保位电磁阀功能正常。但当 LK510 模件故障后未能启动阀位保持功能。

2．事件原因分析

经上述排查，分析 LV 阀自动关闭原因为就地 PLC 控制系统 LK510 模件故障，且在模件故障时仍有电压输出，经比例放大器板输出到比例阀线圈，导致 LV 阀门关闭。

3．暴露问题

（1）热控人员对新增的 LV 阀就地 PLC 控制回路不熟悉。

（2）对新增设备控制系统安全逻辑的完备性审核不充分。

（三）事件处理与防范

（1）21 时 30 分，更换 LV 阀的 LK-510 控制卡，LV 阀反馈故障消除。21 时 45 分，检修人员将法兰泄漏故障消除。

（2）针对 LV 阀 PLC 控制系统在内部模件故障时，系统无监测手段，无法启动系统保位功能保持阀门原有状态，采取以下措施。

1）协调阀门厂对现有 PLC 系统逻辑进行优化，增加模件故障检测保位功能。

2）增加判断逻辑，当 LV 阀指令和反馈的偏差大于 10％时，直接启动 LV 阀保位功能。

（3）LV 阀型号为 TKD-B-SK（DN1200YTKD），配套 HollSys LK 系列 PLC 系统，2020 年 10 月安装调试使用，运行周期刚满一年零一个月，属于非正常电子设备故障，采取以下措施：

1）对故障 LK510 模件返厂进行质量评估，查找模件故障原因。

2）为防止类似问题发生，联系阀门厂技术人员到现场对现有 PLC 模件质量及可靠性问题进行评估。

（4）将 LV 阀门增加关到 20％的机械限位，在 DCS 指令增加关到 20％的限制。

第三节　控制器故障分析处理与防范

本节收集了因控制器故障引发的机组故障事件 3 起，分别为 FSSS 系统控制器故障引起机组停运、INFIT 协调控制异常切除造成运行参数扰动、ETS 处理器故障导致机组停运事件。控制器作为控制系统的核心部件，虽然大都采用了双冗余、三冗余配置，然而从近几年来看控制器的异常、主控制器的掉线、主副控制器之间的冗余切换等异常却很容易引发机组故障。尤其是重要设备所在的控制器，例如 FSSS 系统、MCS 系统、ETS 系统等，一旦故障处理不当，将导致机组的跳闸。

一、FSSS 系统控制器老化故障引起机组停运

某公司 2×300MW 机组于 2009 年投产，1 号、2 号机组 DCS 采用美国美卓 maxDNA 控制系统，该系统从功能上分为 DAS、MCS、SCS、发电机-变压器组和厂用电源系统顺序控制系统、FSSS、空冷岛控制系统（ACC）、公用系统。接入 DCS 公用网的系统包括辅机循环水泵房、热网加热站、燃油泵房、氨区、电气公用、暖通等公用系统。

2021 年 2 月 22 日，2 号机组负荷为 297MW，AGC 正常投入，A、B、C、D、E 磨煤机运行，密封风机、火焰检测冷却风机运行正常，汽包水位变送器 1、2、3 显示正常，具

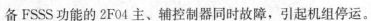

备 FSSS 功能的 2F04 主、辅控制器同时故障，引起机组停运。

（一）事件过程

2 月 22 日 19 时 9 分 28 秒，运行人员监盘发现 DCS 显示"切除 AGC""锅炉主控自动禁止""手动按钮灯"报警，汽包水位 1 点、汽包水位 2 点、汽包水位 3 点、火焰检测风机、密封风机、炉膛二次风差压无法监视。保持负荷，通过电接点水位计与就地双色水位计进行水位调整，通知设备管理部热控专业处理。热控人员检查 2F04＿S 辅控制器退出运行状态，2F04＿P 主控制器未切换，控制器所带设备无法监视，锅炉 MFT 失去作用，无法进行保护投退操作。办理事故应急抢修单措施，退出锅炉 MFT 联跳汽轮机主保护，派巡检就地监视密封风机、火焰检测风机运行状态。热控人员将 2F04＿P 主控制器重新插拔，主、辅控制器仍然不能正常运行。将 2F04＿P 主控制器 CF 卡更换至备用控制器中重新插入，控制器未能正常运行。随后将 2F04＿S 辅控制器进行插拔，控制器未能正常运行，将 2F04＿S 辅控制器 CF 卡更换至备用控制器中重新插入，控制器未能正常运行。

20 时 1 分 41 秒，点击 2F04＿S 辅控制器"reset"按钮进行复位，控制器重启，燃料中断信号触发，MFT 保护动作，2 号机组锅炉磨煤机、一次风机、密封风机跳闸，锅炉灭火，立即手动进行 2 号汽轮机打闸，润滑油泵、顶轴油泵联启正常，发电机出口开关断开，灭磁开关断开，厂用电切换正常。

（二）事件原因检查与分析

1. 事件原因检查

22 日 15 时 28 分 38 秒，2 号机组运行正常，运行人员监盘发现 2F04 控制器报警，热控人员检查系统状态，发现 2F04＿P 主控制器故障，切换至 2F04＿S 辅控制器运行，控制器所带设备远方监视正常。

16 时 22 分，热控专业办理工作票将 2F04＿P 主控制器重新插拔后状态恢复正常，作为热备用，2F04 控制器继续采用 2F04＿S 辅控制器运行的方式；16 时 50 分，控制器运行正常，终结工作票，热控人员撤离现场。

19 时 9 分 28 秒，监盘发现 DCS 发"切除 AGC""锅炉主控自动禁止""手动按钮灯"报警，汽包水位 1 点、汽包水位 2 点、汽包水位 3 点、火焰检测风机、密封风机、炉膛二次风差压无法监视。热控人员检查 2F04＿S 辅控制器退出运行状态，2F04＿P 主控制器未切换，控制器所带设备无法监视，锅炉 MFT 失去作用，无法进行保护投退操作。

19 时 20 分，许可"2 号炉电子间 2F04 柜 DPU 故障检修"事故应急抢修单。退出锅炉 MFT 主保护，派巡检就地监视密封风机、火焰检测风机运行状态。

将 2F04＿P 主控制器重新插拔，主、辅控制器仍然不能正常运行。将 2F04＿P 主控制器 CF 卡更换至备用控制器中重新插入，控制器未能正常运行。随后将 2F04＿S 辅控制器进行插拔，控制器未能正常运行，将 2F04＿S 辅控制器 CF 卡更换至备用控制器中重新插入，控制器未能正常运行。

20 时 1 分 41 秒，点击 2F04＿S 辅控制器"reset"按钮进行复位，控制器重启，燃料中断信号触发，MFT 保护动作，2 号机组锅炉磨煤机、一次风机、密封风机跳闸，锅炉灭火，立即手动进行 2 号汽轮机打闸，润滑油泵、顶轴油泵联启正常，发电机出口开关断开，灭磁开关断开，厂用电切换正常。

20 时 1 分 47 秒，2F04 所带设备 DCS 显示正常，汇报公司、相关部门领导与专工。

事件记录仅记录燃料中断信号发生的 SOE 记录，因控制器故障，19 时 8 分 56 秒至 20 时 1 分 47 秒，2F04 所有测点历史趋势和事件记录无法调取。

2F04 控制器为 2009 年使用的 DPU4F 控制器，为防止事故再次发生，热控专业将 2F04 控制器更换为 DPUMR 控制器。21 时 35 分 37 秒，2F04 控制器恢复正常，2F04 _ P 主控制器运行，2F04 _ S 辅控制器备用。

2. 事件原因分析

（1）直接原因。2F04 主、辅控制器已运行 11 年以上，存在电子元器件老化问题。

（2）间接原因。

1）主、辅控制器冗余切换机制不合理。2F04 _ P 控制器（备用状态）突发故障时，2F04 _ S 控制器（运行状态）冗余监测异常，运行控制器瞬间将控制权限切换至备用控制器（故障控制器），导致 2F04 控制设备失去监控。

2）MFT 逻辑组态不完善。锅炉 MFT 逻辑在 2F04 控制器，部分设备状态信号存在跨控制器引用，其中燃料中断保护引用的油角阀、磨煤机状态信号均采用跨控制器引用点经过"与"块进行逻辑运算，控制器复位启动时，受时序影响，重启后未能及时扫描到跨控制器设备正常运行状态，直接恢复"与"块缺省值，输出"true"，导致燃料中断信号触发，MFT 动作。

3. 暴露问题

（1）DCS 已运行 11 年以上，存在电子元器件老化问题，控制器故障率较高。

（2）控制器故障处理的应急预案不完善。

（3）跨控制器引用逻辑组态不完善。

（三）事件处理与防范

（1）结合检修周期进行 DCS 改造。

（2）保证 DCS 控制器备件库存数量不少于一对，出现控制器故障时，更换新控制器并及时采购备件。

（3）梳理每对控制器所带重要设备和重要测点，重新修编 DCS 失灵应急处理预案，进行桌面演练。

（4）跨控制器引用逻辑组态不完善：将 MFT 主保护中跨控制器引用点建立中间点后再应用到保护、联锁逻辑中；将 MFT 主保护逻辑中"与"运算块更换为"CALC"运算块，用公式实现"与"功能。

二、INFIT 协调控制异常切除造成运行参数扰动

某发电公司 2×1000MW 新建工程一期建设两台超超临界、二次再热、世界首台六缸六排汽、纯凝汽轮发电机组，锅炉、汽轮机、发电机（三大主机）均为上海电气集团制造，具有高参数、大容量、新工艺的特性，同步建设铁路专用线、取排海水工程、烟气脱硫脱硝、高效除尘、除灰、污水处理等配套设施。全厂 DCS 采用和利时 HOLLiASMACS6 系统，DEH 采用西门子 T3000 系统，并采用国内先进的"全厂基于现场总线"的控制技术。机组自动控制采用机炉协调控制系统（CCS），协调控制锅炉燃烧、给水及汽轮机 DEH，快速跟踪电网负荷 ADS 指令，响应电网 AGC 及一次调频。两台机组分别于 2020 年 11 月、12 月投产发电。

机组正常运行中 INFIT 协调控制异常切除，造成运行参数扰动。

（一）事件过程

2021 年 7 月 16 日 11 时 3 分 13 秒，1 号机组 INFIT 协调方式运行，主蒸汽压力为 23.25MPa，主蒸汽温度为 600.3℃，负荷为 700MW，给水流量为 1796.35t/h，给水泵汽轮机转速处于自动控制，脱硝氨气混合器调节门开度为 67.96%，FGD 出口烟气 NO_x 浓度为 29.19mg/m³（标准状态），左侧 1 号过热器一级减温水调节阀开度为 97.95%，左侧 2 号过热器一级减温水调节阀开度为 99.70%，右侧 1/2 号过热器一级减温水调节阀开度为 0%，左侧 1 号过热器二级减温水调节阀开度为 44.35%，左侧 2 号过热器二级减温水调节阀开度为 37.93%，右侧 1 号过热器二级减温水调节阀开度为 12.94%，右侧 2 号过热器二级减温水调节阀开度为 51.14%。

11 时 3 分 15 秒，INFIT 脱硝控制切除。

11 时 3 分 15 秒，INFIT 协调控制切除，机组处于 TF 运行方式。

（二）事件原因检查与分析

1. 事件原因检查

经查历史记录，11 时 3 分 15 秒，INFIT 脱硝控制指令从 67.96% 降为 0，INFIT 脱硝控制切除，FGD 出口烟气 NO_x 瞬时浓度超限维持 5min［NO_x 瞬时最大浓度为 260.20mg/m³（标准状态）］。

11 时 3 分 15 秒，左、右侧 1/2 号过热器一级/二级减温水调节门指令降为 0%；11 时 3 分 22 秒，INFIT 过热汽温控制切除（过热汽温控制较为滞后）。

11 时 3 分 15 秒，中间点温度设定值降为 0，实际中间点温度为 460℃，指令反馈偏差大（偏差限为 50℃），中间点温度控制切手动，导致 INFIT 协调控制切除，机组处于 TF 运行方式。

11 时 3 分 14 秒，给水流量设定值（最终）为 1800t/h，其中给水流量设定值（最终）＝给水偏置＋给水流量设计值＋中间点温度修正控制指令，省煤器出口流量（滤波后）为 1797.36t/h。给水偏置为 10t/h，给水流量设计值为 1762.60t/h，中间点温度修正控制指令为 27.40t/h。11 时 3 分 15 秒开始，2s 后，给水流量设计值为 1540.58t/h，中间点温度修正控制指令为 −273.23t/h，给水偏置为 10t/h。

11 时 3 分 17 秒，给水流量设定值（最终）为 1277.66t/h，省煤器出口流量（滤波后）为 1797.77t/h，设定值与实际值偏差大（偏差限为 500t/h），给水泵汽轮机转速控制切手动。INFT 系统指令信号趋势曲线见图 3-15。

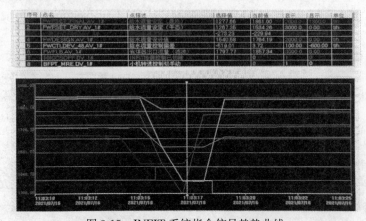

图 3-15　INFIT 系统指令信号趋势曲线

经上述检查，分析认为 INFIT 调试过程中，PLC 内部程序故障导致 PLC 停止运行，输出指令未保持中断前的通信值，指令输出为 0，造成煤量、给水量、脱硝、过热器减温水调节扰动。

2. 事件原因分析

调试过程中，新增协调方式下一次调频优化算法块时，该算法块地址与原程序冲突导致 PLC 内部程序故障，进而导致 PLC 停止运行。后经测试时发现 PLC 和 DCS 通信总线故障、DCS 通信卡故障、PLC 断电导致通信中断，通信值均可保持，此时 INFIT 系统可自动退出且无扰动。

3. 暴露问题

（1）新增一次调频优化算法时，在线修改逻辑的安全风险意识不足，未制定可靠的逻辑修改方案。

（2）外接的优化系统未考虑异常退出时对系统的影响，缺乏可靠的退出策略。

（三）事件处理与防范

（1）在新增 INFIT 系统算法块时，先退出 INFIT 系统再进行下装。

（2）停机后，在 22 号站协调 INFIT 通信逻辑处新增 INFIT 指令限速功能，可以保证即使错误的指令先发出再退出 INFIT 系统，也不会出现指令的大幅度变化。在下装 22 号站之前，将 22-INFITAI 逻辑页中输出的指令在输出前增加限速块，限速速率在线可调，逻辑修改完成检查无误后，在负荷稳定时将给水主控、燃料主控、送风自动切为手动，再将 22 号站下装。

三、ETS 处理器故障导致机组停运事件

某厂 2 号机组 DCS 采用上海新华控制技术有限公司 XDC800B 系列控制系统。ETS 系统由哈尔滨汽轮有限责任公司成套供货 Trusted 系统，该系统采用硬件容错，即采用硬件电路和芯片完成系统的故障诊断、冗余和容错管理工作，而不是采用软件计算的软件容错。在 Trusted 系统中，所有重要电路都实现了三重化，三重化的每个部分都是独立的，但单个部分的功能又完全相同。三重化电路的输出信号在成为系统输出之前，经过一个三选二的表决芯片，当三个电路中有一路发生故障，输出错误信号，经过三选二表决后该错误信号被屏蔽掉，系统仍然输出正确的信号，该系统于 2017 年 12 月正式投入使用。

2021 年 4 月 20 日 16 时 36 分，机组跳闸触发锅炉 MFT 动作，发电机解列。跳闸前机组负荷为 197MW，主蒸汽压力为 15.07MPa，主蒸汽温度为 553℃，再热蒸汽压力为 1.88MPa，再热蒸汽温度为 560℃，总煤量为 117t/h，给水流量为 566t/h，凝汽器真空为 4.68kPa。

（一）事件过程

3 时 15 分，ETS 系统状态监视测点故障（20CAA10XB58-1）报警触发，运行人员通知热控专业进行处理。热控人员到场后对 ETS 系统检查发现 Healthy3（CPU3 状态指示 LED 灯）为稳定红色（正常时为稳定绿色），在处理器面板进行复位操作后 Healthy3 仍为稳定红色，联系 Rockwell 厂家技术人员，厂家反馈该 Healthy3 显示稳定红色表示 CPU3 指示片为关键性故障，且该故障无法被复位，但不影响系统运行。公司立即组织进行 2 号机组 ETS 系统故障导致机组非停事故预想，并要求运行人员再次学习"公司单机保稳定技术措施"，保证机组非停后相关事故处理措施执行到位。

图 3-16　CPU3 故障后 ETS 控制器面板

3 时 23 分，热控人员现场检查 ETS 系统状态异常，发现 ETS 机柜 CPU 控制器 Healthy3 灯红色，SystemHealthy 显示为红闪，其他状态灯均正常，如图 3-16 所示，2 号机组运行稳定，无异常，并告知运行人员报警原因，交代加强 ETS 系统相关画面的监视。

3 时 30 分，查阅 ETS 系统上位机逻辑组态及系统状态监测画面，确认与机柜内报警信息一致，如图 3-17 所示。

4 时 10 分，对系统进行复位操作，多次操作复位按钮后，系统故障仍未消失。

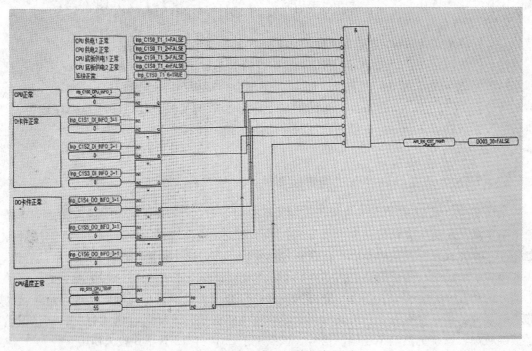

图 3-17　ETS 上位机系统状态监测

10 时 27 分，厂家技术人员回复，故障原因为 CPU3 故障，且故障无法消除，但不影响正常运行，如 CPU1 及 CPU2 中任意一个再发生故障将触发 ETS 系统停运，汽轮机跳闸，厂家建议返修或者更换。询问 CPU1 及 CPU2 故障概率及部件可靠性，厂家回复故障率极低，本型号 CPU 运行可靠性高，不会同时出现双 CPU 故障事件。由于三个处理器集成在一块控制器当中，无法单独对 CPU3 进行更换。

16 时 37 分，ETS 系统发生停运，2 号机组汽轮机跳闸，同时锅炉 MFT 动作，发电机解列。ETS 无跳闸首出显示，MFT 跳闸首出显示为"汽轮机跳闸"，电气侧发电机-变压器组保护屏动作原因显示为"程序逆功率保护动作"。

（二）事件原因检查与分析

1．事件原因检查

机组跳闸后，热控人员迅速赶到现场，查看事故追忆显示 AST 电磁阀动作，查看 MFT 系统首出为汽轮机跳闸，查看 ETS 系统无跳闸首出，随即对 ETS 机柜进行检查，发现 ETS 机柜 CPU 控制器 Run 灯、Active 灯、Educated 灯消失，Healthy3 灯显示红色，SystemHealthy 显示为红色。测量柜内电源电压无异常。

16 时 45 分，通过 ETS 系统上位机对故障进行诊断，发现 ETS 上位机与 ETS 柜内控制器无法通信，无法生成诊断报告文件，确认 ETS 系统处于故障状态。

17 时 0 分，对 ETS 系统进行断电重启，热控人员断开 ETS 系统 UPS 及保安段电源开关，约 10s 后重新送电。

17 时 1 分，控制器重新启动成功，系统各状态灯指示正常，上位机通信正常，CPU3 故障消失，汽轮机 ETS 系统恢复正常。

17 时 5 分，再次通过 ETS 系统上位机对故障进行诊断，通信正常，可生成诊断报告文件，生成后发送至厂家人员。

2．事件原因分析

（1）直接原因。分析认为造成 2 号机非停的直接原因是 ETS 系统故障停运，导致 4 个 AST 电磁阀失电动作卸油，汽轮机跳闸，锅炉 MFT 动作，发电机解列。对 ETS 系统故障停运原因进行以下检查。

1）逻辑原因导致 AST 电磁阀失电。对所有可能造成机组 ETS 逻辑动作原因进行分析，未发现停机前信号出现异常。机组停运前各项参数稳定，主、辅机状态正常，排除逻辑原因导致 AST 电磁阀失电。

2）供电电源故障导致 AST 电磁阀失电。4 个 AST 电磁阀采用 220V AC 供电，1、3 AST 电磁阀由 UPS 电源供电，2、4 AST 电磁阀由保安段电源供电，两路电源具备 SOE 级别电源失电监视，事发当天两路电源未出现任何异常，排除 AST 电磁阀供电电源故障导致失电。

3）ETS 系统发生停运导致 AST 电磁阀失电。机组跳闸后，对 ETS 机柜进行检查，如图 3-18 所示。发现 ETS 机柜控制器 Run 灯熄灭（处理器运行状态指示 LED 灯正常运行时为绿闪），Active 灯熄灭（处理器运行模式状态指示 LED 灯工作模式时为稳定绿色），Educated 灯熄灭（处理器学习状态指示 LED 灯在处理器被教育后呈现绿色、在处理器正在被教育时呈现绿闪、在处理器没有被教育或应用程序停止时熄灭），Healthy3 灯显示稳定红色（CPU3 状态指示 LED 灯正常时为稳定绿色），SystemHealthy 灯显示

图 3-18　机组跳闸后 ETS 控制器面板

为红色（整个 Trusted 状态指示 LED 灯正常时为稳定绿色），控制器处于停运状态导致所有 I/O 硬件被断，控制 AST 电磁阀指令被复位为 0，导致 AST 电磁阀失电，汽轮机跳闸。

（2）间接原因。

1）3 个 CPU 都出现异常导致存在 ETS 系统停运可能。

2021 年 4 月 20 日 3 时 12 分 13 秒，如图 3-19 所示，CPU3 背板监视器发生 transient-fault（非关键性故障），selfTest（自检）33 次后故障仍存在，故障类型转为 peranentfault（关键性故障），2021 年 4 月 20 日 3 时 15 分 35 秒，系统自动切除 CPU3 至故障运行状态，即此时一旦 CPU1 或 CPU2 任一 CPU 出现关键性故障，容错系统将导致系统停车。2021 年 4 月 20 日 3 时 30 分 7 秒，CPU1 与 CPU2 同时出现非关键性故障，直至停机，CPU1 与 CPU2 各自 selfTest（自检）66 次，故障仍未消失，但未接收到 CPU1 与 CPU2 出现关键性故障诊断信息。厂家反馈，在系统失电模式下，系统数据、故障信息和用户程序数据被保留在 TMR 处理器的非易失性存储器中，通过一个不可更换的电池供电，保持时间最长可达 10 年。但是目前现场不具备测试条件，需要返厂进行。根据目前 3 个处理器都出现异常情况，不排除存在处理器故障导致 ETS 系统停运的可能。

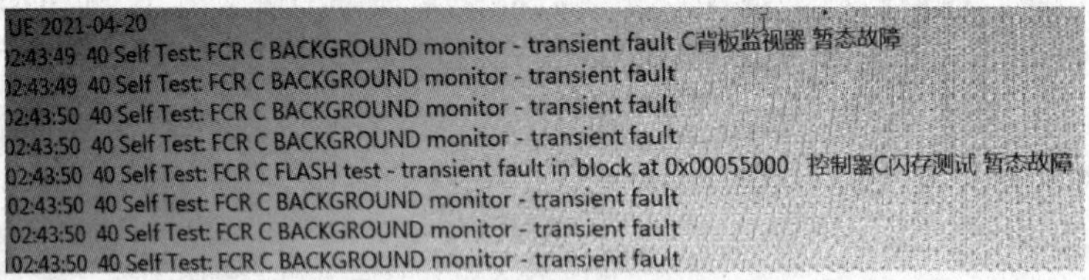

图 3-19   ETS 系统诊断信息

2）I/O 模块电源故障导致 ETS 系统停运可能。现场检查 ETS 外观，无明显故障；上位机诊断系统对事发当天至检查时的系统情况进行查看，诊断记录发现 CPU3 存在故障，故障持续一段时间后，系统切除 CPU3 参与表决。后续诊断信息中所有模件存在 Power-Failuresignal（电源故障）信号，此信号需要进一步分析。

对现场系统供电电压进行测量，220V AC 电源分别为 223V、224V（来自 UPS 及保安段），两路 24V DC 电源分别为 23.6V、23.7V。

对系统机架后部进线电流进行测量，两路分别为 4.6A、4.7A，电流正常。

对 1 号机 ETS 系统进行检查，无异常。

为验证是否因 ETS 控制系统电源失去导致模件发出 PowerFailuresignal（电源故障）信号，对 2 号机组 ETS 系统电源进行断电模拟试验，断电后系统显示与事故时状态不一致。

综上情况，1 号机 ETS 系统可正常使用。将 2 号机 ETS 系统 CPU 模块返厂检查。

2 号机 ETS 系统故障原因为 PLC 系统停运，停运原因可能为 CPU 故障或电源故障，待检测后确定。

3）排除电源失电造成 I/O 模块电源故障。

a. 220V AC 电源失电造成 I/O 模块电源故障排查：ETS 系统控制器两路电源分别取自 UPS 与保安段，与给水泵汽轮机 ETS、汽轮机 TSI、给水泵汽轮机 TSI、DCS 等系统电源配置相同，具备 SOE 级别电源失电监视，事发当天两路电源未出现任何异常，且其他系统也未出现电源异常情况，排除 220V AC 电源失电造成 ETS 系统发生停运可能。

b. 24V DC 电源失电造成 I/O 模块电源故障排查：对 2 号机 ETS 系统两路 24V DC 电源断电情况进行模拟，将两路 24V DC 电源切除，系统显示与事故时状态不一致，首先重新上电后控制器会自动运行，不会处于停运状态，其次诊断信息中 I/O 模块没有出现 PowerFailuresignal（电源故障）信号，排除 24V DC 电源失电造成 ETS 系统发生停运可能。

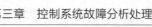

c. 处理器故障导致 I/O 模块电源故障的可能性排查：根据厂家说明书描述，如果两个控制器片区发生关键性故障，容错系统判断后将切断 I/O 模块电源使系统停车，但厂家技术人员表示此时诊断信息中不会出现电源故障信号，而且目前无法提供两个控制器片区发生关键性故障时，I/O 模块会记录相关诊断信息与本次事故信息进行对比的相关信息。现场也无法通过人为手段将控制器片区置为故障状态进行故障复现。根据事故中处理器故障情况，不排除处理器故障导致 I/O 模块电源故障的可能。

3. 暴露问题

（1）设备隐患风险评估不足。未能有效评估 2 号机 ETS 系统异常故障的风险，对 ETS 控制器模块故障造成的后果认识不清，未能有针对性地制定 ETS 控制器故障的管控措施。

（2）ETS 系统管理存在漏洞。ETS 系统的安全性过于依赖设备本身可靠性，日常检修维护重点过多地在电源回路及端子紧固等常规工作，未及时开展系统或控制器的定期诊断及评估。

（3）热控专业人员技术能力、解决问题的能力有待提高。热控专业人员对 ETS 系统故障诊断及故障处理能力不足，CPU3 故障发生后，专业人员过分依赖厂家解决问题，缺乏有效手段。

（4）原装进口设备故障诊断困难，必须返厂进行检测认定，且周期较长。

（三）事件处理与防范

（1）更换 2 号机 ETS 系统 CPU 模件，将原 CPU 模件返厂检测。继续排查能够引发 CPU 模块故障的原因，制定管控措施。

（2）加强 ETS 系统设备预维护管理，定期开展系统的诊断及评估。

（3）汽轮机、给水泵汽轮机 ETS 均为原装进口产品，存在关键技术保密情况，我国技术人员不掌握核心技术，很多故障分析及异常处理均需外方技术人员主导，下一步将调研国产 ETS 系统技术改造应用。

（4）加强热控专业人员培训管理。对 ETS 系统预维护、故障诊断及故障处理进行专项培训，专业人员系统学习 ETS 系统使用手册。

第四节　网络通信系统故障分析处理与防范

本节收集了因网络通信系统故障引发的机组故障 5 起，分别为 DP 总线型电动执行机构网络参数设置不当导致汽动给水泵出口电动门误关、TCS 控制系统通信异常引发的机组跳闸、交换机异常引起网络风暴导致两台机组停运、汽动给水泵前置泵滤网出口电动门总线通信故障导致报警信号异常、不同控制系统间通信异常造成汽轮机跳闸。

网络通信设备作为控制系统的重要组成部分，其设备及信息安全易被忽视，近两年出现问题较多的为不同控制系统间通信和总线型网络的通信。这些案例列举了网络通信设备异常引发的机组故障事件，希望能提升电厂对网络通信设备安全的关注。

一、DP 总线型电动执行机构网络参数设置不当导致汽动给水泵出口电动门误关

某电厂 1 号、2 号机组建设为 2×660MW 超超临界燃煤发电机组，分别于 2015、2016 年建成投产。单元机组配置单台 100% 全容量汽动给水泵。控制系统采用西门子 SPPA-

T3000 全厂一体化现场总线控制系统（FCS），全厂共设计配置 PROFIBUS 通信主站 183 对，设计 PROFIBUS-DP 网段 183 个，PROFIBUS-PA 网段 125 个；全厂共采用现场总线控制设备 2645 台（套）；总线设备类型包括电动执行机构、气动调节阀、电气马达保护装置、低功率电机变频器、电磁阀岛，以及压力、差压、液位、流量、化学分析仪表等。

（一）事件过程

2021 年 12 月 6 日 12 时 20 分，某机组带 451MW 负荷运行，当时锅炉总煤量为 200t/h，给水流量为 1010t/h，总风量为 1680t/h，A/B 侧主蒸汽温度为 594℃/592℃，A/B 侧再热蒸汽温度为 595℃/588℃，期间 AGC 目标负荷由 430MW 升至 465MW。

12 时 22 分 52 秒时 DCS 显示汽动给水泵出口电动门故障报警，检查发现汽动给水泵出口电动门通信坏点且显示全开，后经就地检查该阀门实际已因故障自动关闭。约 1min 后锅炉主给水流量开始下降，给水泵汽轮机调节门开度减小，转速突然上升，汽动给水泵入口压力突升，汽动给水泵 3 号轴承振动突增。

12 时 24 分 2 秒，2 号给水泵汽轮机因轴承振动大保护动作跳闸，锅炉因给水泵全停 MFT，机组跳闸。

（二）事件原因检查与分析

1. 事件原因检查

检查事件发生前、后 2 号汽动给水泵出口电动门执行机构动作曲线及对应的 DP 总线网段通信曲线和报文情况如下。

（1）DP 总线网段检查。经查事件发生前一段时间，2 号汽动给水泵出口电动门所属的 AP224-CP2-DP 网段已偶尔出现过单路故障的短时闪断报警，但均能自动恢复，未对阀门的操作控制等产生影响。检查 AP224-CP2-DP 总线网段的通信电压良好（如图 3-20 所示），通信质量波形无干扰，网段通信报文也未见错误报文。

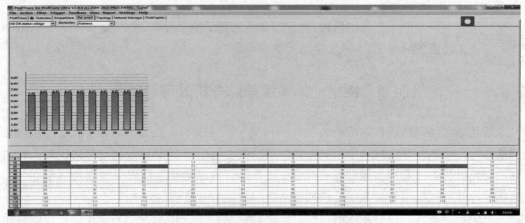

图 3-20　AP224-CP2-DP 网段通信电压

在 DCS 上检查 CPU 报文显示汽动给水泵出口电动门与 CPU 能正常连接，但是偶然有"不是有效数据"的信息出现；检查 AP224-CP2-DP 网段的两路链路均单独出现过通信闪断报警，但在事故发生前未见两路通信同时发生故障报警情况；直至事件发生当日 12 时 22 分，AP224-CP2-DP 网段汽动给水泵出口电动门两路通信同时发生故障报警，同时与 CPU 失去连接。

（2）现场设备检查。现场检查汽动给水泵出口电动门执行机构通信电缆屏蔽情况良好，执行器端盖、电缆入口等密封良好，执行器内部未见明显灰尘、潮湿等，执行器内 DP 总线接线、屏蔽压接等未见异常；继续检查执行器控制主板的开关设置，发现用于屏蔽接地功能设置的拨码开关位置为"Filter"位；继续检查执行器的内部参数设置，发现其中的"Fail safe"（故障安全）选项设置为"Act. run to fail safe"（运行至故障安全位置），而其对应默认的故障安全位置为"0% close"（即关位置）。

2. 事件原因分析

检查发生故障的 2 号汽动给水泵出口电动门所属的 AP224-CP2-DP 总线网段的通信电压、波形，以及通信报文等情况未见异常情况，因此基本可以排除总线线路通信受外部干扰的可能因素；通过对汽动给水泵出口电动门执行机构的检查结果，以及咨询设备厂家后分析认为 2 号汽动给水泵出口电动门执行器为某品牌冗余 DP 总线型电动执行机构，该品牌执行器的总线通信卡屏蔽接地功能设置有专门的拨码开关，并设置有"PE"和"Filter"两个选择位，其中"PE"位的屏蔽端直接连接执行机构壳体，"Filter"位则经过相应的过滤环节后接地，作为配合总线网段终端电阻需在执行器内设置时使用。由于总线网段的终端电阻均已统一设计在总线通信箱内，因此正常运行时该拨码开关应置"PE"位。而事后检查发现该电动门的屏蔽接地设置开关被拨至"Filter"位，致使该执行机构两路 DP 通信经常各自出现通信故障闪断，直至事件发生前则两路 DP 链路同时发生通信故障，又因为该执行机构总线设置参数中的"Fail safe"（故障安全）选项设置为"Act. run to fail safe"（运行至故障安全位置），而其对应默认的故障安全位置为"0% close"（即关位置），致使该电动执行机构出现两路通信故障时，汽动给水泵出口电动门被自动关闭。

因此，事件的直接原因是 2 号汽动给水泵出口电动门执行机构内部参数设置不当，在运行中发生两路通信故障时，引起汽动给水泵出口电动门自动关闭，扩大至机组跳闸事故。

（三）事件处理与防范

事件的最终原因是 2 号汽动给水泵出口电动门执行器内部开关、参数等设置不当引起。通过总结、分析，提出如下处理及防范措施。

（1）将 2 号汽动给水泵出口电动门执行器屏蔽设置拨码开关拨回至"PE"位置，同时将"故障安全位置"参数设置为"Disabled"（禁止）；接下来对照排查全厂其他同类型电动执行机构，逐一检查、纠正上述设置。

（2）完成上述检查、设置后，重新检查 AP224-CP2-DP 总线网段的通信状况未再出现故障、闪断等异常情况，持续跟踪一段时间其两路 DP 链路均正常通信。

（3）制定、完善相应的管理制度，在现场设备维护作业时加强安全防范意识，作业前应提前熟悉、掌握该类型总线设备的内部开关、参数等各设置选项的实际含义，防止出现误触、误碰、误设置开关位置等不安全行为。

（4）加强热控维护人员的技能培训，熟悉、掌握新设备、新技术、新工艺，努力提高专业技术及技能水平。

二、TCS 控制系统通信异常引发的机组跳闸

某电厂一期建设 2×480MW 级燃气-蒸汽联合循环热电联产机组，两套机组分别于

2015 年 9 月和 12 月正式投产发电，燃气轮机控制系统（TCS）为三菱控制系统 DIASYS Netmation。某日电厂 2 号机组燃气轮机控制系统（TCS）报控制系统故障信号，机组停机解列。

（一）事件过程

2021 年 5 月 11 日，电厂 2 号机组运行，AGC 投入，负荷为 385MW，供热流量为 30t/h。17 时 25 分，2 号机 TCS 控制系统异常报警 "TCS CONTROL SYSEMER2 STEP3 COMMUNICATION ABNORMAL"（TCS 控制系统 2 步骤 3 通信异常）。

17 时 31 分，"TCS CONTROL SYSEMR FAIL TRIP"（TCS 控制系统故障跳闸）。

（二）事件原因检查与分析

1. 事件原因检查

（1）机组报警及保护检查情况。事件后，专业人员检查事件记录发现：17 时 31 分，报 "TCS CONTROL SYSTEM 2 FAIL TRIP"（燃气轮机控制系统 2 故障跳闸），5min 后 TCS 系统 1 至 TCS 系统 2 的通信反复出现报警。检查逻辑发现，系 TCS CONTROL SYS-TEM 2（TCS 系统 2）出现通信异常，接收 TCS CONTROL SYSTEM 1 数据失败，见图 3-21。

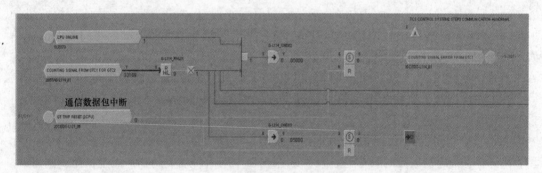

图 3-21　通信数据包检测逻辑

（2）网络系统检查。停机后，仪控人员在检查 2 号机 TCS 交换机时，发现 3P2 交换机红灯报警，重新插拔交换机网线，报警未消失。更换交换机后报警消失。后续 23 时 17 分，仪控人员再次检查时，发现 TCS 系统 1 和 TCS 系统 2 的 CPU 故障灯亮，对 2 号机组 TCS 系统网络内的所有设备进行数据包流量测试后发现，TCS 系统 1 中 CPU B 的 Q 网段延迟为 39ms，对连接 CPU B 的 Q 网网线进行检查发现存在接头处松动现象，进行更换后，测试延迟小于 1ms。至此 CPU 报警消除、网络故障报警消除。仪控人员强制 TCS1 至 TCS2 通信异常逻辑为 0，并通知运行人员加强监视。

（3）通信双绞线检查。5 月 13 日，对 2 号机组 28 根双绞线进行测试，网线检测通过率极低，测试结果表明大约有 50% 双绞线均存在问题，回波损耗、插入损耗和线对阻抗等多个技术指标不合格。网线测试情况统计见表 3-1 所示。

表 3-1　　　　　　　　　　　网 线 测 试 情 况 统 计

名称	网络 P/Q 网	测试结果	备注
TCS 8 号柜 A 网	P	通过 *	
	Q	失败	

续表

名称	网络 P/Q 网	测试结果	备注
TCS 8 号柜 B 网	P	失败	
	Q	通过	
TCS 6 号柜 A 网	P	通过	
	Q	通过	
TCS 6 号柜 B 网	P	通过 *	
	Q	失败	
CPFM A 网	P	通过	
	Q	失败	
CPFM B 网	P	通过 *	
	Q	失败	
PCS A 网	P	失败	
	Q	失败	
PCS B 网	P	失败	
	Q	失败	
TPSA A 网	P	失败	
	Q	通过 *	
TPSA B 网	P	失败	
	Q	失败	
TPSB A 网	P	通过	
	Q	失败	
TPSB B 网	P	失败	
	Q	通过	
TPSC A 网	P	失败	
	Q	失败	
TPSC B 网	P	失败	
	Q	失败	

注　指标达标：通过；指标超限：失败。"通过 *"表示勉强通过，但有指标在极限边缘。

对 2 号机组 7 个控制站、28 根网线进行测试，仅通过 10 根，有 18 根存在诸多技术指标不达标，即插入损耗、回波损耗、阻值及串扰等多个指标参数不符合标准要求，测试失败。其主要原因有以下几种：

1）接触面清洁度不够、氧化等因素导致接触不良，则会引起网线阻值偏大。

2）回波损耗由线缆特性阻抗和链路接插件偏离标准值导致功率反射引起。RL 为输入信号幅度和由链路反射回来的信号幅度的差值。

3）串扰分近端串扰（NEXT）和远端串扰（FEXT），多数由于线路存在损耗所致。

4）衰减是沿链路的信号损失度量。由于集肤效应、绝缘损耗、阻抗不匹配、连接电阻等因素，信号沿链路传输损失的能量称为衰减，表示为测试传输信号在每个线对两端间的传输损耗值及同一条电缆内所有线对中最差线对的衰减量相对于所允许的最大衰减值的差值。

综上所述，当网络双绞线诸多指标超限，易引起网络通信不顺畅，数据时有丢失、通信延迟或通信超时、网络中断等网络异常问题产生，引起网络节点故障，甚至网络堵塞，且这种网络故障可修复，就出现了时好时坏。若是通信模块、交换机等硬件损坏，网络故障一般都是可复现、不可修复的。

2. 事件原因分析

（1）直接原因：2 号机组 TCS 交换机 HUB（3P2）故障及 TCS 系统 CPU Q 网网线异常，造成 TCS 控制系统 P 网和 Q 网同时异常，引起 TCS 系统 2 与 TCS 系统 1 之间的网络数据传输大幅迟延，直接导致了 TCS 控制系统故障发生。

（2）间接原因：TCS 通信设备老化、TCS 通信系统日常维护、测试不到位，导致本次系统故障。

（三）事件处理与防范

1. 事件处理

（1）更换 1 号、2 号机组所有老化的 TCS 通信网线。

（2）举一反三，对 1 号、2 号机组所有控制系统各通信回路全面进行排查，发现隐患已及时处理。

2. 防范措施

（1）细化控制系统日常巡检工作，落实到人、落实到具体设备。

（2）制定针对控制系统网络通信设备的定期工作计划并严格落实，对测试中发现的设备隐患及时排除，确保控制系统网络稳定可靠。

（3）加强热控专业人员的计算机通信技能培训，确保发生通信异常时能快速有效排除故障。

（4）优化 TCS 监视画面及报警信息，使运行、维护人员能更直观监视并及时发现控制系统网络异常情况。

（5）制定 TCS 系统网络交换机柜整改计划，确保交换机等设备环境符合防尘、通风、接地等要求，根据机组运行、检修情况开展实施，确保有效提高通信设备可靠性。

三、交换机异常引起网络风暴导致两台机组停运

某电厂 3 号、4 号机组负荷为 600MW。4 月 19 日 15 时 30 分，由于 3 号机组 OPR206 站工控机频繁卡顿，热控人员对其进行了更换。但 20 日 22 时 23 分 30 秒，3 号机组锅炉 MFT，机组跳闸；22 时 22 分 14 秒，4 号机组锅炉 MFT，机组跳闸。

（一）事件过程

22 时 20 分，3 号机组负荷为 580MW，总煤量为 243t/h，给水流量为 1760t/h，A、B、C、D、E 五台磨煤机运行，顺序阀，汽轮机中压调节门全开，供热回路再热器热段抽汽为 40t/h，再热器冷段抽汽为 8.5t/h，中压对外为 50t/h。4 号机组负荷为 523MW，总煤量为 225t/h，给水流量为 1634t/h，A、B、C、E、F 五台磨煤机运行，顺序阀，汽轮机中压调节门开度为 22%，供热流量为 131t/h。

1. 3 号机组跳闸经过

21 分 10 秒，运行人员监盘发现 3 号机组所有参数显示变蓝色，无法操作，大量光字牌

报警。

22分12秒，运行监盘发现B、C、D、E给煤机给煤量突然降至0t/h，总煤量降至55t/h，此时负荷、给水流量没有变化，立即下令打跳3A给水泵汽轮机。

23分30秒，锅炉MFT，机组跳闸。高中压主汽阀、调节阀关闭，汽轮机转速下降，汽轮机交流油泵联启，各抽汽电动门、止回门关闭。

2. 4号机组跳闸经过

21分10秒，运行人员监盘发现4号机组所有参数显示变蓝色，无法操作，大量光字牌报警。

22分4秒，4号机组运行监盘发现总煤量降至178t/h，给水流量为1648t/h，为防止煤水比失调，试图减少给水流量。

22分14秒，锅炉MFT，机组跳闸，高中压主汽阀、调节阀关闭，汽轮机转速下降，汽轮机交流油泵联启，各抽汽电动门、止回门关闭。

25分2秒，锅炉六大风机（送风机、引风机、一次风机）已跳闸，关闭风烟挡板进行炉膛焖炉。

（二）事件原因检查与分析

1. 事件原因检查

（1）事件发生后，热控专业人员到达工程师站对DCS进行检查，发现大量DPU站存在重启现象，其中公用系统首先出现DPU重启现象，约19min后，3号、4号机组陆续出现DPU站重启现象，具体过程如下：

22时2分51秒，公用系统58号DPU站重启。

22时21分45秒，3号机组重启11个DPU站，4号机组重启6个DPU站。

22时21分46秒，3号机组重启1个DPU站，4号机组无。

22时21分48秒，3号机组重启4个DPU站，4号机组重启6个DPU站。

22时21分49秒，3号机组重启2个DPU站，4号机组重启2个DPU站。

22时21分50秒，3号机组无，4号机组重启1个DPU站。

22时22分23秒，3号机组重启1个DPU站，4号机组无。

22时24分00秒，3号机组无，4号机组重启1个DPU站。

22时24分11秒，3号机组重启17个DPU站，4号机组重启14个DPU站。

（2）20日23时15分，热控专业和电气专业人员对3号、4号机组DCS电源进行检查，未发现DCS电压发生波动，无相关报警记录，相关电源装置未发现切换记录，电气检查各UPS无报警及切换记录。现场检查DCS柜供电模块接线正常、无松动，查询各DPU内48V DC和24V DC电源监视点，未发生信号翻转。

（3）20日23时20分，热控人员检查3号、4号机组GPS时钟运行正常。

（4）20日23时31分，考虑OPR206站工控机是在机组跳闸之前约30h新接入系统的设备，热控人员将OPR206站工控机作为可疑故障点与整体网络断开隔离出来等待DCS厂家进行分析。

（5）21日1时0分，公司热控及信息专业负责人检查SIS系统防火墙、安全审计、网络入侵系统，未发现相关网络安全事件。检查1/2号机组DCS、脱硫DCS、SIS二区/三区等其他系统均运行正常。21日4时0秒，与中试所信息专业人员共同检查3号、4号机组

DCS 与 SIS 之间横向隔离器，未发现数据流量异常，未发现网络入侵事件。

（6）21 日 11 时 58 秒，DCS 厂家人员到场，开始对 3 号、4 号机组 DCS 系统进行全面检查，调阅机组停机事件发生前后的相关 DCS 系统日志，包括上位机、DPU、交换机，以及相关操作历史，并与电厂运行、热控人员进行沟通交流，全面了解机组运行状态。DCS 厂家人员对 OPR206 站工控机进行全面检查时，发现 OPR206 站工控机所连接的交换机对应端口 PORT5 存在大量的坏包"RxBADPkt"计数（见图 3-22）。

Port	RxGoodPkt	RxBadPkt	TxGoodPkt	TxBadPkt	DropPkt	TxAbrt	Collision
PORT1	18651DD3	0	76ECACBB	0	137	0	6
PORT2	6E09D176	0	A998554	0	1C3	0	0
PORT3	1EA543F9	1	76E93E06	0	37	0	0
PORT4	91A31859	0	A9554973	0	9B	0	0
PORT5	3753D5E	6857	30DBC2BC	0	A693	0	0
PORT6	4D641C52	0	EB55E276	0	92	0	0
PORT7	6BCA1B27	0	10009E55	0	0	0	0
PORT8	C3170069	0	F20A4D62	0	73	0	0
PORT9	0	0	0	0	0	0	0
PORT10	98C911F3	0	B1FBD907	0	36	0	0
PORT11	1C0A6748	0	F77C1B2	0	19C9	0	0
PORT12	4E1EDD1E	1	95D9D08F	0	8B	0	0
PORT13	8AB1B505	3	5BA5E224	0	15	0	0
PORT14	2B829C	2	25F9D427	0	140	0	0
PORT15	A4993551	0	7BFE9845	0	2E8	0	0
PORT16	B040481C	0	C4F4FACA	0	2A9	0	0
PORT17	0	0	0	0	0	0	0
PORT18	C9923	0	7382688	0	0	0	0

图 3-22 交换机端口数据情况

（7）DCS 厂家人员进一步分析认为电厂热控人员发现的 DPU 重启现象并不是 DPU 硬件系统重启，而是 DPU 认为通信超时采取的应对措施（以下统称为 DPU 软重启）。经电厂人员与 DCS 厂家、省电力科学研究院、集团电力科学研究院多方讨论，认为网络风暴是造成大量 DPU 软重启的直接原因。造成网络风暴的原因有四种：黑客入侵、网络病毒、网络环路、交换机故障。针对以上原因进行排查验证。

1）根据第 5 条检查的情况，可以排除黑客入侵的情况发生。

2）网络病毒原因产生的网络风暴的现象与本次现象不符。

3）21 日 20 时 0 分，电厂人员与 DCS 厂家共同完成《热电有限公司二期 DCS 网络环路测试试验》编制。根据方案要求进行网络环路试验，由于本项目交换机对网络环路有抑制功能，试验过程中未出现 DPU 重启现象。

4）22 日，DCS 厂家检查公用系统网络，发现公用系统 A、B 网络交换机均存在严重的丢包现象（见图 3-23），结合公用系统 58 号 DPU 站首先出现软重启现象，判断公用系统交换机运行不稳定导致网络风暴的产生。

图 3-23 公用系统交换机丢包现象

5）23 日上午，DCS 厂家搭建测试平台，模拟网络风暴时的大量数据对 DPU 运行的影响，随着数据量的加大，再现了 DPU 软重启的现象。

2. 事件原因分析

综上分析，本次事件是因为公用系统网络交换机运行不稳定产生网络风暴，导致 DPU 负荷上升，触发了 DPU 软重启，造成 3 号、4 号机组跳闸。OPR206 站工控机接入是触发本次网络风暴的诱因。

3. 暴露问题

（1）DCS 管理不到位，新配置工控机为 2017 年购买，虽为全新设备，使用前未全面检查，使得故障工控机接入系统。

（2）对 DCS 网络设备长周期运行风险预控不到位，未制定网络设备状态定期测试制度，未能及时发现网络交换机运行不稳定的隐患。

（3）本项目 DCS 网络域间隔离不完善。

（三）事件处理与防范

（1）拆除 3 号机组 OPR206 站工控机，加强 DCS 备件管理，使用前进行完整测试。

（2）更换公用系统交换机，制定定期检查制度，加强 DCS 管理，定期对 DCS 设备特别是网络设备进行检查，定期委托 DCS 厂家对 DCS 进行点检服务，加强 DCS 备件管理，设备使用前进行相关功能性完整测试。

（3）完善网络域间的隔离功能，将各域网络进行隔离。

（4）扩大检查防范措施，对全厂其他控制系统设备及网络设备进行排查。

四、汽动给水泵前置泵滤网出口电动门总线通信故障导致报警信号异常

某发电公司 2×1000MW 新建工程一期建设两台超超临界、二次再热、世界首台六缸六排汽、纯凝汽轮发电机组，三大主机均为上海电气集团制造，具有高参数、大容量、新工艺的特性，同步建设铁路专用线，取排海水工程，烟气脱硫脱硝，高效除尘、除灰、污水处理等配套设施。全厂 DCS 采用和利时 HOLLiASMACS6 系统，DEH 采用西门子 T3000 系统，并采用国内先进的"全厂基于现场总线"的控制技术。机组自动控制采用机炉协调控制系统（CCS），协调控制锅炉燃烧、给水及汽轮机 DEH，快速跟踪电网负荷 ADS 指令，响应电网 AGC 及一次调频。两台机组分别于 2020 年 11 月、12 月投产发电。

（一）事件过程

2021 年 12 月 10 日 5 时 51 分 34 秒，2 号机组 INFITCCS 方式运行，负荷为 725.86MW，给水流量为 1815.16t/h，给水泵汽轮机凝结水泵 B 未运行，给水泵汽轮机 2 号真空泵运行，给水泵汽轮机 2 号真空泵循环泵运行，汽动给水泵前置泵入口滤网 1 投入运行，汽动给水泵前置泵滤网 2 入口电动门已开，汽动给水泵前置泵滤网 2 出口电动门已关。

5 时 55 分 11 秒，汽动给水泵前置泵滤网 2 出口电动门报电气故障，此网段设备均报 DPB 网段故障，之后此电动门频繁在"电气故障"和"故障恢复"中切换。

6 时 7 分 17 秒—12 分 50 秒，给水泵汽轮机 2 号真空泵循环泵、给水泵汽轮机凝结水泵 B、给水泵汽轮机 2 号真空泵出现频繁在"电气故障"和"故障恢复"中切换，运行检查就地设备运行正常。热控值班人员检查，汽动给水泵前置泵滤网 2 出口电动门总线接线

板输出电压异常，影响此网段设备，经运行人员同意，解除此设备与 DP 双网段接线，观察一段时间后此网段所关联的其他设备无异常。

（二）事件原因检查与分析

1. 事件原因检查

10 时 21 分 6 秒，检查 49 站 92/93 网段的 DP 总线线间、与屏蔽线间电压，均无异常。恢复汽动给水泵前置泵滤网 2 出口电动门与 DP 双网段接线，使用总线工具扫描发现此设备单网通信，观察通信状态，之后更换总线接线板，持续观察异常。

12 时 47 分 41 秒，汽动给水泵前置泵滤网 2 出口电动门又报电气故障，经与厂家沟通，检查总线板 DP-A 和 DP-B 端子的电阻为 110kΩ，无异常。检查电源板至总线接线板的电压为 35V，有明显波动，更换电源板后继续观察无异常。

2. 事件原因分析

根据上述检查，分析主要原因是汽动给水泵前置泵滤网 2 出口电动门电源板的电压转换装置输出电压波动，使总线接线板串入电压，引起总线双网段通信异常。当 DP 总线串入电压时，网段传输数据受到干扰，因此当电动门的电压波动时断时续时，造成此 DP 网段的设备在"设备故障"和"故障恢复"中频繁切换。

3. 暴露问题

（1）热控人员技术水平欠缺，对总线设备通信检查不够熟练，需要继续提高自身技术水平。

（2）设备责任人对设备日常检查不到位，需利用检修期间，检查各总线设备通信质量，防患于未然。

（三）事件处理与防范

（1）加强设备巡检，利用检修期间，检查各总线设备通信质量，防患于未然。

（2）加强总线设备通信培训，对总线设备的易干扰源进行排查治理。

（3）统计同类型电动门，编写清单，并进行排查。

五、不同控制系统间通信异常造成汽轮机跳闸

某燃气机电厂采用 ABB 控制系统，2021 年 1 月 10 日 20 时正常运行中，因 7 号燃气轮机有火信号异常，最终导致 ESD 保护动作，联跳 9 号汽轮机。

（一）事件过程

2021 年 1 月 10 日 20 时 30 分，某厂 7 号燃气轮机负荷为 105MW、9 号汽轮机负荷为 52MW，单套联合循环运行，AGC 未投运。

18 时 54 分 0 秒，MKVIE 至 DCS 通信异常报警。

20 时 31 分 12 秒，7 号炉烟气挡板自动关闭。

20 时 33 分 0 秒，7 号炉汽包水位三高 ESD 动作跳汽轮机首出，9 号汽轮机跳闸，7 号燃气轮机运行正常。

（二）事件原因检查与分析

1. 事件原因检查

热控检修人员检查通信模件，备用控制器处于故障状态（1、3、4 号灯亮）。检查发现报警原因是冗余通信链故障。紧固连接口，对模件进行复位、重启后，冗余试验正常。

2. 事件原因分析

7 号燃气轮机有火信号 G2 _ L28FDX 异常置 0 后，触发 7 号炉烟气挡板关闭，导致 7 号炉汽包水位三高信号动作，ESD 保护动作，联跳 9 号汽轮机。

3. 暴露问题

（1）不同控制系统间（DCS 与 MKVIE）的通信信号不可靠，对通信异常产生的后果风险评估不够。

（2）原设计烟气挡板控制信号采用单一通信信号不可靠。近几年主要针对保护信号的可靠性开展重点排查，对参与控制的重要单点信号排查不够深入，未能辨识到 7 号燃气轮机有火信号 G2 _ L28FDX 采用通信信号参与烟气挡板逻辑控制的风险。

（3）DCS 控制系统投运时间久（2007 年投运），存在模件老化隐患，MKVIE 信号由 BRC410 通信至 DCS，通信模件冗余自动切换不成功，离线故障。虽然已采取了模件老化的针对性的应对措施，增加检查频率，并在 2020 年 11 月的 C 修中会同 ABB 专家对 DCS 控制系统进行了全面检查及测评，但对 DCS 日常报警及通信异常产生的潜在危害性认识不足。

（三）事件处理与防范

（1）停机后对通信模件进行检查，重点检查模件金手指、预制电缆及网络接口情况，对通信模件进行硬插拔状态下的冗余切换试验，后续更换故障模件。

（2）完善 7 号锅炉、8 号锅炉烟气挡板的控制逻辑，采用三取二判断，新增负荷等非通信判据，防止因通信故障造成机组误动的可能性。

（3）加强隐患排查力度，重点排查 DCS 控制系统硬件，梳理重要控制逻辑，特别是通信信号参与控制和保护的相关逻辑，根据排查情况做好举一反三整改工作。

第五节　DCS 软件和逻辑故障分析处理与防范

本节收集了因 DCS 软件和逻辑引发的机组故障 8 起，分别为压力管路结冰引起燃气轮机空燃比控制异常导致机组跳闸、过热器出口蒸汽温度波动＋保护逻辑不完善导致机组跳闸、逻辑不完善＋变送器管路冰冻导致机组凝汽器压力高保护误动、CCS 逻辑设计不完善导致机组高压排汽温度高保护动作非停、逻辑设置不合理及机组协调品质差导致一次调频频繁动作时机组跳闸、逻辑设置不合理引起机组高压汽包水位低低保护动作跳闸、引风机 RB 控制逻辑及参数设置不合理导致机组跳闸、控制逻辑时序错误引起机组跳闸。

近两年将所有事故案例中非热控责任，但通过优化逻辑组态可减少或避免故障的发生或减少故障损失的案例也列入本书。这些案例主要集中在控制品质的整定不当、组态逻辑考虑不周、系统软件稳定性不够等方面。通过对这些案例的分析，希望能加强对机组控制品质的日常维护、保护逻辑的定期梳理和系统软件版本的管理等工作。

一、压力管路结冰引起燃气轮机空燃比控制异常导致机组跳闸

某电厂一期建设 2×480MW 级燃气-蒸汽联合循环热电联产机组，两套机组分别 2015 年 9 月和 12 月正式投产发电，燃气轮机控制系统（TCS）为三菱控制系统 DIASYS Netmation。2021 年某日，机组负荷为 225MW 时，1～20 号压力波动高保护动作，燃气轮机熄火，机组停机。

（一）事件过程

事件发生前工况：1号机组热态启动，2号机组备用，1号、2号燃气锅炉运行，正常供热及供机组辅助蒸汽，热用户8家正常用汽，大气温度为−7℃。

2021年某日8时27分，接电网调度令启动1号机组；

9时1分，1号机组并网；

9时48分，1号机组汽轮机进汽过程中中压主汽调节阀从21.1%开始异常关小至17%；

9时55分，运行人员发现中压主汽调节阀异常后打手动操作，开主汽调节阀；

9时55分，1号机组负荷为225MW，1~20号压力波动高保护动作，燃气轮机熄火，机组停机；

10时30分，机组转速惰走至零转速，1号机组盘车投入。

（二）事件原因检查与分析

1. 事件原因检查

运行人员检查事件记录发现，燃气轮机保护系统TPS中报燃烧压力波动大，同时"燃气轮机压力波动高高"保护动作。

燃气轮机专业人员经检查压力波动报警为低频段报警，频率为18.8Hz，常见原因为燃料不足。检查中压主汽调节阀、燃气轮机IGV、燃气轮机燃料调节阀动作正常，指令、反馈无偏差，燃气轮机本体部分无明显异常。

热控专业人员检查发现中压主汽压力测点（10LBB02CP103、10LBB02CP104）引压管结冰，实际压力为2.2MPa，测量压力为1.2MPa，测量数据较实际压力低，中压主汽阀前压力测点附近其他测量点发现结冰情况。

2. 事件原因分析

中压主蒸汽调节阀开度取中压主蒸汽压力测点对应的开度与程控开度的低值（具体逻辑图见图3-24），由于测量值较低，导致中压主蒸汽调节阀开度从21%开始异常降低。

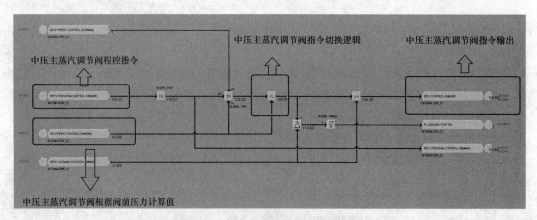

图3-24 中压主汽调节阀指令逻辑图

中压主蒸汽调节阀开度降低导致中压主蒸汽阀后压力从1.7MPa降低至1.1MPa。中压主蒸汽阀后压力降低后，汽轮机计算功率从65MW降低至36MW。此时，高、低压缸进气状态正常，因此汽轮机实际功率也降低，但降低幅度小于计算值，见图3-25。

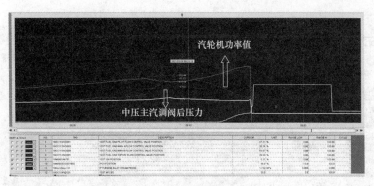

图 3-25 汽轮机功率值趋势图

在 TCS 燃气轮机控制系统里，燃气轮机功率等于发电机组实测功率与汽轮机计算功率的差值。在 IGV 控制策略中，燃气轮机功率与 IGV 开度正相关，燃料量 CSO 与发电机组实测功率正相关，因此当 IGV 开度增大时，燃料调节阀开度并没有跟着变化，见图 3-26。

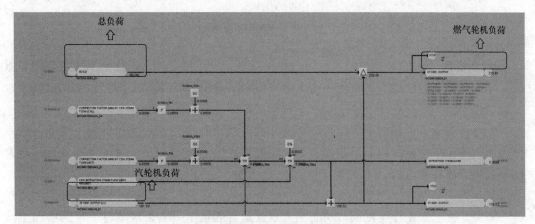

(a) 负荷计算逻辑图

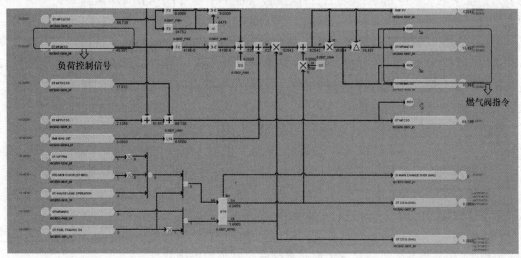

(b) 燃气阀指令逻辑图

图 3-26 逻辑图（一）

77

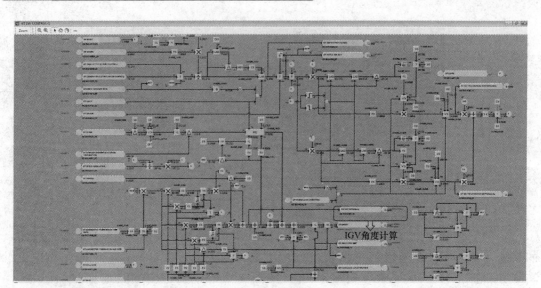

IGV角度计算

(c) IGV控制逻辑图

图 3-26　逻辑图（二）

这种情况下，当 IGV 开度增大时，燃料量没变，导致空燃比（燃烧时空气量与燃料量之比）增大，燃气轮机熄火。机侧中压主蒸汽压力测点引起燃气轮机空燃比控制异常。

3. 暴露问题

（1）对极端天气的预估不到位，防寒防冻检查及措施不到位，引起事故主要原因的两个压力测点均位于主厂房内，但是由于燃气轮机扩散段穿墙点孔洞未封闭且部分百叶窗未关闭导致测点冰冻异常。

（2）运行人员面对极端低温天气风险意识不足，启机前对影响机组稳定运行的测点没有排查完整，在已知中压主汽调节阀前压力测点异常的情况下未采取如将关联的中压主汽调节阀打至手动状态控制等手段。且机组运行过程中中压主汽调节阀阀位异常关小时，运行人员没有及时发现并采取对应措施。

（3）三菱燃气轮机负荷计算及 IGV 逻辑控制回路存在隐患。汽轮机负荷计算采取以中压缸进汽压力为基准的计算方法、燃气轮机负荷计算采取以机组负荷减汽轮机负荷的计算方法并直接参与燃气轮机 IGV 控制，存在因汽轮机侧测点失真或汽轮机侧相关设备故障引起燃气轮机燃烧不稳定的隐患。

（三）事件处理与防范

（1）进行防寒防冻措施检查，完成燃气轮机扩散段穿墙点孔洞封堵，关严主厂房门窗，对主、重要测点全程保温防冻措施不可靠处进行整改，确保供电、供热设备正常运转。

（2）提高运行人员对恶劣寒潮冰冻的认识，加强主、重要系统的画面监视，测点及阀门异常动作时应及时撤出自动进行手动操作。

（3）维护人员进一步对 TCS 控制逻辑进行全面排查，发现类似隐患立即处理，举一反三对机组 DCS 控制系统、燃气锅炉控制系统同步开展检查摸排。

（4）联系厂家，后续对负荷计算等逻辑进行专项优化，提升负荷分配逻辑的准确性和可靠性。

二、过热器出口蒸汽温度波动＋保护逻辑不完善导致机组跳闸

某发电有限公司 6 号机组锅炉为上海锅炉厂生产的 SG1913/25.40-M957 型超临界、直流、固态排渣、四角切圆、单炉膛、回转式空气预热器、普通粉煤锅炉。6 号机组汽轮机是上海汽轮机有限公司（STC）与西门子西屋（SWPC）联合设计制造，型号为 N600-24.2/566/566 型超临界、三缸四排汽、一次中间再热、单轴、水冷凝汽式汽轮机。6 号机组 DCS 采用美卓公司 MAX DNA 分散控制系统。

（一）事件过程

2021 年 10 月 15 日 8 时 51 分应调度要求并网运行。2021 年 11 月 7 日 10 时 18 分 29 秒，6 号机组负荷为 355MW，过热器出口蒸汽温度高保护动作，锅炉 MFT。

（二）事件原因检查与分析

1. 事件原因检查

事件后，检查过热器出口蒸汽温度 60HAH61CT002 历史曲线，显示异常最大波动到 1145℃。同时发现 60HAH61CT002 所在模件 6B04F53T 上的其他测点也有波动现象。判断为 DCS（2019 年改造）的模件连接预制电缆质量问题，导致信号显示异常。

检查保护逻辑，为末级过热器出口温度甲侧 60HAH61CT001 与 60HAH61CT002 做二选一、末级过热器出口温度乙侧 60HAH62CT001 与 60HAH62CT002 做二选一，两个二选一的结果再经过二选一生成 60TFSO（三个二选一模块都是取平均值状态），经逻辑判断大于 600℃，送三个 DO 至保护柜，经三取二后作为机组 MFT 动作条件，但这些信号未设置温升速率过快切除保护逻辑。

2. 事件原因分析

6 号机组 MFT 动作的原因是过热器出口蒸汽温度 60HAH61CT002 瞬间波动大，经两两平均后的 60TFSO 点仍超过保护动作定值设定的 600℃，在未设置温升速率过快切除保护逻辑功能的情况下，导致 MFT，进而引起机组跳闸。

3. 暴露问题

（1）DCS 产品质量不可靠，改造后多次发生因 DCS 硬件原因引起的测点信号异常。

（2）热控专业对产品质量问题重视不够，在 2019 年 DCS 改造后更换了 20 多根明显有质量问题的预制电缆，但未要求厂家对 DCS 所有预制电缆进行进一步普查和处理。

（3）热控专业隐患排查不彻底，对"参与主辅机保护的温度测点一律设置温升率限制"的反事故措施要求没有落实到位，未能发现过热器出口蒸汽温度涉及的重要调节和保护逻辑上未设置温升率限制的问题。

（三）事件处理与防范

（1）及时更换故障的预制电缆；同时明确要求 DCS 厂家对 5 号、6 号机组 DCS 所有预制电缆进行进一步普查和处理，并给出正式书面回复和报告。

（2）将末级过热器出口温度甲侧 60HAH61CT001 与 60HAH61CT002 做二选二、末级过热器出口温度乙侧 60HAH62CT001 与 60HAH62CT002 做二选二，两个二选二的结果再经过二选一生成 60TFSO。

（3）对 6 号机组参与主保护的所有温度测点进行排查，已发现没有温变速率限制的测点如再热器出口蒸汽温度、螺旋管水冷壁出口温度等保护均未采用温变速率限制，可将再

热器出口蒸汽温度，螺旋管水冷壁出口温度的二选一保护信号适时设置为低选，防止误动；运行人员每班对测点有无波动异常等进行巡视。

（4）举一反三，对 5 号、6 号机组主保护进行排查，杜绝温度无温变速率、品质判断和单点保护问题，根据检查情况组织专题讨论后完善主保护的相关逻辑配置，待机组停运后进行逻辑修改和保护传动。

（5）在逻辑修改完成前，热控人员需每天两次对以上涉及的测点进行巡视，将检查结果记入值班记录本。如有异常及时汇报处理。

（6）定期对模件预制电缆进行检查，确保预制电缆接头紧固，无松动、接触不良等问题，必要时，对插口进行定期吹扫，避免积尘导致接触不良等问题发生。

三、逻辑不完善＋变送器管路冰冻导致机组凝汽器压力高保护误动

某电厂 6 号机组，汽轮机为上海汽轮机有限公司生产，型号为 N1050-26.5/600/600（TC4F）；锅炉为东锅炉（集团）股份有限公司生产，型号为 DG3000/27.46-Ⅱ1 型；发电机为上汽汽轮机发电上海汽轮发电机有限公司生产，型号为 THDF 125/67；DCS/DEH 系统为国电智深，EDPF-NT＋控制系统。投产时间为 2008 年 12 月。

（一）事件过程

2021 年 1 月 8 日 12 时 36 分 2 秒，汽轮机跳闸，0.5s 后锅炉 MFT，汽轮机跳闸首出原因为凝汽器压力保护动作。

（二）事件原因检查与分析

1. 事件原因检查

查阅历史曲线和相关逻辑，跳机前低压缸前连通管蒸汽压力 3 个测点有一个为坏值、剩余两个好值之间的偏差大于设定值，处理后的值判断为坏点，经函数转换后，在大选回路中因为是坏值而被剔除，选择为定值 0，经过与凝汽器压力计算比较后，判断凝汽器压力保护回路动作，汽轮机跳闸。

2. 事件原因分析

（1）直接原因。检查低压缸前连通管蒸汽压力 3 个测点的变送器和仪表管路，发现变送器管路被冻现象，导致压力测量失真，凝汽器压力保护动作，汽轮机跳闸。

（2）间接原因。

1）逻辑回路存在设计缺陷：低压缸前连通管蒸汽压力模拟量三取中算法中判断坏值后的处理逻辑存在隐患，一旦出现坏值即触发凝汽器保护动作（当三取中模块取值后，进入后续的大/小选模块与定值进行比较，当大/小选模块判断输入为坏值时，直接输出定值零，触发保护动作）。

2）大/小选模块定值选择存在错误：进入大/小选模块的输入值范围应该为（0.013/0.03MPa），而实际大/小选模块的赋值为（0/0.13MPa），超出了正常范围。

3）极寒天气下，对室内的防寒防冻工作不到位，仪表管路被冻，导致压力测量失真。

3. 暴露问题

（1）DEH 改造设备厂家未准确沿用改造前西门子 DEH 逻辑，新设计的逻辑回路与改造前有差异，未深入评估因逻辑差异引起的后果。

（2）DEH 改造工作不够细致，未发现改造前后逻辑回路存在的差异，对有关功能块控

制算法研究不够深入，未能发现逻辑组态存在的隐蔽漏洞。

（3）对极寒天气造成的后果评估不够充分，汽机房内设备防寒防冻要求不严，措施未考虑到极寒天气。

（三）事件处理与防范

（1）修改大/小选模块定值选择为（0.013/0.03MPa），与改造前西门子DEH逻辑保持一致；临时撤出低压缸前连通管蒸汽压力至凝汽器压力保护逻辑回路，与上海汽轮机有限公司、国电智深讨论优化逻辑后，投入保护。

（2）机组启动前完成梳理6号机组汽轮机、锅炉主保护逻辑的三取中功能块相关参数设置后，再排查控制系统参与保护、调节的三取中功能块相关参数设置。

（3）举一反三，做好仪表测量系统的防寒防冻工作，落实汽机房区域的防寒防冻保障措施。

（4）调研同类型机组凝汽器压力保护设置情况，会同汽轮机厂家研究该保护优化措施。

四、CCS逻辑设计不完善导致机组高压排汽温度高保护动作非停

某公司1号1000MW机组三大主机均为东方电气集团制造。锅炉型号为DG2931/29.4-Ⅱ1，型式为超超临界参数、一次中间再热变压运行直流炉，采用平衡通风、单炉膛、前后墙对冲燃烧方式，固态排渣，露天布置，全钢构架悬吊结构Ⅱ型锅炉；汽轮机型号为N1000-28/600/620，超超临界、一次中间再热、四缸四排汽、单轴、双背压、凝汽式、十级回热抽汽；发电机型号为QFSN-1000-2-27型汽轮发电机，为汽轮机直接拖动的隐极式、二极、三相同步发电机。机组设置一台100%容量汽动给水泵。168h运行后不久，因机组控制逻辑中CCS方式（协调控制）切除点的负荷与最低稳燃负荷不匹配，最终导致汽轮机高压排汽温度超限，运行人员手动触发锅炉MFT。

（一）事件过程

2021年11月28日0时15分接调令：机组上网负荷为380MW，设置发电出力为403MW，1号机组负荷达到目标值。

0时17分51秒，1号机负荷波动至400MW以下，机组控制方式自动由CCS（协调控制）方式切换至TF（机跟炉控制）方式，此时实际主汽压力高于TF方式压力设定点0.57MPa，汽轮机主控自动调压开启，机组负荷升至453MW。

0时18分，主汽压力由16.37MPa下降至当前压力设定值15.62MPa，汽轮机主控73.01%，投入1号机组CCS控制方式运行，设置机组负荷目标值403MW，机组开始降负荷。

0时23分，机组负荷波动至400MW以下，控制方式自动由CCS方式切换至TF方式，此时主汽压力为14.28MPa（低于TF方式压力设定值2.03MPa），汽轮机主控自动由73.21%降至43.96%，机组负荷由401MW降至239MW，主汽压力由14.28MPa升至16.82MPa，高压旁路阀1、2、3、4自动调节开，燃料主控撤出自动转手动，手动设置燃料主控指令35%，检查制粉系统运行稳定。此时，机组主汽压力突增2.46MPa后，给水流量由1152t/h突降至388t/h，给水泵汽轮机调节门开度由58%升至78%，辅助蒸汽联箱压力由0.75MPa降低至0.6MPa。汽轮机主值令值班员立即将给水泵汽轮机EV阀（辅汽至给水泵汽轮机供汽调门）开度由24%开至65%，将冷再至辅汽联箱压力调门由16%开至100%后，机组给水流量逐渐回升至1188t/h。

0 时 24 分，1 号机组水煤比由 7.33 降至 5.5 时，手动急停 E 磨煤机，总燃料量由 179t/h 降至 128t/h，水煤比逐渐回升至 8.3。

0 时 25 分，主值发现 1B 一次风机电流由 103A 降至 75A，热一次风母管压力由 11.5kPa 降至 9.96kPa，立即手动解除一次风机自动，逐渐开大 1A 一次风机动叶开度，关小 1B 一次风机动叶开度，维持一次风母管压力。1B 一次风机动叶指令与反馈跟踪正常，但调节过程中 1B 一次风机电流无变化。主值令巡检就地检查 1B 一次风机动叶连杆，巡检检查发现 1B 一次风机动叶连杆脱落。

0 时 30 分，工艺报警界面发"高压外缸前部内壁温度高"报警。

0 时 48 分，1 号机给水流量稳定在 1150t/h，总燃料量稳定在 131t/h，机组负荷为 333MW，主汽压力为 14.76MPa，再热器压力为 2.56MPa，高压旁路阀 1、2、3、4 开度为 27%，值长发现当前燃料量与机组负荷不匹配，令 1 号机主值组织查找原因。

0 时 53 分，机组负荷为 328MW，NCS 发 500kV 第一串 5011/5012 开关跳闸，检查发电机首出为"程序逆功率动作"，灭磁开关分闸，厂用电切换正常，ETS 首出为"汽轮机高压排汽室内壁金属温度高"。

0 时 54 分，手动将 1 号锅炉 MFT，手动打闸给水泵汽轮机，进行机组停机操作正常。

（二）事件原因检查与分析

1. 事件原因检查

机组跳闸后，检查 1 号汽轮机 21 项保护正常投入，热控模件及测点状态正常，保护、报警定值正确，报警功能正常；检查 CCS、高压旁路逻辑，同类型无扰切换逻辑组态正确。调取相关曲线和逻辑动作情况，如图 3-27、图 3-28 所示。

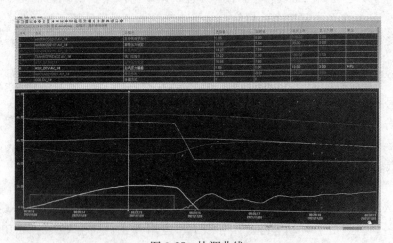

图 3-27　协调曲线

CCS 允许负荷下限设置为 400MW，在一次调频动作导致负荷低于 400MW 后，CCS 模式切至 TF 模式，TF 模式下 PID 回路由跟踪当前阀位指令转为正常调节。由于 TF 模式下的 PID 回路压力设定值一直为滑压曲线对应压力值，PID 回路从实际压力偏差开始调节，此时实际压力高于设定值，PID 输出增大，汽轮机调节门开大，发电机功率增大。

1min 后运行人员再次投入 CCS 方式控制，负荷波动低于 400MW 后再次切至 TF 方式，同时 PID 输出快速减小，汽轮机调节门快关，主汽压力快速升高。此时高压旁路控制

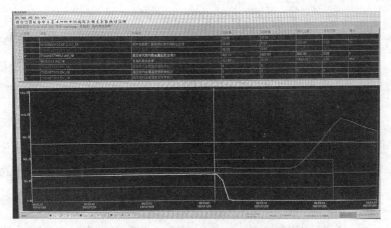

图 3-28 高压排汽金属温度曲线

处于跟随模式（参与调节主汽压力，压力设定值为主汽压力设定值＋2.5），开始由 0％缓慢打开。

高压旁路阀打开后，TF 模式下的 PID 回路转至跟踪当前阀位指令（所有高压旁路阀位＞5％，触发 TF 模式下的 PID 回路进入跟踪），汽轮机高压调节门保持在 23％。此时主汽压力完全由高压旁路阀进行调节，部分主蒸汽经高压旁路阀进入低压再热器，高压缸排汽金属温度开始持续上升至保护值（420℃），触发汽轮机保护动作。

2. 事件原因分析

（1）直接原因：高压排汽室内壁金属温度超限（420℃），1 号汽轮机保护动作跳闸。

（2）间接原因：机组控制逻辑中，CCS 方式切除点的负荷与最低稳燃负荷不匹配，负荷波动至 400MW 以下，控制方式自动切换至 TF 方式，且此时 TF 方式下主汽压力设定与当前实际主汽压力偏差大（TF 方式主汽压力跟踪机组滑压曲线压力设定），TF 模式调节失调，主汽压力波动大，汽轮机高压旁路阀自动开启调压，汽轮机高压排汽温度持续升高，最终导致汽轮机高压排汽温度超限。

在 TF 模式调节失调期间，运行人员连续处理给水流量波动和 1B 一次风机连杆松脱突发事件，期间异常报警频发，运行人员在处理机组多项异常报警时，未及时发现高压排汽温度高报警信息，未及时干预高压旁路阀开度，导致高压排汽温度持续升高。

3. 暴露问题

（1）机组控制非停措施执行不到位。基建转生产后的技术措施准备不足，在制定机组运行防非停措施时，未考虑低负荷时机组控制系统和高压旁路系统对机组稳定性造成的影响，并制定有针对性的技术措施；针对机组深度调峰或低负荷时机组控制方式切换注意事项、高压旁路阀自动打开后的监控和处理方法，未及时开展专题培训。

（2）隐患排查不彻底。两台机组顺利完成 168 后，未经过长期运行考验，系统设备的潜在隐患未排查彻底，热控专业未发现 CCS 方式切至 TF 方式后，汽轮机调节门自动跟踪滑压曲线设定不合理、高压旁路阀自动调开后不跟随机组负荷变化自动关闭、TF 模式下汽轮机调节门在高压旁路阀自动开启后，不再跟踪滑压曲线进行调节等潜在逻辑隐患。

（3）控制逻辑设计不完善。CCS 方式切至 TF 方式后，汽轮机主控压力设定值未由当前主汽压力无扰切换至滑压曲线设定值，导致负荷、汽压大幅度波动；高压旁路控制逻辑设定在低负荷下主汽压力距离超压还有一定距离，在高压缸调节阀尚有调节区间可以有稳定主汽压力裕量的情况下提前参与主汽压力调节，高压旁路阀开启造成高压排汽金属温度高。

（4）运行人员技能水平和经验不足。运行部部分人员经验不足，有效控制机组的能力下降；运行人员对机组控制逻辑不熟悉，在机组发生异常时，处理经验欠缺，将导致给水流量突降的原因和表征混淆，导致处理方向相反，延误了调整机组参数的时机；事故处理时操作分工不合理，对参数变化不敏感，未及时发现高压旁路阀开度增大以及高压排汽金属温度参数异常，在发现机组主要参数不匹配的情况下，未正确判断、及时分析和采取有效干预措施。

（三）事件处理与防范

（1）组织各部门分析此次非停事故案例，开展工艺流程分析，逐项对照现场实际系统设备、技术标准及管理体系，核查热控保护逻辑配置，开展单点保护排查和整改，查漏补缺，完善系统功能和运行操作要点。

（2）优化机组 CCS 方式自动切换至 TF 方式的负荷点，避免出现控制方式频繁切换。在 CCS 切换至 TF 方式后，将 TF 运行方式下压力设定点无扰切换为实际压力，并以滑压的方式修正为原压力设定值（偏差值从 0％到 100％变化，变化率为每秒增加原设定压力和实际压力偏差值的 0.5％），避免由于压力差瞬间增大导致主汽压力、机组负荷剧烈波动。

（3）修正高压旁路系统压力控制逻辑，当发生由 CCS 方式切换至 TF 方式的工况时，PID 调节器输出加负偏置，确保此时高压旁路阀保持关闭状态；并优化报警系统，增设汽轮机高压排汽室内壁金属温度变化速率报警、高压旁路阀状态变化提示信息。

（4）针对此次事件进行专题分析，举一反三，制定专项事故处理措施，加强监盘管理和分工协作，定期巡视画面，确保关键信息不漏项；开展机组控制模式逻辑专题培训，利用仿真机模拟类似多起异常叠加状态下的事故，并组织全体运行人员演练，提升一线生产人员应急处理能力。

五、逻辑不合理及机组协调品质差导致一次调频频繁动作时机组跳闸

某热电公司 1、2 号汽轮机由东方汽轮机厂生产制造，型号为 C350/263-24.2/0.4/569/569，型式为超临界、一次中间再热、单轴、双缸双排汽、抽凝式汽轮机。1 号、2 号锅炉为上海锅炉厂生产的 SG-1111/25.4-M4431 型锅炉，为超临界参数变压运行螺旋管圈直流炉，四角切圆燃烧方式，全悬吊结构 Ⅱ 型布置，BMCR 工况过热蒸汽出口压力为 25.4MPa，再热蒸汽出口压力为 5.1MPa，水冷壁入口集箱压力为 28.76MPa，水冷壁总流量为 1067t/h。

（一）事件过程

2021 年 10 月 3 日 6 时 20 分，1 号机组调峰状态，负荷为 143MW，1B、1C、1D 磨煤机及双侧引风机、送风机、一次风机运行，主汽压力为 10.56MPa，给水流量为 441t/h，汽动给水泵转速为 3202r/min，总煤量为 105.24t/h。

6 时 21 分，电网频率随早尖峰开始出现波动，机组一次调频动作幅度加大，协调功能调节随一次调频动作出现周期性摆动现象，煤量摆动，汽压摆动，运行人员手动设置煤量偏置辅助调节减缓汽压摆动；至 7 时 26 分，机组负荷为 140MW，主汽压为 13.53MPa，

煤量减至 95.87t/h，电网频率降至 49.9Hz，主汽压力开始下降，运行人员手动调整偏置加煤没有起到作用。

7 时 36 分 1 秒，受协调和一次调频叠加作用，机组负荷为 136MW，主汽压力为 9.03MPa，煤量增加至 120t/h，给水流量为 403t/h，汽动给水泵转速降至 2998r/min，汽动给水泵控制切至手动（汽动给水泵转速小于 3000r/min，延时 3s，跳为手动），机组协调跳为汽轮机跟随状态。

7 时 36 分 2 秒，汽轮机前主汽压力为 9.07MPa，而协调压力设定值为 11.23MPa，实际压力低于设定压力，主汽门总阀位开始由 89% 快速关小。

7 时 36 分 51 秒，运行人员手动增加汽动给水泵转速指令发出，给定指令为 3270r/min，实际转速为 2981r/min。

7 时 37 分 2 秒，主汽门总阀位关至 67%，主汽压力升至 11.2MPa，汽动给水泵转速为 2998r/min，出口压力为 11.06MPa，造成主汽压力高于汽动给水泵出口压力导致上水困难，1 号锅炉给水流量低，MFT 保护动作，汽轮机跳闸，发电机解列。

（二）事件原因检查与分析

1. 事件原因检查

事件后调阅一次调频曲线，见图 3-29，6 时 21 分，电网频率随早尖峰开始出现波动，波动范围在 49.9～50.15Hz 之间，机组一次调频动作幅度加大，协调功能调节随一次调频动作出现周期性摆动现象，AGC 负荷指令 140MW 保持不变，一次调频补偿在 -16～+8MW 之间频繁波动，煤量在 89～112t/h 之间摆动，汽压在 13.53～10.3MPa 之间摆动，运行人员手动设置煤量偏置辅助调节减缓汽压摆动。

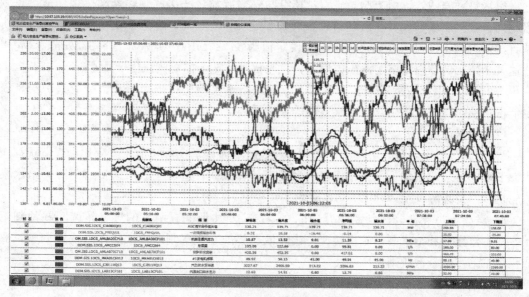

图 3-29 一次调频频繁动作曲线

至 7 时 26 分，机组负荷为 140MW，主汽压为 13.53MPa，煤量减至 95.87t/h，给水泵转速为 3465r/min，电网频率由 50.11Hz 下降至 49.9Hz，一次调频动作修正实际出力，一次调频补偿由 -10.45MW 逐步增加至 9.1MW，主汽压力开始下降，汽动给水泵维持给水量，转速随着汽压下降而降低，运行人员手动设置增加煤量偏置辅助调节减缓汽压下降速率，由于前期煤量超调和逻辑计算问题，手动调整偏置加煤并没有起到作用。7时37分2秒，因锅炉给水流量低 MFT 保护动作，汽轮机跳闸，发电机解列，见图 3-30。

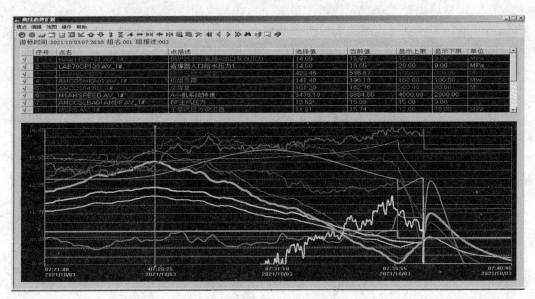

图 3-30　跳机前协调系统曲线

2. 事件原因分析

（1）直接原因。机组协调品质差，在电网频率波动，一次调频频繁动作扰动下煤量频繁超调，主汽压摆动大，在汽动给水泵转速低于 3000r/min，跳为手动控制，造成机组协调自动切为汽轮机跟随方式，此时压力设定值为 11.23MPa，实际值为 9.07MPa，汽轮机快速关小高压调节门调整主汽压力偏差，汽轮机高压调节门总阀位由 89%快关至 67%，主汽压力由 9.07MPa 快速升高至 11.2MPa，导致给水泵汽轮机出力不足，造成锅炉给水流量低保护动作，机组跳闸，是这次事件的直接原因。

（2）间接原因。

1）逻辑设置不合理，电网频率摆动，一次调频跟踪后实际负荷发生变化，煤量跟踪压力调节反应迟缓，手动干预调整煤量后因逻辑计算减回，造成主汽压力持续下降，给水泵汽轮机转速持续降低至 3000r/min，跳为手动控制。

2）运行人员异常分析判断和处理能力差，应对协调问题引发的煤量超调问题预判不足，对主汽压力和给水泵汽轮机转速持续降低趋势缺乏正确判断，未能作出快速调整，造成机组主给水流量低跳闸。

3. 暴露问题

此次非停事件充分暴露出公司在技术管理和安全生产管理方面还存在诸多问题。

（1）技术管理方面。

1）协调优化不到位。通过本次机组在一次调频频繁动作时，整个协调动作过程看，协调品质较差，抗干扰能力不足。6、7月先后进行阀门流量特性曲线修正和一次调频系数优化，虽多次优化协调问题，但调节效果依然较差，反映出协调优化工作开展不到位，协调调整存在问题。

2）逻辑设置隐患排查不到位。汽动给水泵转速在3000r/min减闭锁，但到达最低转速之前没有设置报警提示，且逻辑设置汽动给水泵转速小于3000r/min，延时3s跳为手动，忽略了转速扰动引发的跳自动问题，同时机组协调跳至机跟炉状态，没有跟踪当前压力，而是跟踪原设定值，导致汽轮机高压调节门快速关小，主汽压力升高，而汽动给水泵转速提升慢，给水流量低保护动作，反映出热控逻辑存在较大漏洞。

3）运行技术培训不到位。面对电网频率扰动，自动调节性能发散问题，虽采取手动干预，但处理效果不理想时，没有提前果断退出协调方式控制参数，因给水泵转速导致机组协调退出后，没有立即切至基本方式，控制汽轮机阀门，减缓汽压上升速度，反映出公司未采取有效的强化运行培训措施，现场应急处置培训内容针对性不强，在提升运行全员能力方面还存在较大差距。

4）专业技术管理不到位。专业技术人员在历次模拟事故演练中，未能将主蒸汽压力波动大，汽动给水泵跟踪速度慢的情况作为演练内容，暴露出专业技术人员对本专业设备系统风险底数不清、敏感性不强、缺乏系统性思维，隐患对照排查不彻底，降非停专项管理存在漏洞，专业技术管理能力和水平有待提升。

（2）安全生产管理方面。

1）降非停行动落实不到位。公司虽然按照分公司要求制定了2021年"降非停"专项行动计划，但还是暴露出方案编制不全面，针对性和可操作性不强，降非停措施中未涵盖"机组低负荷下汽动给水泵运行可靠性风险防范和预控措施"，未对易造成机组非停的要素进行系统性梳理分析，反映出公司"降非停"行动计划编制不具体、不细致，方案存在漏洞。

2）问题隐患排查治理不到位。公司组织开展了多轮次集中隐患排查治理，但排查内容侧重常规系统和设备，未能采取系统性思维考虑问题，反映出公司在隐患排查方面还不够深入和细致，问题隐患浮于表面，不能发现系统设备潜在隐患。

3）热控管理提升落实不到位。年初明确开展逻辑保护、冗余报警相关排查治理，但目前机组协调投入还存在调节反应速度慢，在变负荷的情况下不能完全满足机组快速反应要求，暴露出公司落实"热控管理提升"行动不到位，未能从根本上解决制约机组实现自动控制的目的。

（三）事件处理与防范

（1）组织控制系统逻辑完善，提高重要设备系统的安全可靠性。

1）给水泵汽轮机跳自动引起CCS退出，当协调退出后立即将汽轮机跟随方式切为基本方式运行。

2）负荷大于325MW或小于175MW时，将一次调频动作幅度减弱50%。

3）锅炉给水流量低保护降低定值问题继续跟厂家一起研究，确定方案。

4）优化逻辑设置，将"给水泵转速低于3000r/min，延时3s"跳给水泵汽轮机自动保护改为"给水泵转速低于2975r/min，延时3s"跳给水泵汽轮机自动。

5）设置给水泵汽轮机转速降至3100r/min光字牌报警，提示运行人员手动干预调整，控制给水泵转速不低于保护跳自动值，重新核对再循环门逻辑，防止再循环门开关过快，造成锅炉给水流量低保护动作。

6）对协调控制品质不佳、煤量调整迟缓问题进行优化，进一步研究机组协调退出后，汽轮机自动跟随当前压力调节方案问题。

（2）继续审核修编降非停行动计划。举一反三开展重要设备系统全面隐患排查，发电部牵头组织运行和设备专业对影响机组安全运行的重要系统开展逻辑保护、自动联锁及运行操作方面的全面排查，特别是跨专业系统的设备进行集中讨论，进一步完善逻辑保护及报警信号，避免人为因素造成的不安全事件。

（3）开展为期半年的集控运行全员培训。

组织开展集控运行强化培训活动，建立集控运行专业题库。组织以《防止电力生产事故的二十五项重点要求（2023版）》（国能发安全〔2023〕22号）、运行规程、系统图及事故处理为重点编制专业培训计划，学习班开展全覆盖培训讲课，并每月组织开展集控运行考试。

（4）持续提升生产专业技术管理水平。编制运行现场应急处置卡。全面梳理"机组典型故障"，制定现场应急处置卡编制计划，利用半年时间完成重点典型故障应急处置卡编制工作，并组织专业和运行人员交流培训，切实提升运行人员现场应急处置能力。

（5）开展《防止电力生产事故的二十五项重点要求（2023版）》（国能发安全〔2023〕22号）分专业专项排查工作。

六、逻辑设置不合理引起机组高压汽包水位低低保护动作跳闸

（一）事件过程

2021年5月4日，某厂1号联合循环机组负荷为250MW，AGC方式运行。12时36分，1号机组高压汽包水位低低保护动作，1号余热锅炉跳闸，联跳1号燃气轮机。

（二）事件原因检查与分析

1. 事件原因检查

（1）查看曲线。查看图3-31发现：12时23分，1号机组负荷为250MW，高压汽包水位为－67mm，高压给水气动调节阀（高压给水主调节阀）开度为30%，高压给水旁路气动调节阀（高压给水副调节阀）开度为58%，两调节阀均投闭环，高压给水流量为187t/h。此时，高压汽包水位完全由副调节阀自动控制，主调节阀保持固定开度，不参与高压水位调节控制。

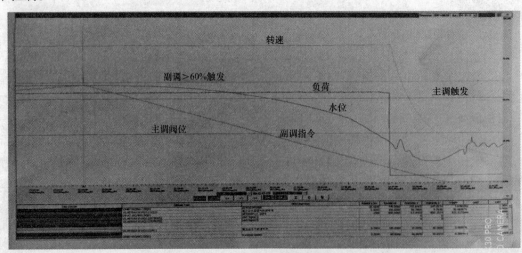

图3-31　跳机事件过程曲线

12时23分57秒，高压给水副调节阀开度为60％，阀门控制方式自动切至开环（触发Alarm报警），阀门按一定速率自动关小（4％/min），同时高压给水主调节阀开度保持不变（30％），高压给水流量缓慢下降，但此段时间内机组负荷稳定，高压主汽流量保持在190t/h左右。由于给水流量与蒸汽流量不匹配，导致高压汽包水位下降。

12时25分—28分，高压汽包3个水位点相继到达—100mm的报警值，分别触发报警。

12时36分16秒，高压汽包水位第2点触发水位低低（—850mm）报警；36分27秒，第3点触发水位低低报警；36分38秒，第1点触发水位低低报警。

12时36分44秒，高压汽包水位低Ⅱ值保护动作（保护定值为—850mm，三取二延时15s），1号机组跳闸。

（2）逻辑检查。制造厂原始逻辑：正常情况下，高压给水副调节阀大于60％后，将在15min内关闭副调节阀至0，主调阀参与自动调节；其中副调阀控制逻辑在AP131控制器，主调阀控制逻辑在AP132控制器。

12时23分56秒，副调阀指令为59.7669％（系统设置死区为0.5％），副调阀指令大于60％的条件满足，触发关副调节阀指令（记录触发时间约为392ms，页扫描周期为400ms），接收到指令后开始关副调节阀。副调节阀模拟量指令通信到AP132控制器，由于在AP132的主调节阀逻辑页扫描周期中副调节阀指令大于60％未触发，从而造成主调节阀未投入自动。最终副调节阀逐步关小时，主调节阀指令未动作，见图3-32。

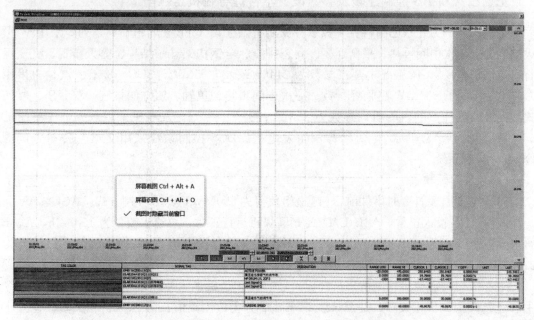

图3-32 副调节阀指令大于60％的条件满足，触发关副调节阀指令

2. 事件原因分析

经上述检查分析认为：高压给水副调节阀开度到达限值（60％）后，副调节阀自动逐步关闭，但主调节阀投自动的信号实际未触发，主调节阀未参与调节。运行人员未及时发现汽包水位异常变化情况（包括操作站信号报警、画面显示和就地双色水位计工业电视画面的显示变化），造成高压汽包水位由—100mm持续下降至—850mm（约10min），引起机

组高压汽包水位低低保护动作跳闸。

3. 暴露问题

（1）排查自动隐患过程中，未意识到高压给水主副调节切换的风险；

（2）汽包水位异常报警未送至运行监控大屏，不利于及时提醒运行人员。

（三）事件处理与防范

（1）对 1 号机组相关逻辑进行优化。包括：

1）在 AP131 逻辑中，高压给水副调节阀指令大于 60％逻辑块高限判断出口设置下降沿 T-off 延时 3s 后，开关量发送至 AP132 高压给水主调节阀控制投入逻辑（使触发主调节阀控制投入信号保持 3s，确保开关量不会丢失）。

2）在 AP132 逻辑中，高压给水主调节阀控制投入条件，"高压给水副调节阀自动撤出"逻辑中，增加下降沿 T-off 延时 2s 判断逻辑（确保使触发主调节阀控制信号收到后，副调节阀执行自动关指令）。

（2）对运行监控大屏显示进行优化，分屏显示报警（上半屏）及重要过程参数曲线（下半屏），使运行人员第一时间得到有效的报警信息，及时判断参数越限原因并采取有效措施。

（3）加强对运行人员的安全生产培训，提高人员的设备安全意识和技能水平。

七、引风机 RB 控制逻辑及参数设置不合理导致机组跳闸

某电厂锅炉为北京巴布科克·威尔科克斯有限公司 W 形火焰超临界系列，采用 W 形火焰燃烧、一次中间再热、平衡通风、固态排渣、全钢构架悬吊结构、露天布置、变压运行直流锅炉，B-MCR 工况主蒸汽参数为 2146t/h、26.25MPa/585℃/583℃。汽轮机采用东方电气集团的 660MW 超临界参数、一次中间再热、单轴、四缸四排汽、双背压、凝汽式、九级回热抽汽的汽轮机，参数为 25MPa/580℃/580℃。发电机采用东方电气集团的 660MW 超临界参数的水-氢-氢冷却汽轮发电机。DCS 控制系统采用艾默生公司生产的 Ovation 控制系统。

（一）事件过程

2021 年 5 月 4 日 8 时事件前，1 号机组负荷为 500MW，CCS 控制方式，AGC、AVC、一次调频、RB 投入正常，A/B/C/D/E/F 磨煤机运行正常，总给水流量为 1508t/h，A、B 给水泵转速分别为 4370r/min、4372r/min，主汽压力设定值为 21.04MPa，实际压力为 21.3MPa，A/B 送风机、引风机运行正常。

8 时 44 分，脱硫运行副值班员发现 1 号炉 A 引风机本体处有异常声音，值长立即下令主值检查 A 引风机相关参数是否异常。1min 后分主值汇报值长 A 引风机相关参数检查正常，已派锅炉巡检就地检查 1 号炉 A 引风机本体声音异常情况。

8 时 53 分，锅炉巡检汇报主值 1 号炉 A 引风机静叶处有异声（连续嗒嗒声），但具体原因无法判断，静叶连杆晃动偏大。

9 时 1 分，巡检发现 1 号炉 A 引风机静叶处有异声，怀疑是静叶松动引起，其他检查未发现异常。3min 后主值发现 1 号炉引风机后轴承振动 2 在 0～15.22mm/s 之间波动。

9 时 9 分 50 秒，1 号炉 A 引风机跳闸，跳闸首出"引风机后轴承振动 HH"，检查引风机 RB 动作正常，联跳 A 送风机，B、E 层油枪投入正常，联跳 C、D 磨煤机，机组运行

方式为 TF 滑压运行，汽轮机高压主汽阀开度为 42.11％。

9 时 11 分 40 秒，燃料主控输出指令为 38.49％，主蒸汽压力下降速率为－1.51MPa/min，主蒸汽温度下降速率为－10.88℃/min，手动将燃料主控增加至 42.09％。

9 时 12 分 30 秒，1 号机组负荷降至 350MW，RB 动作结束，滑压方式退出，主汽压力为 18.69MPa，设定压力为 14.3MPa。

9 时 13 分 40 秒，A/B 给水泵转速分别为 3850r/min/3837r/min，给水流量为 857.55t/h，A/B 给水泵低压调节门开度分别为 51.79％/53.21％，四抽至 A/B 给水泵汽轮机进汽流量分别为 19.87t/h、20.8t/h；

9 时 13 分 55 秒，1 号机组负荷为 289MW，汽轮机高压调节阀开度为 28.59％，四抽至 B 给水泵汽轮机进汽流量出现波动，最小流量为 10.03t/h，B 给水泵给水泵汽轮机实际转速开始下降。

9 时 14 分 1 秒，A/B 给水泵转速分别为 3885r/min/3407r/min，给水流量为 591t/h，A/B 给水泵低压调节门开度分别为 58.61％/87.39％，B 给水泵汽轮机高压调节门开启，四抽至 A/B 给水泵汽轮机进汽流量分别为 21.82t/h、9.36t/h，A/B 给水泵入口流量分别为 531.61t/h、228.32t/h，B 给水泵再循环门超驰全开到 100％。

9 时 14 分 28 秒，锅炉 MFT 动作，首出信号给水流量低（定值：375t/h）。

（二）事件原因查找与分析

1. 事件原因查找

事件后，查阅给水泵记录曲线见图 3-33、风烟系统记录曲线图 3-34。

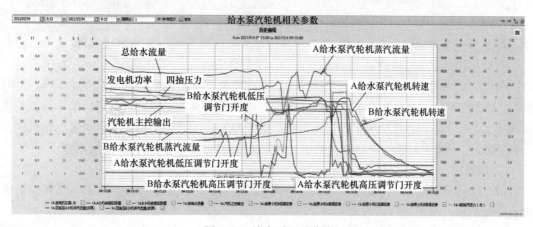

图 3-33 给水泵记录曲线

9 时 9 分 38 秒，1 号炉 A 引风机后轴承座振动 1 测点 0.525mm/s，变坏点。

9 时 9 分 50 秒，1 号炉 A 引风机后轴承座振动 2 数值上涨至 12.923mm/s，A 引风机跳闸，跳闸首出"引风机后轴承振动 HH"，检查引风机 RB 动作正常，联跳 A 送风机，B、E 层油枪投入正常，联跳 C、D 磨煤机，机组运行方式为 TF 滑压运行，汽轮机高压主蒸汽阀开度为 42.11％。

9 时 11 分 40 秒，手动将燃料主控增加至 42.09％。

9 时 12 分 30 秒，RB 动作过程中，由于主蒸汽温度快速下降（温降速率－15℃/min），缓慢减给水偏置到－48t/h；主蒸汽温度回升后，缓慢加到－12t/h。

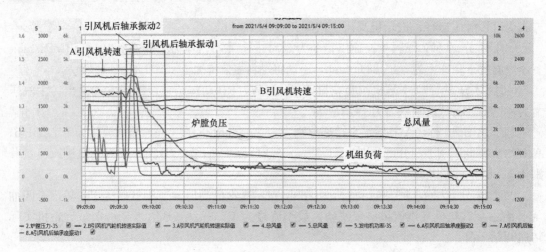

图 3-34　风烟系统记录曲线

9 时 13 分 55 秒，机组负荷为 289MW，汽轮机高压调节阀开度为 28.59％，四抽至 B 给水泵汽轮机进汽流量出现波动，最小流量为 10.03t/h，B 给水泵汽轮机实际转速开始下降。

9 时 14 分 18 秒，B 给水泵汽轮机高压调节门开度为 34.18％，A/B 给水泵流量分别为 629.97t/h、343.5t/h，A 给水泵出口压力由 10.43MPa 上升至 19.99MPa，A 给水泵汽轮机实际转开始下降。10s 后，B 给水泵低压蒸汽调节门开度为 99.5％，高压蒸汽调节门开度为 34％，转速为 3479r/min；A 给水泵低压调节门开度为 99％，高压蒸汽调节门开度为 31.5％，转速为 3930r/min，给水流量为 277.2t/h，给水流量低（定值：375t/h）锅炉 MFT 动作。

2. 事件原因分析

根据上述事件过程，运行、机务和热控部门专业人员分析，认为本次事件：

（1）直接原因：1 号炉 A 引风机本体振动大跳闸触发机组 RB 动作。

（2）间接原因：1 号机组在引风机 RB 动作过程中，汽轮机主控输出从 74％降至 48％，汽轮机调节门快速关小减负荷，除氧器湿蒸汽倒进入给水泵汽轮机供汽管道，给水泵汽轮机蒸汽品质大幅下降，导致给水泵汽轮机四抽汽源流量和压力快速下降，B 给水泵汽轮机供汽流量下降，B 给水泵转速快速降低，给水流量快速下降导致锅炉给水流量低低，MFT 动作。

3. 暴露问题

（1）检修调试后未进行风机 RB 试验，控制逻辑及参数设置未进行验证，现有控制逻辑及参数不符合机组实际运行工况。

（2）运行人员应对引风机异常事故应急处置能力不足，未能及时应对并防范异常事件的扩大化。

（三）事件处理与防范

（1）开展 1 号机组引风机 RB 试验，验证控制逻辑及参数设置，根据试验情况优化 RB 控制逻辑及参数。

（2）编制本次事件经验反馈，总结处理过程中存在的不足，完善机组 RB 动作处理措施，组织运行人员学习和考试。

八、控制逻辑时序错误引起机组跳闸

某电厂一期建设 2×480MW 级燃气-蒸汽联合循环热电联产机组，两套机组分别于

2015年9月和12月正式投产发电，燃气轮机控制系统（TCS）为三菱控制系统DIASYS Netmation。某日，电厂1号机组正常运行，负荷为403MW，供热流量为31t/h。11时12分，1号机组发出"燃气轮机排气温度高跳闸"报警，燃气轮机熄火，机组停机解列。

（一）事件过程

2021年11月14日11时12分，1号机组负荷为404MW，供热流量为28t/h。1号燃气轮机排气温度为591.5℃，2号燃气轮机排气温度为602.1℃，3号燃气轮机排气温度为598.5℃，4号燃气轮机排气温度为596.5℃，5号燃气轮机排气温度为595.8℃，6号燃气轮机排气温度为594.4℃。

11时12分36秒，TCS画面报出"1号排气温度超限－1""1号排气温度超限－2""1号排气温度超限－3"报警，1号燃气轮机排气温度高跳闸，1号燃气轮机排气控制偏差大跳闸。

（二）事件原因检查与分析

1. 事件原因检查

（1）机组报警及保护检查情况。通过检查事件记录发现，燃气轮机保护系统TPS中报1号排气温度超量程，同时"燃气轮机排气温度高跳闸"主保护动作，机组报警记录如图3-35所示。

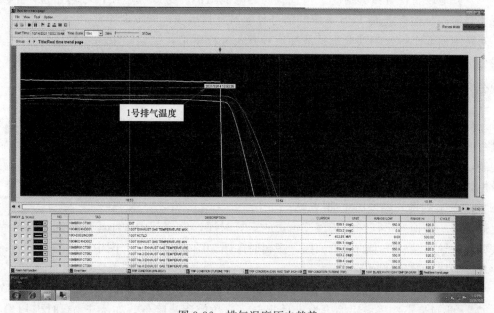

图3-35　机组报警记录

经过查询燃气轮机控制系统（TCS）曲线模拟量历史数据未采集到1号排气温度异常超量程情况，排气温度历史趋势如图3-36所示。

图3-36　排气温度历史趋势

排气温度高跳闸逻辑情况检查：TPS中共6个排气温度，逻辑回路在剔除1个最低值后，对其余5个排气温度进行算术平均计算，当平均值大于660℃时，机组主保护动作。若有温度测点超限，则逻辑将剔除该测点，使其不参与主保护，其方法为采取平均值自动替代超限测点。TPS保护逻辑中的排气温度计算逻辑回路如图3-37所示。

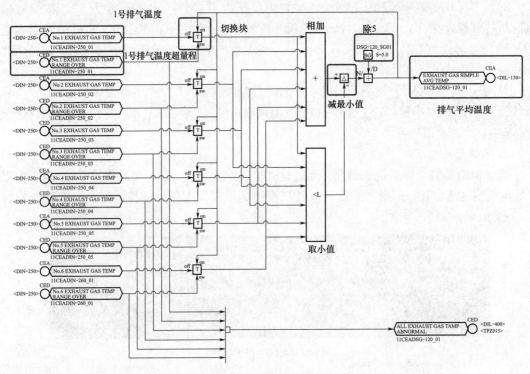

图3-37　排气温度计算逻辑回路

（2）就地设备检查试验情况。检查就地热电偶阻值、绝缘和电压信号均正常，接线未发现明显松动。检查进入TPS系统的信号分配器及其接线，未发现异常。

对跳闸前6个排气温度全部就地加信号方式进行模拟，试验结果为1号排气温度信号断线会触发机组跳闸，其余测点则不会。逻辑中将其他号测点和1号测点互换并下装，试验结果为仅互换点断线异常会触发跳闸。

2. 事件原因分析

三菱M701F4燃气轮机排气温度采用布置于排气扩散段环形均匀布置的6支排气热电偶进行测量，每支热电偶为双支元件，其中一路元件信号进入燃气轮机控制系统TCS显示及控制，另一路元件信号经信号分配器分为三路进入燃气轮机保护系统TPS用于排气温度高及燃烧异常判断的保护。其中机组跳闸时TCS历史曲线未检测到1号排气温度异常，TPS曲线未采到排气温度历史曲线。

通过进一步检查，仔细分析该逻辑页的运算时序，发现其中取小模块运算时序落后于减法模块是导致漏洞产生的根本原因，逻辑时序图如图3-38所示（图中标注的数字为每个模块具体的扫描及运算顺序）。

从图3-39中可以看出，1号温度测点异常开路后温度从正常运行的600℃逐步降至−160℃，此时最小选择模块输出为1号测点，且数值逐步降低，在小于0℃时因超量程，

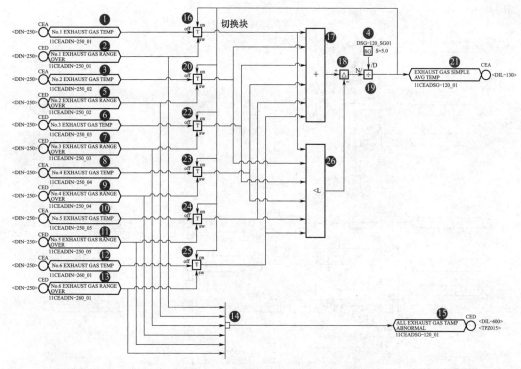

图 3-38　逻辑时序图

1 号测点的质量判断块输出置 1，导致温度计算回路中的加法模块的 1 号测点被替换为平均值，但是由于扫描运算时序的问题，最小选择模块中的 1 号测点数值仍为 0（该模块运算时序为 26，而总和温度减去最小温度的模块时序为 18），并且被该模块输出，这就导致实际计算中平均值突变。举例说明：正常运行中排气温度值为 1～6 号排气温度均为 600℃，则其平均温度也为 600℃，当 1 号异常则加法模块输出为 360，因为扫描时序的问题，进入最小值模块的 1 号温度值为超限前一个扫描周期的值（为方便说明，约定为 0），那么最小值模块的输出就为 0，则其平均温度经计算为 720℃，大于 660℃，则保护动作。2 号及其余排气温度的运算时序由于都在 19 的除法模块之后，故温度异常不会触发保护工作。

（三）事件处理与防范

1. 解决方案

该电厂经专业讨论及试验后决定在排气温度跳闸回路中新增 0.5s 延迟，经过试验，相同情况下不会再触发保护跳闸，解决了扫描运算时序周期造成的数据选择计算失真问题。最终逻辑修改方案如图 3-39 所示。

2. 防范措施

（1）针对控制逻辑特别是模拟量选择回路及模块进行专项排查试验，彻底排除因扫描时序引起的数据选择计算失真问题。在保护回路中增加适当延时，消除排气温度的逻辑陷阱。完善 TPS 系统历史数据采集，确保问题分析有据可依。

（2）对燃气轮机燃烧系统相关测点的元件进行校验检查，检查接线回路绝缘情况并进行紧固，加强对排气温度测量信号的监视。评估排气热电偶的使用寿命，超周期的应考虑更换。

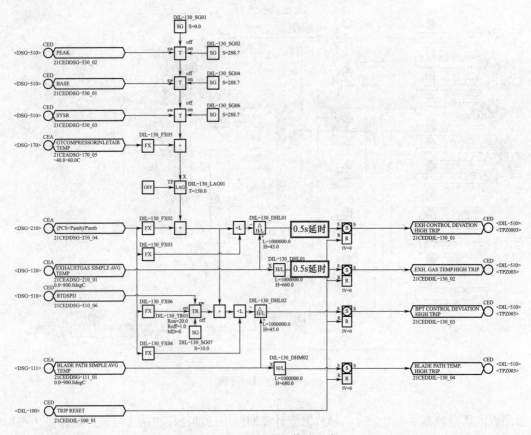

图 3-39　最终逻辑修改方案

（3）对测量回路相关信号转接卡等设备进行检查和寿命评估，更换老化或可靠性低的相关设备。

第六节　DEH MEH 系统控制设备运行故障分析处理与防范

本节收集了和 DEH/MEH 控制系统设备运行故障相关的案例 5 起，分别为 LVDT 传感器故障＋设计不完善导致锅炉 MFT、DEH 模件老化故障导致机组跳闸、控制系统 VPC 卡故障导致机组跳闸、MEH 逻辑设计不合理导致机组跳闸、MEH 控制器故障导致机组跳闸。

由于近年来，从节能的角度设计来看大型火力发电机组配置单台给水泵汽轮机，所以 MEH 系统和 DEH 系统的重要性是一致的，DEH、MEH 系统由于其控制周期短、控制设备重要等因素，DEH、MEH 的任何小故障都可能直接引发机组跳闸事件，因此加强对 DEH、MEH 系统设备的日常维护管理非常重要。

一、LVDT 传感器故障＋设计不完善导致锅炉 MFT

（一）事件过程

2021 年 6 月 29 日 19 时 42 分，某厂 1 号机组负荷为 460MW，总煤量为 213t/h，给水流量为 1424t/h，主汽压力为 20.47MPa，主汽温度为 568℃，再热汽温度为 567℃，A、C、D、E、F 磨煤机运行，A、B 汽动给水泵运行，给水压力为 24.12MPa。

19 时 42 分 18 秒，监盘发现"AGC 退出"报警发出，机组控制方式由协调控制变为基本控制方式。

19 时 42 分 27 秒，机组负荷（460MW）快速下降，主蒸汽压力由 20.5MPa 开始显著爬升。

19 时 42 分 29 秒，机组负荷下降至 360MW，并继续下降。

19 时 42 分 46 秒，3 号高压加热器水位高一值报警发出，手动开启危急疏水调节门控制高压加热器水位。

19 时 42 分 57 秒，A、B 给水泵汽轮机自动退出，给水流量为 1098t/h。

19 时 43 分 12 秒，主给水压力为 25.44MPa，主汽压力为 23.69MPa。发现 A、B 给水泵汽轮机指令与反馈相差大（A 给水泵汽轮机给定转速为 4942r/min，实际转速为 4847r/min；B 给水泵汽轮机给定转速 4779r/min，实际转速 4748r/min；），A 给水泵汽轮机进汽调节门开至 65％，B 给水泵汽轮机进汽调节门开度为 39％且持续开大，检查四级抽汽压力为 0.4MPa。立即开启辅助蒸汽至 A 给水泵汽轮机进汽电动门，切换给水泵汽轮机汽源，手动增加给水泵汽轮机转速（见图 3-40）。

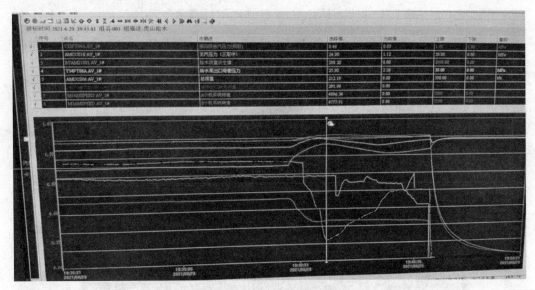

图 3-40　给水系统异常曲线

19 时 46 分 32 秒，墙螺旋水冷壁出口第 3 根管壁温度为 483℃，后墙螺旋水冷壁温度高报警。

19 时 46 分 58 秒，侧墙螺旋水冷壁出口左侧墙前数第 39 根管壁温度 483.61℃，侧墙螺旋水冷壁温度高报警。

19 时 47 分 3 秒，锅炉 MFT 动作，首出"锅炉水冷壁出口温度高"，大联锁保护动作，汽机跳闸，发电机跳闸。检查汽轮机主汽门调门抽汽逆止门关闭，润滑油泵联启，锅炉 MFT 动作正常，厂用电自动切换，安全停机。

（二）事件原因检查与分析

1. 事件原因检查

（1）查阅历史趋势曲线。事件发生后，专业人员查阅历史趋势曲线，发现该时段 1 号机组汽轮机主汽门（TV1）反馈值在 19 时 41 分 57 秒时由 95.87％突然跳变至 2.80％（时间持续 7s），后由 2.79％跳变到 95％（时间持续 1s），由 95％跳变到 2.79％（时间持续 12s），后反馈值由 2.79％跳变到 63.40％后呈阶梯下降趋势，直至反馈值到零，此期间 TV1 指令一直为 100％没有改变，见图 3-41。

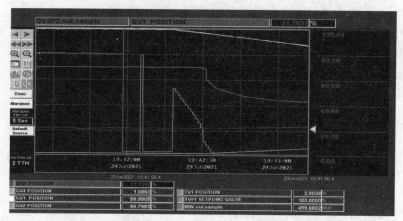

图 3-41　跳机前后主汽门 TV1 设定值与反馈值跳变对比

　　进一步查阅历史趋势曲线发现，6 月 29 日 18 时 22 分已开始出现跳变，跳变幅值从 94％到 2.8％左右，其中中间历经 12 波跳变（见图 3-42）。最后跳变历经 3 次，第一次从 19 时 41 分 57 秒开始，持续 7s，跳变幅值从 95.87％到 2.80％；第二次从 19 时 42 分 5 秒开始，持续 1s，跳变幅值从 2.80％到 95.76％；第三次从 19 时 42 分 6 秒开始，持续 12s，跳变幅值从 95.76％到 63.40％。其后反馈值从 63.40％呈阶梯性下降后，TV1 实际位置在逐渐关闭，最终 TV1 阀门完全关闭，机组负荷突降。

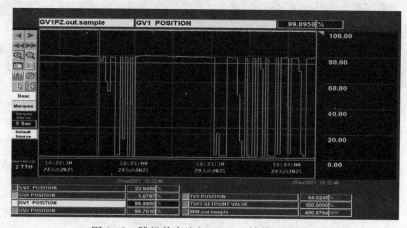

图 3-42　跳机前主汽门 TV1 反馈值跳变情况

　　（2）现场检查试验。热控人员首先对主汽门（TV1）LVDT 接线端子进行检查，接线紧固无松动现象。对初级线圈、次级线圈阻值进行检查，测量初级线圈阻值在 263Ω，一次线圈阻值在 313Ω 至无穷大之间跳变，二次线圈组值为 315Ω，一次线圈阻值存在问题，判断 LVDT 内部接线存在老化虚接情况。

　　检查 LVDT 智能变送器面板和伺服模件面板，均无故障显示。对 LVDT 智能变送器内部电路板进行检查，发现电子元件部分有老化迹象，见图 3-43，立即进行了更换。

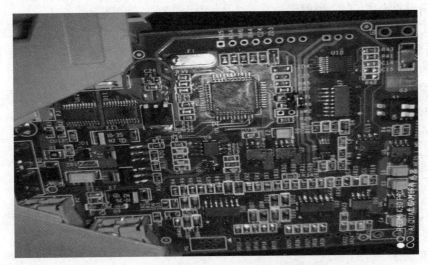

图 3-43　LVDT 智能变送器内部电路板

　　热控检修人员将 2 号主汽门 TV2 主汽门 LVDT 传感器调到 TV1 上进行试验，手动再次强制开启 TV1，指令由 0 逐步（5% 的递加）加到 100%，阀门反馈跟踪正常，实际位置正常，油管路无波动现象。

　　热控检修人员通过将 LVDT 反馈信号线拆除进行模拟试验，接线拆除时 LVDT 在画面上反馈值瞬间到零，TV1 阀门位置在全开时会逐渐关闭到零（无延时），说明主汽门在反馈信号线丢失时会自动关闭，保护汽轮机本体。

　　拆除智能变送器 4～20mA 输出信号线时，画面反馈值突变到 −22%，TV1 阀门位置在全开时会逐渐关闭到零（无延时）。说明指令和反馈偏差大时及反馈信号丢失时都会关闭主汽门。

　　为排除伺服阀、EH 油系统是否正常，伺服阀脱开 DEH 的指令信号，使用伺服阀测试仪直接加信号观察 TV1 动作情况正常。

　　2. 事件原因分析

　　(1) 事件直接原因。

　　1) 1 号高压主汽门 LVDT 传感器内部故障，接线存在氧化虚接，导致反馈信号输出不稳定。经 DEH 厂家现场分析，伺服卡内部存在主汽门关闭保护逻辑，即主汽门在自动方式下，当反馈与指令偏差超过 10% 且持续 2s，主汽门关闭；另外，还存在反馈信号超量程发主汽门关闭指令（反馈值大于 105% 或反馈值小于 −5%，延时 2s）的功能，此程序均由 DEH 厂家写入伺服卡中来实现（伺服卡的扫描周期为 5ms，100 个扫描周期内持续偏差大于 10%，则触发程序内 "PV1badcnt＋1" 计数，连续计满 4 次，触发主汽门关闭，如在 100 个扫描周期内出现一次偏差小于 10%，则 "PV1badcnt＋1" 计数清零，继续进行下一个扫描周期）。因 1 号机组主汽门运行中反馈与指令偏差大于 10% 而异常关闭，导致给水压力升高，给水流量下降，锅炉水冷壁出口温度高，锅炉 MFT，机组跳闸。

　　备注：6 月 29 日 19 时 41 分 58 秒—42 分 5 秒时主汽门未关闭，原因是伺服卡扫描周期为 5ms，2s 内也就是 400 个扫描周期内只要有反馈信号正常的情况，都不会发出关闭主汽门信号。由于 DEH 历史画面分辨率为 1s，远大于伺服卡 5ms 扫描周期，期间有反馈信号正常的情况也会因 DEH 画面因分辨率太大而无法显示。

2）TV1 关闭后，机组负荷由 460MW 突降至 360MW，主蒸汽压力由 20.4MPa 快速上涨至 24.9MPa，四抽压力由 0.71MPa 降至 0.4MPa，由于给水泵汽轮机汽源压力下降和主蒸汽压力上涨造成给水流量快速下降，导致水煤比失调，管壁超温。

3）DEH 组态未设置主汽门 LVDT 指令反馈偏差大报警功能，且 DEH 厂家未告知设有主汽门 LVDT 指令反馈偏差大关闭主汽门的逻辑，延误了运行人员发现故障的时间，导致运行人员异常处置时，未能在第一时间降低入炉燃料量，最终导致锅炉水冷壁出口温度高。

（2）事件间接原因。

1）技术管理不到位，热控专业检修管理不到位，2021 年 3 月 1 号机组 B 级检修时，未能发现 TV1 的 LVDT 存在安全隐患。

2）培训管理不到位，运行人员异常处理能力有待提高，未能在第一时间发现故障点，处置不够及时，异常处理过程中对关键点的把握能力欠缺，导致水煤比失调。

3. 暴露问题

（1）DEH 厂家与电厂热控专业技术交底存在漏洞，导致电厂热控人员对伺服卡内部关闭主汽门的保护逻辑不清楚，未能针对性开展隐患排查。

（2）热控报警逻辑不完善，主汽门反馈指令偏差大、阀位坏点时，DEH 控制系统无报警，运行人员无法第一时间发现 LVDT 反馈信号波动现象。

（3）热控专业隐患排查治理不彻底，未能及时改造现场仅有一路 LVDT 反馈信号的安全隐患。

（4）热控人员对设备劣化程度分析不足，未在检修周期内及时发现左侧高压主汽门 TV1 LVDT 线圈和智能变送器的老化迹象。

（5）运行人员异常处置能力欠缺。发生异常后，运行人员未能及时准确分析异常原因，异常分析判断能力不强，处置不够及时，对机组主参数调整不到位，导致水煤比失调。

（6）发电部日常培训力度不够，针对性不强，运行人员处理异常的经验不足。

（三）事件处理与防范

（1）联系 DEH 厂家到厂，对指令与反馈偏差大逻辑进行优化，取消指令与反馈偏差大关闭主汽门功能，并增加阀门指令和反馈偏差大报警功能，确保出现问题时运行人员第一时间发现异常。

（2）更换新的主汽门 TV1 和 TV2 的 LVDT 反馈装置。

（3）利用机组停机时进行技术改造工作，增加一路 LVDT 反馈信号（高选），保证一路信号出现问题时，阀门能够正常运行。

（4）利用停机时对 LVDT 接线端子、线圈电阻、电缆绝缘进行检查，发现问题及时处理。

（5）组织学习本次事故通报及集团公司相关非停通报，掌握事故处理要点，事故处理过程中要严密监视机组主要参数，维持水煤比和主要参数稳定，保证燃烧安全。

（6）组织开展有针对性的日常培训，针对此次事件利用仿真机进行专项模拟演练，提高运行人员业务技能水平和事故处置应变能力。

二、DEH 模件老化故障导致机组跳闸

机组汽轮机为哈尔滨汽轮机有限责任公司生产的 CLN-600-24.2/566/566 型超临界双

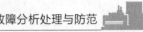

背压凝汽式、单轴、三缸、四排汽、一次中间再热汽轮机；发电机为哈尔滨电机有限责任公司生产的 QFSN-600-2YHG 型三相交流隐极式同步汽轮发电机，采用水-氢-氢冷却方式；锅炉为东方锅炉股份有限责任公司生产的 DG1900/25.4-Ⅱ1 型超临界滑压运行直流锅炉，单炉膛、一次再热、尾部双烟道结构，采用挡板调节再热汽温、固态排渣、全钢构架、全悬吊结构、平衡通风、露天Ⅱ型布置。机组分散控制系统采用上海福克斯波罗公司 DCS 控制系统。DEH 为 ABB 控制系统。2007 年投产。

（一）事件过程

2021 年 10 月 24 日 1 时 57 分，5 号机组负荷为 270.83MW，TF 运行方式，A、B、D、F 制粉系统运行，A、B 汽动给水泵运行，总煤量为 103.84t/h，给水流量为 763t/h。汽轮机润滑油系统运行正常，汽轮机轴系各参数均显示正常。

1 时 57 分，5 号机组跳闸，ETS 报警首出为"汽轮机轴承温度高"。

（二）事件原因检查与分析

1. 事件原因检查

（1）检查测量系统，5 号机组汽轮机轴承金属温度就地测量元件为双支热电阻，其中一支送至 DCS 作为监视，另外一支送至 DEH 系统用作保护。

（2）检查 DEH 系统保护系统，轴承金属温度高于 107℃报警，温度高于 113℃，延时 2s 跳机。设置有速率梯度及坏点判断闭锁限制功能，当温度变化速率达到或超过 5℃/s，则逻辑自动判断该测点故障，闭锁该保护输出。本次 DEH 系统 4 号轴承金属温度 2 温度变化速率均未达到 5℃/s 的速率门槛限制值，未触发温度梯度限制。

（3）比对 DEH、DCS，4 号轴承金属温度与 DEH 系统记录趋势发现：

1 时 52 分，DEH 系统 4 号轴承金属温度 2 上升至 107℃，达到报警值；

1 时 57 分，DEH 系统 4 号轴承金属温度 2 上升至 113℃，到达跳闸值，延时 2s 后，保护动作，汽轮机跳闸。期间 4 号轴承金属温度 1 及 4 号轴瓦回油温度稳定，无上升趋势。

（4）查阅 DCS 趋势发现：在 DEH 系统 4 号轴承金属温度 2 上升期间，DCS 4 号轴承金属温度 1、2 两点及 4 号轴瓦回油温度显示正常，无上升趋势。

（5）排查测量元件及回路，4 时 3 分，就地检查 4 号轴承金属温度 2 测量元件阻值、对地测绝缘均正常。4 时 10 分，检查测量回路，电缆线间绝缘、对地绝缘均正常。恢复接线后，DEH 画面温度显示 37.05℃，与 DCS 画面显示一致。

2. 事件原因分析

（1）DEH 系统 4 号轴承金属温度 2 测点热电阻元件在检查过程中，均未发现设备异常，测量元件故障的因素可以排除。

（2）测量回路的电缆、接线在绝缘检查过程中未发现明显异常，若现场存在异常电磁干扰，将使测量结果逐渐偏离实际测量数值，而测量回路在拆接线后，测量回路对地放电，测点显示正常。初步判断现场存在电磁干扰的可能。

（3）该测点热电阻测量原理是采用电桥平衡法，若 DEH 模件通道内部电桥的某一元器件存在异常，会导致测量电桥不平衡，将使测量结果逐渐偏离实际测量数值，而停机后的拆接线操作致使该电桥复位重置，测点显示正常。初步判断 DEH 模件可能存在老化的可能。

结合 2021 年 1 月 1 日 6 号机组推力瓦金属温度异常、2021 年 9 月 13 日 5 号机组推力瓦金属温度异常和此次 5 号机组 4 号轴承金属温度异常三次情况分析，认为事件原因来自两种可能：

（1）DEH 模件可能存在老化问题（静电电荷累积引起，更换模件可解决）。

（2）现场可能存在干扰造成测量回路异常波动。

（三）事件处理与防范

（1）在 DEH 机柜和 DCS 机柜之间敷设临时盘间电缆，将 DCS 4 号轴承金属温度 2 引至 DEH 系统，优化 DEH 系统 4 号轴承金属温度 2 保护逻辑；DCS 4 号轴承金属温度 2 与 DEH 系统 4 号轴承金属温度 2 偏差大时保护自动退出。

（2）将汽轮机轴承金属温度报警值由 107℃ 修改为 80℃，轴承金属温度保护速率判断值由 5℃/s 修改为 2.5℃/s。

（3）运行及检修人员加强汽轮机轴瓦温度测点巡视，调取历史趋势定期分析温度变化情况，如发现异常及时处理。

（4）利用机组停机检修期间，优化 5 号、6 号机组汽轮机轴瓦金属温度及推力瓦温度保护逻辑，排查电缆屏蔽，更换 DEH 系统相关模件。

（5）利用机组停运机会，更换 DEH 系统相关模件、接线板和连接预制电缆。

（6）2021 年 8 月已申报 2022 年技改计划"5 号、6 号机组 DEH、ETS 控制系统模件更换改造"，结合机组检修计划逐步进行更换。

（7）利用机组停运的机会，对汽轮机轴承金属温度高保护逻辑进行优化。

（8）利用机组停运的机会，对汽轮机轴瓦温度电缆和屏蔽进行排查。

三、控制系统 VPC 卡故障导致机组跳闸

某电厂 1 号机组为 225MW 抽凝式机组，配套 670t/h 超高压煤粉锅炉。汽轮机由北京北重汽轮电机有限责任公司制造，型号为 N（CC）225-12.75/（0.98）（0.25）535/535；控制系统于 2005 年上电，机组于 2006 年 2 月投产。

（一）事件过程

2021 年 4 月 29 日 22 时 23 分，1 号机组负荷为 176MW，主汽压为 12.17MPa，主汽温为 537℃，R 模式运行。高压调节门为顺序阀运行方式，阀门开启顺序为 1 号→2 号→3 号→4 号，1 号、2 号高压调节门开度为 100%，3 号高压调节门开度为 93%，4 号高压调节门开度为 0%。1 号轴振 X 向为 70μm，Y 向为 63μm；2 号轴振 X 向为 45μm，Y 向为 27μm。

22 时 24 分 18 秒，1 号高压调节门开度由 100% 突关到 1.83%，其他高压调节门动作正常。

22 时 24 分 29 秒，1 号轴振 X 向突升至 245μm、Y 向突升至 256μm；2 号轴振 X 向突升至 185μm、Y 向突升至 85μm。

22 时 24 分 29 秒 588 毫秒，汽轮机跳闸，SOE 首出原因"振动跳机"，锅炉 MFT。

22 时 24 分 33 秒 992 毫秒，1 号发电机-变压器组"程序逆功率"保护动作，发电机解列。

（二）事件原因检查与分析

1. 事件原因检查

停机后检查，DCS 模件无异常，伺服阀线圈阻值合格，1 号高压调节门相关电缆正常，

1号高压调节门动作试验正常。咨询 DCS 厂家，判断 DEH 系统 VPC 卡、VPC-TB 端子板异常造成通信中断，造成 1 号高压调节门突关。立即更换 1 号高压调节门伺服阀、VPC 卡、VPC-TB 端子板，并调试 1 号高压调节门动作正常，检查其他高压调节门动作正常。

2. 事件原因分析

（1）汽轮机跳闸的直接原因为 1 号高压调节门异常突关，高压进汽径向分布不均、转子转矩径向不平衡，汽流激振，1 号轴承轴振达跳闸值，保护动作跳机。

（2）1 号高压调节门异常关闭原因。

1）1 号高压调节门 S 值（伺服阀输入值）由 0.38 突变为 −1.40，造成 1 号高压调节门阀位由 100％变为 1.83％。经 DCS 厂家初步判断，模件通信异常中断造成 S 值突变。

2）DEH 控制系统 2005 年上电，已运行 16 年，设备老化，造成模件通信瞬间中断。

3）在 1 号高压调节门关闭过程中，VPC 卡监视正常，DEH 系统未监测到故障报警。更换后的模件及 DEH 逻辑、历史文件已发 DCS 厂家，进一步分析检测上述未报警原因。

3. 暴露问题

（1）设备管理不到位。1 号机组 DEH 系统已连续运行超过 16 年，设备老化。本次 DEH 系统 1 号高压调节门异常关闭，充分暴露出电厂对于设备老化、可靠性降低后的危害程度认识不到位，未采取针对性的预防和特护措施。

（2）隐患排查与风险分析预控不到位。未辨识到 1 号高压调节门突关造成机组轴振大幅增加的风险；未充分认识到设备老化对机组运行带来的安全风险，未利用机组检修机会对 VPC 卡、模件背板等设备进行更换。

（3）技术培训不到位，对 DEH 系统伺服阀、模件等工作原理及事故应急处理培训不到位，对设备故障原因分析能力不足。

（三）事件处理与防范

（1）对 1 号高压调节门 VPC 卡、模件背板等进行更换，评估调研系统整体改造升级的可行性。

（2）在 1 号机组控制系统更新改造前，对 DCS、DEH 等系统制定特护措施并严格执行。

（3）联系汽轮机生产厂家，研究高压调节门单阀突关引起机组轴振大保护跳机问题解决方案。

（4）严格落实 DEH 系统各项反事故措施，提高 DEH 系统设备运行可靠性。

（5）加强 DEH 系统控制原理、检修工艺、应急处置等技术培训，提高人员应急处理能力。

四、MEH 逻辑设计不合理导致机组跳闸

某电厂 2 号机组为 350MW 燃煤超临界直接空冷供热机组，锅炉为哈尔滨锅炉厂生产，汽轮机为哈尔滨汽轮机有限责任公司制造的 CZK350/270-24.2/0.4/566/566 型，发电机为哈尔滨电机有限责任公司生产。2021 年 6 月 8 日，1 号、2 号机组运行，1 号机组负荷为 200MW，电动给水泵备用于 1 号机组。2 号机负荷为 200MW，AGC 及一次调频投入，主汽压力为 16.64MPa，主蒸汽温度为 558℃；再热蒸汽压力为 2.06MPa，再热蒸汽温度为 556℃，两台汽动给水泵均运行，给水流量为 616t/h，A 汽动给水泵流量为 311t/h、B 汽动给水泵流量为 308t/h。A、B、D、E 磨煤机运行，总煤量为 141t/h。

（一）事件过程

15 时 0 分，运行人员按照设备定期切换制度规定，进行 2 号机 A、B 汽动给水泵油泵切换工作。值长令进行 2 号机 A 汽动给水泵 A 润滑油泵切换至 B 润滑油泵工作，此时 A 汽动给水泵润滑油系统状态为 A 油泵运行，B 油泵投备用。

15 时 9 分，巡检员就地稍关 B 润滑油泵出口门；15 时 10 分 3 秒，值班员启动 B 润滑油泵后巡检员缓慢开出口门，此时 A 润滑油泵电流为 42A，B 润滑油泵电流为 26A，值班员判断为 A 油泵出力大，B 油泵出力小，询问就地巡检员，告知 B 油泵运行正常，出口门状态为开，运行无异声，就地 B 泵出口油压正常（1.1MPa），未就地检查母管油压上升情况。

15 时 10 分 40 秒，值班员停运 A 润滑油泵，并投入 A 油泵联锁至备用，随后 A 油泵联锁启动，再次询问就地巡检员，告知 B 油泵运行正常，出口门状态为全开，就地泵出口油压正常（1.1MPa），值班员检查 A 油泵联启后润滑油压恢复正常（0.24MPa）。

15 时 11 分 1 秒，再次停运 A 润滑油泵，并投入 A 油泵联锁至备用。

15 时 11 分 6 秒，A 汽动给水泵润滑油压低（0.08MPa 跳闸），汽动给水泵跳闸。

15 时 11 分 8 秒，2 号机 RB 动作，联跳 A 磨煤机。

15 时 11 分 10 秒，B 汽动给水泵遥控跳，运行人员紧急手动操作控制 B 汽动给水泵转速，但无效果。

15 时 11 分 20 秒，主给水流量低至 282.15t/h（延时 3s）保护动作，2 号锅炉 MFT 动作，机组跳闸，如图 3-44 所示。

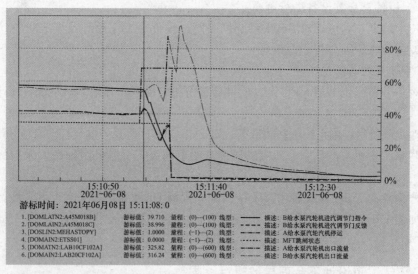

图 3-44　事件过程中 A、B 给水泵汽轮机运行状态

（二）事件原因检查与分析

1. 事件原因检查

（1）锅炉 MFT 跳闸原因是总给水流量低。

给水流量低保护条件为给水流量低于 282t/h 延时 3s 触发。事件中给水流量的历史趋势见表 3-2，总给水流量 15 时 11 分 18 秒为 287.97t/h，15 时 11 分 19 秒为 234.82t/h，15 时 11 分 20 秒为 188.14t/h，15 时 11 分 21 秒为 159.98t/h，锅炉 MFT 触发。

表 3-2　　　给水泵汽轮机 B 低压进汽阀位指令、总给水流量、给水泵汽轮机 B
低压进汽流量等的变化趋势

时　间	MEHBDEM-DYF 给水泵汽轮机 B 低压进汽阀位指令(%)	LAB40CF-SUM 总给水流量（t/h）	LBS46CF101A 给水泵汽轮机 B 低压进汽流量（t/h）	LAB10CF101A A 汽动给水泵给水流量（t/h）	LAB20CF102A B 汽动给水泵给水流量（t/h）	MEHTODC SDO204 汽动给水泵 B 投入遥控	XAA20CS 117AB 汽动给水泵实际转速（r/min）
15 时 11 分 7 秒	31.45	607.47	16.08	326.74	316.35	1	4048
15 时 11 分 8 秒	31.32	606.83	16.08	326.62	316.24	1	4042
15 时 11 分 9 秒	32.39	603.68	16.08	326.62	316.72	1	4021.75
15 时 11 分 10 秒	33.93	584.80	16.34	302.80	321.29	0	4050.63
15 时 11 分 11 秒	33.21	575.94	16.67	257.59	326.65	0	4038.75
15 时 11 分 12 秒	30.71	530.84	16.56	218.02	331.98	0	4009.38
15 时 11 分 13 秒	28.21	484.99	16.01	184.53	336.41	0	3948.88
15 时 11 分 14 秒	25.72	443.11	14.84	156.21	338.57	0	3876.38
15 时 11 分 15 秒	22.95	408.43	14.84	132.81	335.19	0	3819.63
15 时 11 分 16 秒	20.45	398.77	13.32	113.80	317.95	0	3773.38
15 时 11 分 17 秒	17.94	345.94	11.55	96.49	296.97	0	3688.5
15 时 11 分 18 秒	19.94	287.97	10.16	81.89	279.86	0	3665.63
15 时 11 分 19 秒	22.44	234.82	9.78	69.47	322.18	0	3761.63
15 时 11 分 20 秒	25.20	188.14	9.88	60.57	512.01	0	3892
15 时 11 分 21 秒	22.86	159.98	11.07	52.18	470.68	0	3892
15 时 11 分 22 秒	0	155.59	11.07	45.36	445.82	0	3647.5

（2）汽动给水泵 B 低压进汽调节阀指令减小导致总给水流量不断降低。

如表 3-2 所示，15 时 11 分 7—10 秒，汽动给水泵 B 在遥控位，给水泵汽轮机 B 阀位指令趋于增大，低压进汽流量保持，汽动给水泵转速略有下降，汽动给水泵 B 给水流量保持，总给水流量降低。15 时 11 分 10—17 秒，汽动给水泵 B 已解除遥控位，汽动给水泵 B 低压进汽阀阀位指令迅速减小，从 33.93% 减至 17.94%，低压进汽流量从 16.34t/h 减至 11.55t/h，汽动给水泵转速从 4050.63r/min 减至 3688.5r/min，汽动给水泵 B 给水流量从 321.29t/h 减至 296.97t/h，总给水流量从 584.80t/h 减至 345.94t/h。15 时 11 分 17—20 秒，给水泵汽轮机 B 阀位指令正常增大，从 17.94% 增至 25.20%，低压进汽流量仍旧减小，从 11.55t/h 减至 9.88t/h，汽动给水泵转速先减小再增大，汽动给水泵 B 给水流量先减小再增大，总给水流量仍旧减小，从 345.94t/h 减至 188.14t/h，给水流量过低触发锅炉 MFT。

综合以上数据趋势，汽动给水泵 B 低压进汽调节阀指令迅速减小导致总给水流量不断降低，后来虽然恢复增大，但已经积重难返，给水流量仍旧降低，至保护值触发锅炉 MFT。

（3）给水泵汽轮机 B 的转速 PID 异常计算导致汽动给水泵 B 低压进汽调节阀指令非正常减小。

图 3-45 所示为给水泵汽轮机 B 的转速 PID 逻辑图，经排查事件全程该 PID 输出未反

向跟踪，一直正常运算。表 3-3 显示了给水泵汽轮机 B 转速 PID 设定值、实际值、输出指令的变化趋势，15 时 11 分 10—19 秒，设定偏差 SP-PV 一直增大，PID 输出却一直减小，此段属于异常运算，难以解释，异常输出使进汽调节阀反向关小，汽动给水泵转速降低，总给水流量减低到保护值，锅炉 MFT。该异常运算在汽动给水泵 B 切除遥控后出现，15 时 11 分 18 秒恢复正常运算。在仿真实验室对 PID 模块进行同参数模拟测试，除了偏差剧烈回头时输出指令短暂反向外，没有发现偏差一直增大或减小而输出指令反方向的异常调节。联系 DCS 厂家人员分析诊断该段 PID 模块异常计算问题。

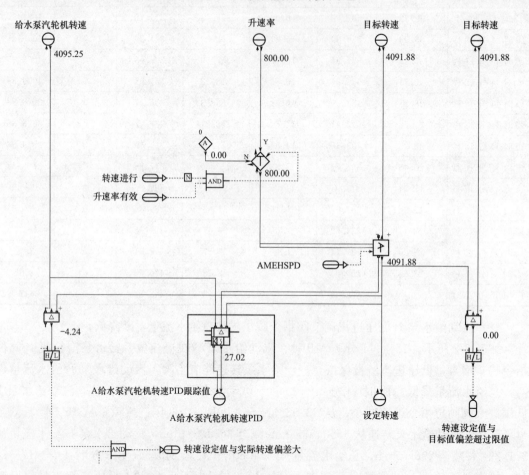

图 3-45 给水泵汽轮机 B 的转速 PID 逻辑图

表 3-3　　　给水泵汽轮机 B 转速 PID 设定值、实际值、输出指令的变化趋势

时间	MEHBSPTGYF 给水泵汽轮机 B 目标转速（r/min）	MEHBGDZS 给水泵汽轮机 B 设定转速（r/min）	MEHBSPDYF 给水泵汽轮机 B 实际转速（r/min）	SP-PV	MEHBDEMDYF 给水泵汽轮机 B 低压进汽阀位指令（％）
15 时 11 分 7 秒	4044.87	4044.87	4038.2	6.67	31.45
15 时 11 分 8 秒	4044.87	4044.87	4038.2	6.67	31.32
15 时 11 分 9 秒	4344.02	4058.14	4027	31.14	32.39
15 时 11 分 10 秒	4745.73	4050	4050	0	33.93

时间	MEHBSPTGYF 给水泵汽轮机 B 目标转速（r/min）	MEHBGDZS 给水泵汽轮机 B 设定转速（r/min）	MEHBSPDYF 给水泵汽轮机 B 实际转速（r/min）	SP-PV	MEHBDEMDYF 给水泵汽轮机 B 低压 进汽阀位指令（%）
15 时 11 分 11 秒	4745.73	4063.32	4036	27.32	33.21
15 时 11 分 12 秒	4745.73	4073.99	4005	68.99	30.71
15 时 11 分 13 秒	4745.73	4087.32	3942	145.32	28.21
15 时 11 分 14 秒	4745.73	4102.01	3870	232.01	25.71
15 时 11 分 15 秒	4745.73	4115.37	3816	299.37	22.95
15 时 11 分 16 秒	4745.73	4128.75	3767.2	361.55	20.45
15 时 11 分 17 秒	4745.73	4142.08	3682.8	459.28	17.94
15 时 11 分 18 秒	4745.73	4155.42	3669.1	486.32	19.94
15 时 11 分 19 秒	4745.73	4170.11	3774.2	395.91	22.44
15 时 11 分 20 秒	4745.73	4183.43	3900	283.43	25.20
15 时 11 分 21 秒	3745.73	4196.79	3894	302.79	22.86

（4）DCS 侧给水泵汽轮机 B 的转速指令与实际值偏差大使给水泵汽轮机 B 的遥控方式切除。

A 汽动给水泵跳闸后，A 汽动给水泵惰走，A、B 汽动给水泵的指令偏差迅速增大，给水调节输出的给水泵转速公共指令加上该偏差作为 B 汽动给水泵的转速指令，造成 B 汽动给水泵转速指令迅速增大，与转速实际值偏差大于 800r/min，复位了给水泵汽轮机 B 的遥控请求，使给水泵汽轮机 B 退出遥控方式。DCS 侧给水泵汽轮机 CCS 请求逻辑如图 3-46 所示。

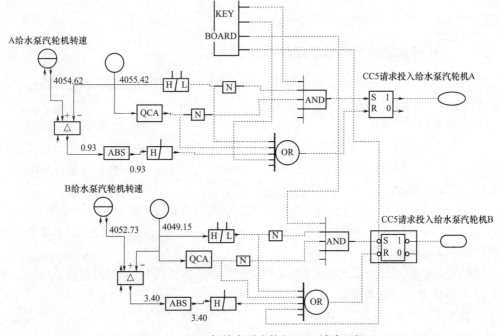

图 3-46 DCS 侧给水泵汽轮机 CCS 请求逻辑

（5）润滑油泵切换不规范导致给水泵汽轮机 A 润滑油压力低跳闸。

运行人员在进行 A 汽动给水泵的交流润滑油泵 A/B 定期切换试验时，交流润滑油泵 A 正常运行，启动交流润滑油泵 B，润滑油泵 B 出力不足，电动机电流偏小。运行人员未察觉异常，手动停止交流润滑油泵 A。由于润滑油泵 B 出力不足，A 汽动给水泵润滑油母管压力低保护动作，直流润滑油泵联启，A 汽动给水泵跳闸。交流润滑油泵 B 出力不足的可能原因是泵体进入空气，运行人员通过对泵体注油排空气后，油泵运行恢复正常。

2. 暴露问题

（1）润滑油泵切换不规范，导致给水泵汽轮机 A 润滑油压力低跳闸。

（2）给水泵汽轮机 B 的转速 PID 异常计算导致汽动给水泵 B 低压进汽调节阀指令不迅速增加反而迅速减小，汽动给水泵转速下降，总给水流量减低到保护值，锅炉 MFT。

（3）PID 异常计算的原因需要邀请国电 DCS 厂家专业人员分析诊断。

（4）运行巡检管理不到位，未能及时发现 A 汽动给水泵出口止回门内漏隐蔽缺陷。

（三）事件处理与防范

（1）完善 DCS 侧给水泵汽轮机 CCS 请求逻辑，用给水泵 RB 的非和汽动给水泵指令反馈偏差大相与再延时 1s 复位汽动给水泵 CCS 请求，即汽动给水泵 RB 时偏差大不复位汽动给水泵 CCS 请求。

（2）优化给水泵 RB 情况下的滑压曲线，降低回路压阻使给水更通畅。可在给水泵 RB 时，给正常滑压曲线累加一个设定的负偏差值或限定一个负的偏差上限值，使滑压曲线下降 0.5～0.7MPa，在给水泵 RB 消失后恢复正常偏差。

（3）利用机组停备时机，进行 A 汽动给水泵出口止回门检查，消除设备缺陷。

（4）DCS 厂家建议的防范措施：

1）在闭环控制前增加 2 个周期的延时断开，使在遥控方式切换到自动方式时闭环控制不会变 0。

2）增加遥控指令和转速的偏差范围。

五、MEH 控制器故障导致机组跳闸

某电厂 2×660MW 超超临界火力发电机组于 2019 年 12 月投入商业运营。机组控制系统采用 ABB Symphony Plus 系列 C0 版本。

（一）事件过程

2021 年 7 月 6 日，2 号机组负荷为 330.5MW，AGC 投入，CCS 方式运行，主蒸汽压力为 14.79MPa，再热蒸汽压力为 2.49MPa，总煤量为 221.5t/h，给水流量为 901t/h，磨煤机 B、C、E、F 运行。

7 时 7 分 36 秒，2 号机组给水泵汽轮机 MEH 控制器离线（画面测点坏质量）。

7 时 8 分 40 秒，锅炉 MFT 动作，首出"给水流量低"；1s 后汽轮机 ETS 动作，首出"锅炉 MFT"，2 号机组停运。

7 时 10 分 6 秒，给水泵汽轮机 METS 首出"AST 油压低"（控制器自动复位后记录）。

（二）事件原因检查与分析

1. 事件原因检查

检查控制器故障时历史数据如下：

7时7分36秒，MEH控制器HC800故障；

7时8分30秒，MEH通信卡CP800故障；

7时8分31秒，MEH控制器短暂停止工作后自动重启；

7时8分31秒，给水泵汽轮机转速控制切至手动、给水主控切至手动、锅炉主控切至手动；

7时8分37秒，给水流量低报警；

7时8分40秒，锅炉MFT动作；

7时10分4秒，给水泵汽轮机MEH（C180）控制器及通信恢复正常。

2. 事件原因分析

7月7日，ABB工程师对事故前后的事件记录、主要参数的趋势、控制器内部的记录文件进行分析（见图3-47～图3-49），并对C180控制器的硬件设备状态、供电、接地等进行了全面检查。判断本次事故的原因为2号给水泵汽轮机MEH控制柜内24V电源模块故障造成控制器电源电压波动，引起冗余控制器复位重启（控制器电压瞬间下降、恢复试验见图3-50），造成机组跳闸。

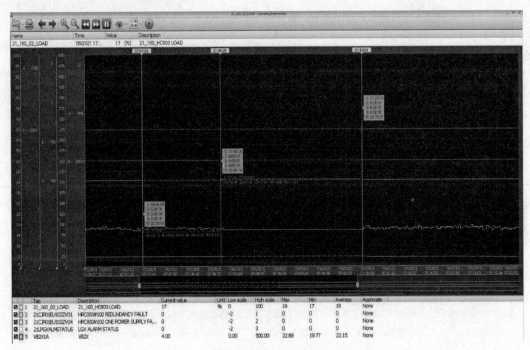

图3-47 控制器冗余报警、CP800通信报警、负荷率等状态曲线图

（三）事件处理与防范

1. 事件处理

将2号给水泵汽轮机MEH控制柜内24V电源模块全部更换，并进行相应的冗余切换试验正常。

2. 防止类似事件再度发生的防范措施

（1）保证DCS控制器、电源等关键配件库存不少于2只，事故情况下可以及时更换后保证运行。

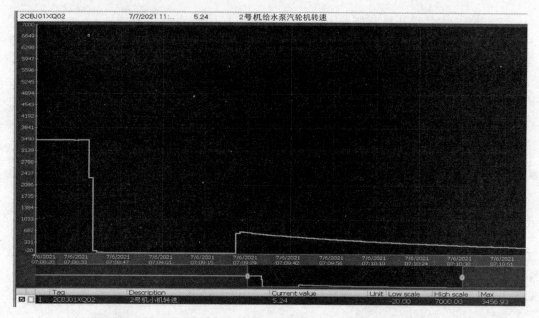

图 3-48　2 号给水泵汽轮机 MEH 机柜外送 AO 4～20mA 信号丢失图

	时间	Tag	Description	描述	Unit/Value
3 +	7/6/2021 07:10:04.914	C180102DMODSTATUS		C180 SLV 102D MOD STATUS	AL
3 +	7/6/2021 07:10:04.914	DCS3TRIP1A		DCS #3 TRIP 2B	AL
0 -	7/6/2021 07:10:04.711	2FGDXQ01	2CBB13-C114-306F-CH4-TB1(7+,8-)	2号锅炉负荷	10.54 RN
3 +	7/6/2021 07:10:04.667	MFT3TRIP1A		MFT #3 TRIP	AL
3 +	7/6/2021 07:10:04.666	DCS2TRIP1A		DCS #2 TRIP 2B	AL
3 +	7/6/2021 07:10:04.666	DCS1TRIP1A		DCS #1 TRIP 2B	AL
3 +	7/6/2021 07:10:04.666	MFT2TRIP1A		MFT #1 TRIP 2B	AL
3 +	7/6/2021 07:10:04.666	MFT1TRIP1A		MFT #1 TRIP	AL
3 +	7/6/2021 07:10:04.665	MFT3TRIP1A		MFT #3 TRIP	AL
3 +	7/6/2021 07:10:04.665	DCS2TRIP1A		DCS #1 TRIP 2B	AL
3 +	7/6/2021 07:10:04.665	DCS1TRIP1A		MFT #2 TRIP 2B	AL
3 +	7/6/2021 07:10:04.664	MFT1TRIP1A		MFT #1 TRIP 2B	AL
3 +	7/6/2021 07:10:04.611	2PAD10GH001XQ03	2CBA10-C142-806E-CH1-TB1(1+,2-)	2号罐机冷却水进线柜电流3	-2.07 L
0 -	7/6/2021 07:10:04.577	2CJA06DU001_XQ02	2CBB31-C132-808E-CH1-TB1(1+,2-)	2号机协调控制负荷设定2	1.51 RN
3 +	7/6/2021 07:10:04.539	21LPGVVPMANMODE		LGV VP800 MANUAL MODE	YES AL
3 -	7/6/2021 07:10:04.538	LUBOILP5TRIP1A		LUB OIL P5 TRIP	RN
3 -	7/6/2021 07:10:04.538	LUBOILP4TRIP1A		LUB OIL P4 TRIP	RN
3 -	7/6/2021 07:10:04.538	LUBOILP3TRIP1A		LUB OIL P3 TRIP	RN
3 -	7/6/2021 07:10:04.538	21LPGVALMSTATUS		LGV ALARM STATUS	NO RN
3 -	7/6/2021 07:10:04.538	21VPLPGVMODUSTAT		VP800 LGV MODULE STATUS	NO RN
3 +	7/6/2021 07:10:04.538	21LPGVVPMANMODE		LGV VP800 MANUAL MODE	YES AL
3 +	7/6/2021 07:10:04.538	21LPGVVPPARAERROR		LGV VP800 PARAMETERS ERROR	NO RN
3 -	7/6/2021 07:10:04.538	21LPGVCO2STATUS		LGV COIL 2 STATUS BAD	NO RN
3 -	7/6/2021 07:10:04.538	21LPGVCO1STATUS		LGV COIL 1 STATUS BAD	NO RN
3 -	7/6/2021 07:10:04.410	21CJP01EU102ZV05		HPC800#102 BATTERY LOW	ZERO RN
3 +	7/6/2021 07:10:04.410	21PDP1PROFIMASTE		HPC800#102 - PDP1 PROFIBUS MASTER	ZERO RN
3 +	7/6/2021 07:10:04.410	21PDP1PROFILBF		HPC800#102 - PDP1 PROFIBUS LINE B FA	ONE RN
3 -	7/6/2021 07:10:04.410	21PDP1PROFILAF		HPC800#102 - PDP1 PROFIBUS LINE A FA	ZERO RN
3 +	7/6/2021 07:10:04.389	21PDP1REDUNDF		HPC800#102 - PDP1 REDUNDANCY FAU	ZERO RN
3 +	7/6/2021 07:10:04.389	21PDP1PROFILBF		HPC800#102 - PDP1 PROFIBUS LINE B FA	ONE AL
0	7/6/2021 07:10:04.106	2HFV20GH001A	PCU; C104 BLOCK; 10669	2B曝作用力比例溢流阀	

图 3-49　7 时 10 分 4 秒 C180 给水泵汽轮机控制器控制信号恢复正常记录

（2）重要控制器 DCS 电源监视，由自身监视改为交叉监视。

（3）利用机组检修期间，要求 ABB 公司对单元机组 DCS 进行一次全面的诊断。

（4）就重要控制柜（FSSS、DEH、ETS、MEH、CCS 等）控制器故障现象制定应急预案，并与发电部进行演练。

（5）细化重要控制柜（FSSS、DEH、ETS、MEH、CCS 等）内部原理机构资料，提高事故情况的处置效率。

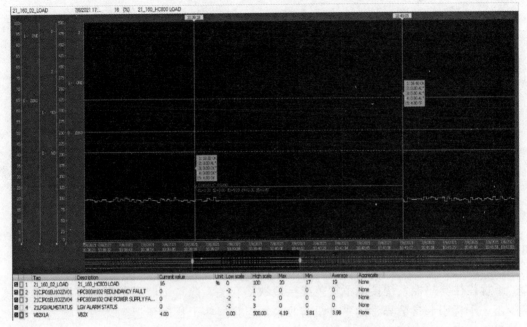

图 3-50　控制器电压瞬间下降、恢复试验图

第四章

系统干扰故障分析处理与防范

热控系统干扰是影响机组正常稳定运行的重要障碍，也是机组故障异常案例中最难定量分析的一类障碍现象，具有难复现、难记录、难定量和难分析等特征。此外，对于找不到原因的机组故障事件，也往往较多地归结为干扰原因引起。

干扰往往与热控系统接地不规范或接地缺陷有关。除本书收录的案例外，现场还有不少由于干扰引起参数异常的事件没有收录，但是这些干扰现象遇到环境影响或耦合其他的异常情况随时有可能上升为事故。因此对于热控系统干扰案例，尤其是可以确定原因的热控系统干扰故障案例一定要进行深入分析，举一反三，提高热控系统的抗干扰能力。

机组热控系统的干扰来源很多，本章收集的案例 7 起，包括地电位变化引起的系统故障 2 起、现场干扰源引起干扰故障 5 起。希望借助本章案例的分析、探讨、总结和提炼，能够减少机组可能受到的干扰，并提高机组的抗干扰能力。

第一节　地电位干扰引起系统故障分析处理与防范

本节收集了干扰引起控制系统故障事件 2 起，分别为给煤机控制电源电缆受谐波干扰导致锅炉 MFT 保护动作、给煤机控制器的直流电源串入交流电源导致给煤机频繁跳闸。两起事件表明，干扰能影响 DCS 工作的前提，是需要有通道让其进行，如在工作中做好相应防护措施，此类故障应可以避免。

一、给煤机控制电源电缆受谐波干扰导致锅炉 MFT 保护动作

某厂锅炉为北京巴布科克·威尔科克斯有限公司生产的 B&WB-2090/25.4-M 型超临界直流炉，一次中间再热、单炉膛平衡通风、固态排渣、紧身封闭、全钢结构、全悬吊 Π 形锅炉，采用前后墙对冲燃烧方式。

（一）事件过程

2021 年 2 月 7 日 10 时 17 分 15 秒，1 号机组运行正常，机组负荷为 300MW，双套引风机、送风机运行，B、C、D、E 4 套制粉系统运行（A 磨煤机大修），B、C、D、E 4 台运行给煤机电流分别为 2.15A、2.2A、2.2A、2.17A，B、C、D、E 4 台给煤机低电压穿越装置均投运，总煤量为 143t/h，主蒸汽温度为 563℃，再热汽温为 560℃，机组 CCS 模式运行，AGC 投运。

10时17分19秒，B、C、E 3台运行给煤机同时跳闸，电流同时为0A，D给煤机运行，电流保持2.2A，跳闸给煤机首出均为"异常跳闸"。

10时17分51秒，运行监盘人员手动抢合异常跳闸的B、C、E 3台给煤机成功。运行人员就地检查1号机组B、C、D、E 4台给煤机运行情况，未见异常。

10时20分，1号机组负荷为267MW，主、再热蒸汽温度等主要参数趋于稳定，总煤量为137t/h。

10时21分36秒，1号机组B、C、D、E给煤机跳闸，首出"异常跳闸"信号，给煤机运行状态消失，电动机电流、转速全部降至0，B、C、D、E给煤机跳闸。

10时21分40秒，锅炉"失去全部火焰MFT"信号发出，锅炉跳闸，汽轮机DEH画面发"BOLIER PROT"信号，汽轮机跳闸。

10时27分，检修人员检查就地4台给煤机控制柜，柜内空气开关无跳闸，交流220V控制电源正常，控制回路中继电器状态灯未见异常。检查变频器控制面板中故障信息，显示无历史故障记录。

10时30分，电气专业人员对给煤机动力电源、控制电源电压进行检查，未见异常。

10时40分，运行人员对6台给煤机动力电源开关、控制电源空气开关进行检查，未见异常。

10时50分，电气、热控专业对给煤机动力电缆、控制电缆测试绝缘，未见异常；对变频器相关回路检查，未发现异常。对给煤机控制电缆桥架检查，发现给煤机控制电缆桥架下方约1.5m处有检修人员进行电焊作业（1号机组A磨煤机大修，对A磨煤机2号粉管进行补焊作业，作业区域见图4-1）。对电缆桥架上电缆进行详细检查未见异常。

图4-1　1号机给煤机控制电缆桥架下方进行补焊作业

14时12分，分别启动1号机组B、D给煤机试运行。

14时35分，B给煤机跳闸，首出"异常跳闸"。

19时30分，接调度令1号机组恢复启动。

（二）事件原因检查与分析

1. 事件原因检查

事件后就地检查发现：给煤机控制电缆桥架下部1.5m处检修人员正在使用电焊对A磨煤机2号粉管进行补焊，焊机电源取自1号锅炉房0m 2号检修电源箱。询问开工时间，回复上午10时开始作业，中午11时50分左右停止作业，14时20分开始作业，经分析怀疑电焊机运行可能对给煤机控制电缆产生干扰，为验证是否产生干扰，通知集控运行人员再次启动 B 给煤机，14 时 47 分，要求继续补焊作业。14 时 51 分，B 给煤机再次异常跳闸（见图 4-2）。

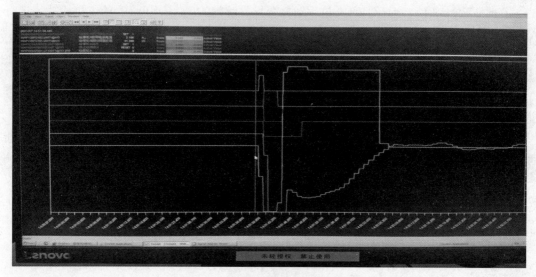

图 4-2　B 给煤机试运行中再次跳闸

2. 事件原因分析

能够促使 4 台给煤机同时异常跳闸的原因主要有锅炉 MFT 保护误动作、DCS 给煤机运行信号同时丢失造成给煤机异常跳闸保护逻辑反跳运行变频器、给煤机动力电源或电缆发生故障和给煤机控制电源、电缆故障或干扰引起。

（1）试验和分析。

1）锅炉 MFT 保护误动作。锅炉 MFT（硬回路）致使给煤机跳闸。锅炉 MFT 设计有硬回路，以保证锅炉灭火后可靠动作。其中给煤机停止指令回路中串入 MFT 中间继电器动断触点，如 MFT 中间继电器触点断开，给煤机启动回路断电，给煤机停运。6 台给煤机 MFT 跳闸为 6 个单独的双继电器回路控制，每个回路中两中间继电器动断点串联，指令发出需任一中间继电器带电或损坏。MFT 中间继电器共 4 组触点分别接入不同设备，若继电器得电其他设备同样会动作，而 4 台给煤机同时跳闸需至少 4 个中间继电器同时动作，分析跳闸过程及趋势可知无任一中间继电器动作，所以排除 MFT 硬回路继电器动作或损坏可能。

2）DCS 给煤机运行信号同时丢失造成给煤机异常跳闸保护逻辑反跳运行变频器。远传至 DCS 的给煤机运行状态信号受大电流干扰使触点状态发生改变。通过历史趋势查询 B、C、D、E 给煤机所在的 13～16 号站其他信号（磨煤机接入的其他温度、压力信号及磨煤机润滑油泵、磨煤机、电动门运行、停止状态）在给煤机跳闸同一时间并无波动及变化，可以排除 DCS 受干扰造成给煤机的停运。

停机后对 DCS 接地网及各现场控制站接地电阻进行检查和测试，DCS 每一控制站由主柜及扩展柜两个柜体构成，各控制站接地网独立布置。控制站内接地电缆汇总至 DCS 电源柜汇流铜牌后引至全厂接地网连接。汇流铜牌处未连接其他设备接地点，接地电缆为 53.5mm^2。

测试报告显示 DCS 电子间及控制站机柜接地电阻均小于 0.2Ω，符合艾默生和 DCS 接地原则。可以排除 DCS 受干扰造成给煤机的停运。

3）给煤机动力电源或电缆发生故障。1 号、2 号机组分别设置 6 台给煤机，其动力电源分别取自厂用 400V 锅炉 PC A、B 段（其中 A、C、E 给煤机在 PC B 段接带，B、D、F 给煤机在 PC A 段接带），机组跳闸后，已经检查了 4 台给煤机电源开关正常，测试 B、C、D、E 4 台给煤机动力电缆绝缘分别为 500MΩ、450MΩ、400MΩ、500MΩ；已经检查 1 号机给煤机跳闸过程动力电源正常，但 DCS 只能精确到秒级，1s 内的信号闪变无法捕捉到。2 月 22 日，利用机组停运机会对动力电源采用调压器模拟电压突降试验。

试验过程 B、C、D、E 4 台给煤机低电压穿越装置均投运，发现即使动力电压下降至 200V，变频器仍然能正常运行，输出频率、电流均正常。退出给煤机低电压穿越装置后，再次试验发现给煤机动力电源电压降低至 278V 左右后，变频器输出电流下降，电压降低至 197V 时变频器跳闸，DCS 发故障信号，就地变频器柜报警信号显示"直流欠压"。

由于 2 月 7 日 10 时 21 分，机组跳闸过程中 B、C、D、E 4 台给煤机低电压穿越装置均投运，故如果动力电源电压闪变不会造成 4 台变频器同时跳闸，其次如果动力电源电压波动造成给煤机变频器跳闸，变频器会发出直流欠压故障，这与 2 月 7 日机组跳闸后检查变频器控制面板中故障信息，显示无历史故障记录现象不符，故予以排除。说明变频器供电电源 380V AC 正常，无过载、过流、欠压，变频器是在启动指令（继电器 K3 的动合触点，运行中保持闭合）失去后停运。

4）给煤机控制电源故障。6 台给煤机控制电源为交流 220V，分别通过 6 个空气开关取自机组 UPS 输出柜内，其电缆（2016 年 10 月应省电力公司要求给煤机变频器必须配套安装低电压穿越装置，且变频器必须采用不间断电源的要求，从机型 UPS 柜内分别设置 6 个小空气开关，新铺设 6 根带铠装屏蔽电缆，屏蔽层未做接地处理）通过电缆桥架穿越机房后从炉房 9.6m 上部的电缆桥架进入就地给煤机控制柜。机组跳闸后测试 B、C、D、E 4 台给煤机控制电缆绝缘分别为 450MΩ、400MΩ、500MΩ、500MΩ，绝缘值均正常。

分析给煤机电气控制回路图（见图 4-3），可知给煤机运行自保持及状态信号为 K2、K3 中间继电器动合触点所带，K2、K3 中间继电器线圈由给煤机 220V 交流控制电源供电，若控制电源受干扰，导致电压波动闪变，中间继电器线圈两端电压小于其最小动作电压，线圈复位，所带动合触点断开，可导致给煤机停运及运行状态消失。

2 月 22 日，利用机组停运机会对给煤机控制电源采用调压器模拟电压突降试验。

试验 1［监视变频器故障信号］

试验时间：2 月 22 日 11 时 0 分。

用故障录波仪分别录取 B 给煤机变频器控制电源、变频器故障信号、变频器运行信号、变频器电流信号，当控制电源电压从 230V 降低到 126V 时，B 给煤机变频器运行继电器 K3 开始返回，运行信号消失，间隔 40ms 后，给煤机变频器电流下降，给煤机变频器跳闸，在试验过程中给煤机变频器故障信号一直未翻转，试验记录曲线见图 4-4，此次模拟控制电源故障试验与 2 月 7 日给煤机跳闸时存在一致现象。

试验 2［监视启动指令 K3］

试验时间：2 月 22 日 11 时 45 分。

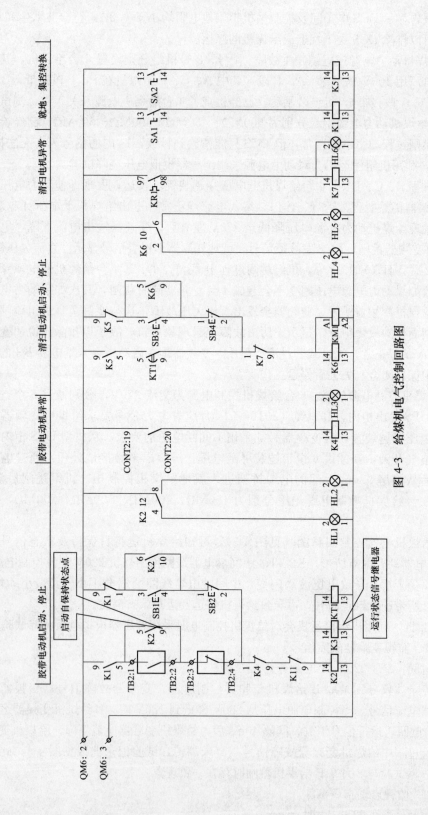

图 4-3　给煤机电气控制回路图

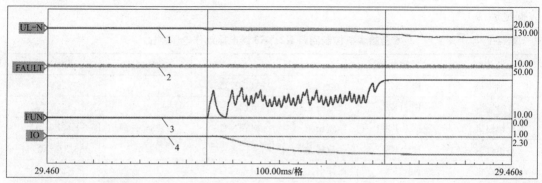

图 4-4　模拟控制电源故障试验——监视变频器故障信号记录曲线

游标1: 28.803, 79s　游标2: 29.184, 68s　时间差: 0.390, 99s　频率: 2.625 Hz

模拟量波形：

参量	单位	额定值	最大值	最小值	游标1	游标2
1 控制电源UL-N	V	750.0	130.3	108.0	126.6	115.0
2 变频器故障信号	V	600.00	52.96	50.09	52.01	52.01
3 变频器运行	V	48.00	50.25	-0.06	-0.02	49.18
4 变频器电流	A	6.00	2.34	0.01	2.32	0.08

用故障录波仪分别录取 B 给煤机变频器控制电源、变频器启动指令 K3、变频器运行信号、变频器电流信号，试验记录曲线见图 4-5，当控制电源电压从 230V 降低到 126V 时，B 给煤机变频器运行继电器 K3 开始返回，变频器启动指令和运行信号同时消失，间隔 30ms 后，给煤机变频器电流下降，给煤机变频器跳闸。

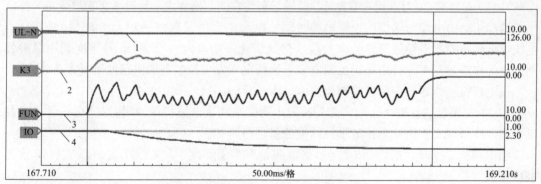

游标1: 157.759, 17s　游标2: 158.132, 22s　时间差: 0.373, 05s　频率: 2.681 Hz

模拟量波形：

参量	单位	额定值	最大值	最小值	游标1	游标2
1 控制电源UL-N	V	750.0	129.4	114.0	126.3	116.5
2 K3	V	49.00	25.84	-0.96	0.00	23.61
3 变频器运行	V	49.00	50.24	-0.04	2.34	49.01
4 变频器电流	A	6.00	2.33	0.03	2.32	0.09

图 4-5　模拟控制电源故障试验——监视启动指令 K3 试验记录曲线

从上述试验可以得出：当给煤机控制电源电压下降或波动时，变频器跳闸，DCS 画面报给煤机异常跳闸，变频器故障信号未触发，就地变频器柜内无报警信号。这些现象与 2 月 7 日机组跳闸过程中，4 台给煤机同时跳闸后的现象完全吻合。故将给煤机全部停运原因锁定在运行的 4 台给煤机控制电源同时故障。

对 A、B、C、D、E、F 6 台给煤机控制回路 K2、K3 继电器进行动作电压测试，测试数据见表 4-1。

表 4-1   **6 台给煤机控制回路 K2、K3 继电器动作电压测试**

设备	中间继电器	品牌	型号	动作电压	复位电压
A 给煤机	K2、K3	欧姆龙	MY4N-GS	126V AC	125V AC
B 给煤机	K2、K3	欧姆龙	MY4N-GS	126V AC	126V AC
C 给煤机	K2、K3	欧姆龙	MY4N-GS	128V AC	127V AC
D 给煤机	K2、K3	欧姆龙	MY4N-J	96V AC	97V AC
E 给煤机	K2、K3	施耐德	MY4N-GS	127V AC	126V AC
F 给煤机	K2、K3	施耐德	RXM4AB2PT	130V AC	116V AC

这一数据也从侧面验证了 2 月 7 日 10 时 17 分—14 时 50 分电焊机工作过程中，为什么 D 给煤机只跳闸了 1 次，D 给煤机控制回路 K2、K3 继电器与其他几台给煤机动作电压相比要低 30V 左右，故 D 给煤机不容易跳闸。

2 月 23 日，现场复现给煤机跳闸试验，采用电焊机工作（安排 2 月 7 日机组跳闸原电焊机在原工作点焊接作业）验证焊机对给煤机控制电源影响情况，同时利用示波器监视给煤机变频器控制电源电压及控制回路 K3 继电器电压波形情况，发现电焊机工作过程中，控制电源电压波形出现畸变，同时 K3 继电器辅助触点（DC 24V）出现 15V 电压闪变。

基于上述情况，电气检修人员排查电焊机工作检修箱动力电缆及给煤机控制电缆敷设情况：电气检修回复电焊机工作检修箱（锅炉 0m 2 号检修电源箱）动力电缆与 6 台给煤机控制电缆（2016 年 10 月新增）有约 6m 区域是布置在同一槽盒内，且电缆相互重叠在一起。

检修箱动力电缆与给煤机控制电缆在同一电缆槽盒内同时将锅炉 0m 2 号检修箱动力电缆与给煤机控制电缆做简单分离处理（仍处于统一槽盒内），2 月 25 日再次利用录波器测试电焊作业过程对运行给煤机控制电源干扰情况，发现控制电源电压波形基本正常。

在电焊机工作时，变频器控制电源中 3 次（1.66%）、5 次（1.22%）、7 次（0.66%）、9 次（0.86）谐波占比较大，对变频器控制电源带来高次谐波扰动。同时对炉 0m 2 号检修电源箱（电焊机工作时）电压波形及谐波分量进行测试。

当电焊机工作时，锅炉 0m 2 号检修电源箱产生了 5 次、7 次、11 次、13 次、17 次等高次谐波。

对 2 月 7 日工作电焊机及库房存放的其他 5 台电焊机进行标号（1~6）使用录波器进行性能测试，如表 4-2 所示。

表 4-2   **5 台电焊机谐波干扰测试**   %

谐波	焊机 1	焊机 2	焊机 3	焊机 4	焊机 5	焊机 6
三次谐波	1.6	1.1	0.6	0.8	0.9	0.4
五次谐波	1.2	0.9	1.0	0.9	1.1	1.0

而焊机 1 正是 2 月 7 日现场使用的焊机。

同时查阅资料及咨询电缆制造商，铠装电缆通常敷设在地面下，铠层是为防止电缆被尖锐器物刺穿损坏，桥架电缆一般不敷设铠装电缆，同时铠装电缆在受到电磁干扰时有放大电磁干扰作用（编者注：如将铠装电缆铠层两头通过桥架接地，将会有很好的抗电磁干扰作用）。

（2）事件原因

1）直接原因。A、B、C、D、E、F 6 台给煤机控制电源电缆（220V）与电焊机使用的检修电源箱（1号锅炉房 0m 2 号检修电源箱）电缆（380V）在同一槽盒内放置，电焊机工作时，电缆产生高次（三次、五次）谐波干扰导致 B、C、D、E 4 台运行给煤机控制电源电压波动，导致 4 台运行给煤机变频器停运，造成锅炉 MFT 保护动作，机组跳闸。

2）间接原因。控制电缆与检修箱电源电缆未分开、并行敷设，铠装屏蔽电缆屏蔽层未做接地处理，使给煤机控制电源更易于受到电磁干扰，是本次事件的间接原因之一。

3. 暴露问题

（1）给煤机控制电缆与锅炉 0m 2 号检修电源箱部分电缆在同一电缆槽盒，电缆走向及布置存在缺陷。

（2）运行中的给煤机同时跳闸，而给煤机控制回路分别布置在就地 6 个给煤机控制柜内，故同时跳闸不好判断。

（3）锅炉房电缆桥架下方 1.5m 处进行电焊施工作业，没有考虑电焊机工作是否干扰电气设备运行，风险辨识度不够。

（4）给煤机控制电缆为后期补放电缆，电缆为铠装电缆，放大了电焊机干扰作用，电缆有屏蔽层，但屏蔽层及铠装并未接地，对 220V 电缆技术管理不到位。

（5）新增加电缆敷设管理不足，施工过程为图省事将给煤机控制电缆与检修箱电缆放在了同一电缆槽盒内。

（6）对新增电缆使用类型考虑不周，就地电气设备控制电缆屏蔽层未做详细检查，技术管理工作存在漏洞。

（三）事件处理与防范

（1）将锅炉 0m 2 号检修箱电源电缆与给煤机控制电缆彻底分离，使用单独钢制护套管重新敷设锅炉 0m 2 号检修电源箱电缆。

（2）对给煤机控制电缆屏蔽层及铠甲层分别做接地处理。

（3）对机组 UPS 输出零线采取接地处理。

（4）改进给煤机跳闸逻辑回路，取消异常跳闸保护逻辑。

（5）对给煤机控制电源进行冗余设置，根据实际情况对给煤机就地控制回路进行改造：采用两路 220V AC 电源分别供给两个 110V DC 电源模块，两路直流输出经二极管耦合后供变频器控制回路使用，更换 K1/K2/K3/K4 4 个中间继电器，充分满足抗干扰和可靠性两方面的要求。

（6）利用 2 号机组大修机会彻底排查、整改 2 号机组给煤机控制电源及电缆存在的问题，杜绝类似事件发生。

二、煤机控制器的直流电源串入交流电源导致给煤机频繁跳闸

某发电公司 2×1000MW 新建工程一期建设两台超超临界、二次再热、世界首台六缸六排汽、纯凝汽轮发电机组，三大主机均为上海电气集团制造，具有高参数、大容量、新工艺的特性，同步建设铁路专用线，取排海水工程，烟气脱硫脱硝，高效除尘、除灰，污水处理等配套设施。全厂 DCS 采用和利时 HOLLiASMACS6 系统，DEH 采用西门子 T3000 系统，并采用国内先进的"全厂基于现场总线"的控制技术。机组自动控制采用机炉协调控制系统 CCS，协调控制锅炉燃烧、给水及汽轮机 DEH，快速跟踪电网负荷 ADS 指令，响应电网 AGC 及一次调频。两台机组分别于 2020 年 11 月、12 月投产发电。

公司给煤机使用上海新拓电力的 CS2024 型电子称重式给煤机，设备于 2020 年 5 月安装调试完成，自机组试运至投产以来，多次发生给煤机无法启动、异常跳闸等问题。

（一）事件过程

2020 年 5 月 30 日，1A 给煤机启动后，加指令转速不变，经检查内部参数变化，重新设置参数后启动正常。

2020 年 6 月 4 日，1A、1B 给煤机远方无法启动，短接 A 给煤机启动指令后，再次启动正常。1B 给煤机检查未发现异常，再次启动正常。

2020 年 6 月 10 日，给煤机厂家到厂进行全面检查，对所有给煤机重新标定。

2020 年 9 月 3 日，2B 给煤机跳闸，检查为指令线接线松动。

2020 年 9 月 8 日，1A 给煤机启动后，加指令转速不变，10min 后转速自动到 1450r/min，自动切到就地，给煤机跳闸。

2020 年 11 月 2 日，1A 给煤机皮带跑空后仍有 30t 煤量。

2020 年 9 月 17 日，1A 给煤机煤量、转速波动，更换控制板后试运正常。

2020 年 11 月 27 日，1A 给煤机跳闸，更换控制板后试运正常。

2021 年 2 月 16 日，1A 给煤机故障报警，故障码为 8、10、14。

2021 年 2 月 18 日，1A 给煤机启动后 3s 内瞬时煤量变坏点，导致锅炉主控、协调退出。

2021 年 4 月 23 日，1A 给煤机瞬时煤量坏点，给煤机无法启动，就地检查给煤机参数丢失，重新设置参数，断电重启后正常。

2021 年 2 月 25 日，1A 给煤机停运后瞬时煤量不回零，停送电后正常。

2021 年 4 月 23 日，1A 给煤机停运后报 U44 故障，更换控制板后正常。

2021 年 5 月 31 日，1A 给煤机启动时自动切到就地模式，手动切到远方后给煤机自启动；停运时自动切到就地模式，瞬时煤量变坏点后又恢复正常。更换电源板后试运正常。

2021 年 6 月 9 日，给煤机厂家到厂，检查 1A 给煤机，发现控制柜内电源配线错误，将接线进行修改，同时对其他给煤机进行检查，未发现问题。

2021 年 6 月 10 日，2F 给煤机因断煤导致跳闸两次。

（二）事件原因检查与分析

1. 事件原因检查

（1）对给煤机控制逻辑、DCS 至给煤机控制柜指令接线进行全面检查。

（2）对给煤机内部接线进行全面排查紧固。

（3）先后更换 1A 给煤机控制板，A1、A2、A3 板，电源板。

（4）多次对 A 给煤机参数进行重新设置。

（5）对所有给煤机进行重新标定。

2. 事件原因分析

（1）1A 给煤机多次故障原因：给煤机控制柜内部配线错误，直流 110V 负端与交流 110V 负端短接，造成直流供电回路中串入交流电，给煤机电源板供电异常，导致频繁发生故障。给煤机内部配线错误（如图 4-6 所示）。

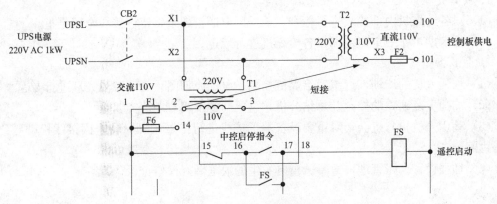

图 4-6　给煤机内部配线错误

（2）2F 给煤机跳闸原因（见图 4-7）：给煤机给煤率由电动机转速乘以称重传感器数据计算，给煤机发生断煤时，称重数据减小，给煤率一定，导致转速升高，当电动机速度偏差大于 ±100r/min 达 30s 时，给煤机停机。

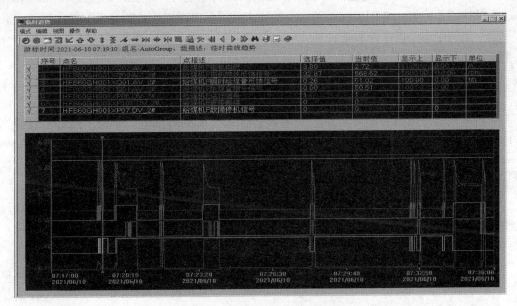

图 4-7　2F 给煤机故障记录曲线

3. 暴露问题

（1）1A、2F 给煤机多次发生故障，热控专业在处理问题时组织分析不到位，未从根源上查找原因，导致异常重复发生。

（2）热控人员技术力量薄弱，在主动分析、钻研技术难题等方面欠缺，以换代修问题严重，设备出现问题过分依赖厂家人员。

（3）给煤机接线松动，说明对重要设备接线把关不严，隐患排查不到位。

（4）设备台账管理不到位，给煤机多次发生问题，台账纪录不全，影响综合分析判断。

（三）事件处理与防范

1. 故障处理方法

（1）对各给煤机内部接线进行检查，根据厂家最新图纸将错误接线全部更正。

（2）按定期工作规定，定期对各给煤机进行标定。

2. 防范措施

（1）加强人员的培训，组织对给煤机控制、电气原理图、常见故障处理进行专题学习。

（2）加强重复缺陷的控制及总结分析，重要问题组织专题研究。

（3）利用停机检修机会，对重要设备端子接线进行排查紧固，防止因接线松动导致的设备跳闸。

（4）加强设备台账管理，重要、重复发生的缺陷做好检修记录。

第二节　现场干扰源引起系统干扰故障分析处理与防范

本节收集了因现场干扰源引发的机组故障5起，分别为交流润滑油泵联锁试验电磁阀控制电缆屏蔽不规范导致机组跳闸；轴振信号电缆敷设不规范受干扰导致机组振动大保护误动；信号干扰触发ETS超速保护误动作机组跳闸；电缆分屏蔽层接地线接地不良，引起轴振大保护动作停机；电磁干扰误动润滑油压力低试验电磁阀造成压力低保护误动。

这些案例中均是由于外界干扰导致机组保护的误动作，应从提高系统的抗干扰能力出发来避免此类事件的再次发生。

一、交流润滑油泵联锁试验电磁阀控制电缆屏蔽不规范导致机组跳闸

某热电厂3号机组为燃煤机组，采用亚临界、一次中间再热、单轴、双缸、双排汽、直接空冷、供热凝汽式汽轮机，汽轮机型号为CZK300/250-16.7/0.4/538/538；3号炉为东方锅炉厂生产的DG1065/18.2-Ⅱ6型锅炉，为亚临界自然循环汽包炉，一次中间再热、四角切圆燃烧、平衡通风，脱硫采用石灰石—石膏湿法脱硫方式，并配有脱硝装置；3号发电机为东方电机厂生产的QFSN—300—2—20B汽轮发电机，采用封闭式自然循环通风系统，冷却方式为水-氢-氢型。

（一）事件过程

2021年8月29日9时10分，负荷为260MW，AGC退出，AVC投入，3号炉运行，1号、2号空气预热器，1号、2号吸风机，1号、2号送风机，1号、2号一次风机，1号、2号、3号、4号、5号磨煤机运行。过热蒸汽压力为15.8MPa，过热蒸汽温度为535℃，再热蒸汽压力为2.9MPa，再热蒸汽温度为538℃，总煤量为177t/h，各辅机运行正常。根据汽轮机专业定期工作安排，3号机集控人员开始进行汽轮机润滑油低油压联动试验，将交流润滑油泵联锁投入备用。

9时13分，点击DCS画面润滑油系统中的"开交流电磁阀"按钮，交流润滑油泵未能正常联启，运行人员随后将交流电磁阀复位。

9时14分，运行人员再次进行第二次试验操作，油泵仍未联启。

9时16分，运行人员进行第三次试验操作，交流油泵未联启。

9时16分36秒，复位电磁阀。

9时16分37秒，汽轮机突然跳闸，汽轮机ETS系统首出为"DEH遮断"，机组停运。

机组跳闸后，交流油泵联启正常，高、中压主汽门，调速汽门关闭正常，汽轮机转速下降正常，厂用电自动切换正常，锅炉磨煤机、一次风机联动跳闸。

（二）事件原因检查与分析

1. 事件原因检查

针对机组跳闸时触发"DEH遮断"的跳闸，首出为"高压保安油压低"的情况，进行现场模拟汽轮机低油压联锁试验，在连续进行了4组试验操作后，发现：在交流油泵低油压联锁试验电磁阀回路送电状态下，如在较短时间内多次点击"开交流电磁阀按钮"后，即会触发"DEH遮断"信号保护，跳闸信号为"高压保安油低"动作；而在交流油泵低油压联锁试验电磁阀回路停电状态下，多次点击"开交流电磁阀按钮"，无"DEH遮断"信号发出。

高压保安油压低压力开关信号电缆为独立的3根电缆，压力开关电缆与交、直流油泵联锁试验电磁阀控制电缆在同一桥架内且平行敷设，交、直流电磁阀控制电缆就地端屏蔽层未接地，具体就地布置图如图4-8所示。

图4-8 交、直流油泵低油压联锁试验电磁阀

2. 事件原因分析

由于交流油泵联锁试验电磁阀控制电缆屏蔽层与设备外壳之间未实现良好的电气连接，在短时间内多次试验操作后，电缆屏蔽层对地将会出现电位差，对地放电瞬间将会对相邻电缆产生电磁干扰。本次故障就是由于试验期间电磁阀控制回路干扰了高压保安油压低压力开关回路，造成高压保安油压低保护信号误发，导致汽轮机保护误动。

3. 暴露问题

（1）安全生产责任制落实不到位、隐患排查治理工作不到位。未能执行"控制电缆应具有必要的屏蔽措施并妥善接地""屏蔽电缆的屏蔽层应在开关场和控制室内两端接地"等措施，交流油泵试验电磁阀控制电缆屏蔽层只在DCS盘柜内进行了一点接地，检修人员未利用停机检修机会对该项隐患进行排查治理，致使该隐患长期存在。

（2）主要设备定期工作管理不到位。公司要求节假日期间不允许对运行中的主要设备进行定期工作，运行主要设备定期工作必须进行升级监护，运行部未按上述要求执行。

（3）运行人员在试验过程中对操作风险预判不足，试验过程中交流油泵未正常联启，在未查明原因的情况下，连续进行试验操作。

（三）事件处理与防范

（1）利用机组检修机会，对各机组热控、电气控制电缆屏蔽层接地情况进行排查，对不符合接地要求的电缆进行整改。

（2）规范运行定期试验管理，严格执行节假日期间不允许对运行中的主要设备进行定期工作的规定，主要设备定期工作必须进行升级监护。

二、轴振信号电缆敷设不规范受干扰导致机组振动大保护误动

某公司 7 号机组于 2006 年 12 月投产，汽轮机为哈尔滨汽轮机有限责任公司生产制造的 CN250/300-16.67/537/537 型汽轮机，TSI 为艾默生公司 MMS6500 系统。

7 号机组最近一次大修时间为 2021 年 6 月 24 日—8 月 17 日，大修后于 2021 年 9 月 1 日 11 时 25 分并网运行。

（一）事件过程

9 月 3 日 9 时 18 分，7 号机组负荷为 182MW，主蒸汽压力为 11.4MPa，主蒸汽温度为 535℃，再热蒸汽压力为 1.73MPa，再热蒸汽温度为 533℃，汽轮机胀差为 9.77mm，机组各运行参数稳定，汽轮机各轴承振动、轴瓦温度、回油温度均正常。机、炉运行人员正常操作，无设备启停操作。

9 时 18 分 54 秒，7 号机组 3 号轴承 X、Y 向振动依次突升至 $499\mu m$（量程为 $500\mu m$），汽轮机跳闸，ETS 系统首出显示为"轴承振动大"。跳闸前后，其他各项参数均无变化。

（二）事件原因检查与分析

1. 事件原因检查

（1）历史曲线分析。通过查看历史曲线，在机组跳闸前各运行参数稳定，汽轮机各轴承振动、轴瓦温度、回油温度均正常。机、炉运行人员正常操作，无设备启停操作。9 时 18 分 54 秒，7 号机组 3 号轴承 X、Y 向振动依次突升至 $499\mu m$（量程为 $500\mu m$），之后汽轮机跳闸。$3X$、$3Y$ 振动测点是瞬间变为最大值，且跳闸后振动数值基本恢复为跳闸前的振动值，因此可以判断汽轮机本体振动造成机组跳闸的可能性很小。

（2）冲转复查情况。机组停运后，盘车听声检查汽轮机通流部分无异声，各轴瓦无异声。为确认汽轮机本体部位无异常，参照哈尔滨汽轮机有限责任公司专家建议，汽轮机冲转至 600r/min，各部位摩擦检查正常；继续升速至 3000r/min，升速过程中，机组各参数正常，基本可以排除汽轮机本体振动造成机组跳闸。停止汽轮机运行，进一步排查保护动作原因。

（3）现场检查情况。

1）检查工作票、监控视频，未发现机组跳闸时现场有相关检修作业。

2）检查 $3X$、$3Y$ 轴承振动探头，外部安装牢固，电缆捆绑规则，接线未见松动。检查探头线缆外观，未发现破损现象。

3）机组盘车投入后，将轴承振动 $3X$ 探头拆下检查，外观未见异常，未发现碰磨现象。

4）检查 TSI 系统模件状态及组态，$3X$、$3Y$ 两点信号分别布置在两个模件，状态未见异常。

5）对信号电缆进行绝缘检查，在 TSI 系统机柜处，使用绝缘电阻表检查 $3X$、$3Y$、$4X$、$4Y$ 就地前置器至机柜信号电缆屏蔽绝缘，阻值均在大于 100MΩ，且在机柜侧单点接地，符合规程要求。检查线芯绝缘及对地绝缘，阻值均大于 100MΩ。但检查时发现 $3X$、

3Y 两个测点使用同一颗电缆，不符合保护信号应全程独立配置的原则。

6) 对电缆敷设路径进行检查，该电缆是 2006 年基建期敷设的信号电缆，由于空间有限，在该信号电缆槽盒内还敷设有低压动力电缆，未分层敷设。

7) 对振动信号进行电磁干扰试验，在就地接线箱及机柜处，分别使用对讲机进行电磁干扰试验，3X、3Y、4X、4Y 轴承振动参数未见异常。

8) 对探头与前置器机柜间电缆进行晃动试验，3X、3Y、4X、4Y 轴承振动参数未见异常。

(4) 故障设备检修情况。在机组大修期间，TSI 系统一次元件与前置器一并送检，检定结果合格，安装工序均经三级验收合格。TSI 系统信号电缆线间、对地绝缘测试结果均为合格（阻值大于 20MΩ）。TSI 系统通道校验、报警点校验、机柜接地检查、抗干扰能力试验结果均为合格。

2. 原因分析

根据历史曲线和汽轮机盘车、冲转情况的分析，排除汽轮机本体振动导致汽轮机跳闸的可能，3X、3Y 轴承振动只能是信号跳变导致的保护误动。经进一步分析认为，3X、3Y 两点轴承振动信号共用同一颗电缆，且在该信号电缆槽盒内还敷设有低压动力电缆，未分层敷设，动力电缆产生电磁干扰，导致 3X、3Y 轴承振动信号同时发生突升跳变，是造成振动大保护误动导致机组跳闸的原因。

3. 暴露问题

设备管理工作存在不足，反事故措施落实工作不彻底，不深入。在机组检修、保护可靠性专项检查工作中，未对保护信号电缆进行彻底检查，未能发现保护信号电缆共用一颗电缆且敷设路线存在电磁干扰的安全隐患。

不符合《防止电力生产事故的二十五项重点要求（2023 版）》（国能发安全〔2023〕22 号）第 9.4.3 条："所有重要的主、辅机保护都应采用三取二的逻辑判断方式，保护信号应遵循从取样点到输入模件全程相对独立的原则，确因系统原因测点数量不够，应有防保护误动措施。"及 DL/T 261—2012《火力发电厂热工自动化系统可靠性评估技术导则》第 6.6.3.3 条："电缆敷设可靠性中的分层要求。或在同一槽架中敷设时应通过中间加隔板的要求。

(三) 事件处理与防范

1. 处理措施

(1) 对 3X、3Y、4X、4Y 轴振信号电缆进行重新敷设，敷设路线选择在电缆较少的电缆槽盒通过，尽量远离其他电缆。

(2) 电缆敷设工作完成后，对电缆线间绝缘、对地绝缘、屏蔽绝缘进行测试，均在 100MΩ 以上，符合技术要求。

(3) 为确保新敷设的信号电缆的可靠性，分别在就地接线箱和机柜处进行电磁干扰试验，未见异常。

2. 防范措施

(1) 加强设备管理和反事故措施的落实工作，深入开展电气热控保护可靠性专项检查，择机对保护信号电缆进行全面检查和试验，确保相似问题不会再次发生。

(2) 深刻吸取此次教训，组织对此次事件进行专项学习与发起讨论。举一反三，引以为戒，进一步提升现场管理人员责任心及工作质量。

三、信号干扰触发 ETS 超速保护误动作机组跳闸

（一）事件过程

2021年10月8日2时35分，1号机组 AGC 投入，负荷为 551.88MW，总煤量为 219.72t/h，总给水量为 1499.05t/h，总风量为 1944.31t/h，主蒸汽压力为 24.11MPa，汽轮机转速为 3000.2r/min，A、B、D、E、F 5 套制粉系统运行，送风机、引风机、一次风机均正常运行。

2时39分44秒，集控大屏"1号机组汽轮机跳闸"，首出为"ETS 超速动作"，110% 电超速第一、二点，114% 电超速第一、二点均有报警。

2时39分45秒，1A、1B 高压主汽门为关闭状态。

2时39分46秒，1号锅炉 MFT 继电器动作，汽轮机转速正常下降、无异常。检查 DEH 侧的转速信号 1、2、3 及 DCS 侧的键相转速均显示正常，分别为 3000.75r/min、3000.74r/min、3000.76r/min、2998.47r/min。

（二）事件原因检查与分析

1. 事件原因检查

事件后仪控人员检查 1 号机组 10CKA49 机柜 BRAUN 模件参数设置正确（110% SP1 设定值为 3300r/min，114% SP2 设定值为 3420r/min）。检查就地转速探头，转速信号至 ETS 机柜信号电缆均无异常。

从就地发送转速模拟测试信号，对 BRAUN 卡接线、BRAUN 卡上并联电容、切换电超速保护通道回路进行扰动试验。发现 BRAUN 卡上电容松动时对 BRAUN 卡显示值有明显突变，摇晃电容引脚查询 BRAUN 卡记录，显示最高值到达 4772r/min，超出 114% SP2 设定值。

（1）拆除 BRAUN 卡输入信号并联电容后，对 BRAUN 卡继电器回路进行继电器插拔试验时，其他模件测量存在干扰现象。

（2）对电超速保护通道回路进行切换试验，见图 4-9，3 个继电器之间存在电源回路公共端。在拆除输入信号并联电容后，摇晃继电器公共回路，对其他模件测量也存在干扰现象。

图 4-9　取消输入信号电容、电超速保护通道试验切换回路

（3）从就地接线盒送信号到 BRAUN 模件，信号正常。

（4）取消电超速保护通道试验切换回路，拆除 BRAUN 卡输入信号并联电容。

（5）对机柜内转速信号端子至 BRAUN 卡短电缆进行更换，采用带屏蔽电缆，并接地处理。

（6）机组冲转至 3000r/min 时，发电机机端电压在 20kV 空载时，测量轴电压为 8.5V（合格值为 10V），与历史数据一致。

（7）1 号发电机转子接地电刷于 2021 年 5 月改为双铜辫可靠接地。

2. 事件原因分析

（1）110％电超速信号动作时，检查 DEH 侧转速信号 1、2、3 及 DCS 侧的键相转速均显示正常，分别为 3000.75r/min、3000.74r/min、3000.76r/min、2998.47r/min，故 1 号机组未发生实际超速现象，是电超速信号被干扰所致。

（2）1 号机组电超速信号 1、2 同时被触发，引起 110％电超速保护信号三取二触发电超速保护动作，1 号汽轮机跳闸，MFT 信号动作。ETS 电超速保护通道试验回路中 3 个继电器存在电源公共端，输入信号电容对 OS1、OS2 号 BRAUN 卡转速信号有干扰，是本次汽轮机跳闸事件发生的直接原因。

（3）转速探头信号电缆从就地至 ETS 机柜端子，再从机柜端子到 BRAUN 卡，共有两段电缆，其中机柜内短电缆无屏蔽接地。

（4）MFT 首出非"汽轮机跳闸"而是"再热器保护动作"，是因为逻辑内锅炉 MFT 条件"汽轮机跳闸三取二后与上负荷大于 180MW"中的中间点负荷量程设置错误，导致该保护信号未动作。

（三）事件处理与防范

（1）取消 1 号机组电超速保护通道试验切换回路。

（2）增加 1 号机组 ETS 系统中 BRAUN 卡至 DCS 侧模拟量信号通道输出。

（3）机柜内转速信号到 BRAUN 卡电缆采用带屏蔽电缆，并做好接地处理。

（4）排查逻辑内部中间点量程，如 1 号机组负荷中间点信号量程等；机组检修时，逻辑联锁试验中间点要从源头送信号。

（5）定期检查 BRAUN 卡内转速历史最高纪录，每次机组停机后清除历史记录。

四、电缆分屏蔽层接地线接地不良，轴振大保护动作停机

某热电厂 1 号机组为 330MW 亚临界抽凝式热电联产机组，锅炉为哈尔滨锅炉厂生产的 1100t/h 亚临界、一次中间再热、平衡通风、四角喷燃、全钢架悬吊结构、单炉膛汽包炉。汽轮机为哈尔滨汽轮机有限责任公司生产的型号为 N330/C260-16.7/0.49/538/538、两缸两排汽、单轴、抽汽凝汽式汽轮机。发电机为哈尔滨电机有限责任公司生产的水-氢-氢冷却汽轮发电机，采用静态励磁。TSI 采用本特利公司产品。

（一）事件过程

12 月 26 日 20 时 40 分 50 秒，1 号机 1 瓦轴振 X 向为 77μm、Y 向为 73μm，随后 1 瓦轴振 X 向、Y 向振动值突然上升，经 33s 上升至 X 向为 239μm、Y 向为 231μm，经 17s 后趋于稳定，此时 1 瓦轴振 X 向为 216μm、Y 向为 201μm。

20 时 42 分 55 秒，集控监盘发现 1 号机 1 瓦 X 向、Y 向轴振再次快速上升，最高 X 向轴振为 269.07μm，Y 向轴振为 250.76μm，1 号机组因振动大保护动作跳闸，首出为"汽轮机振动大"。在此期间 1 号机组其他轴振均未发生变化。

21 时 26 分，投入 1 号机盘车。22 时 27 分，1 号高压备用变压器由 220kV Ⅱ 母线倒至 Ⅰ 母线运行，投入 2 号主变压器 3652 中性点隔离开关。振动曲线如图 4-10 所示。

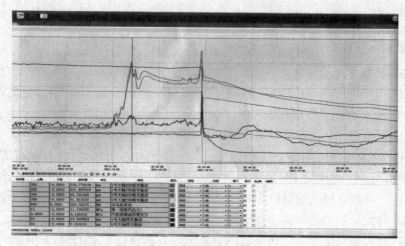

图 4-10　振动曲线图

机组跳闸后，汽轮机专业人员对汽轮机本体进行听声，未见异常，热控专业通过查阅 DCS 历史曲线，机组跳闸前除 1 瓦轴振快速变化，其他参数未见明显异常，同时排除运行操作不当和人员误动因素。

（二）事件原因检查与分析

1. 事件原因检查

热控专业检查"汽轮机轴振大"保护逻辑为"某瓦 X 向（或 Y 向）振动超过动作值或变坏点且 Y 向（或 X 向）振动超过跳机值"。

检查 1 瓦 X 向及 Y 向轴振探头固定良好、无松动，现场设备信号电缆及传感器电缆，连接良好，外绝缘皮无破损，测量传感器间隙电压及内部线圈阻值正常，测量传感器对外壳绝缘＋∞合格，用 500MΩ 绝缘电阻表对 X 向及 Y 向到电子间控制柜信号电缆进行绝缘测试，电缆相间与对地均为 500MΩ 合格。

使用福禄克 744 对 TSI 模件通道进行模拟测试，并分别模拟输出振动 $50\mu m$、$70\mu m$、$90\mu m$、$110\mu m$、$130\mu m$、$150\mu m$、$180\mu m$、$200\mu m$ 进行观察，均未见异常。检查 1 瓦轴振 X 向与 Y 向测量信号分别布置在 TSI 框架两块独立的模件中，现场探头与前置器均为独立配置。

检查电缆绝缘时发现 1 瓦轴振 X 向和 Y 向信号电缆为同一根电缆，采用 2×3×1.0 分屏加总屏阻燃耐高温电缆，检查该电缆盘柜接地情况，测量 X 向模件端子信号地到盘柜接地正常，Y 向模件端子信号地到盘柜接地不通，对电缆头屏蔽进行检查，电缆总屏蔽层已接地，但 Y 向轴振信号线分屏蔽层接地线与屏蔽层脱开，导致分屏蔽层实际未能接入模件端子地，致使模件 Y 向通道地线接线端子悬空。

导出 TSI 框架报警信息及系统日志信息进行检查，系统未见异常，通道报警及继电器动作正常。

2. 事件原因分析

由于发生振动时，只有 1 瓦 X 向、Y 向轴振增大，1 瓦轴承盖振，2 瓦 X 向、Y 向振动均未发生明显变化，结合 TDM 监测数据和其他轴瓦振动情况分析，1 瓦 X 向、Y 向轴振信号不符合振动规律，判定为异常信号。

导致异常信号原因为 1 瓦 Y 向轴振信号电缆分屏蔽层接地线与屏蔽层脱开，导致分屏蔽层未能接入模件 SHLD 端，致使模件 Y 向通道地线接线端子悬空，1 瓦 Y 向振动信号线接地不良，1 瓦 X 向与 1 瓦 Y 向振动信号为同一根电缆，采用 $2×3×1.0$ 分屏蔽加总屏蔽电缆，外部干扰信号无法被有效屏蔽，导致 1 瓦 X 向、Y 向轴振信号异常。

（三）事件处理与防范

由于不能排除该信号电缆受干扰导致虚假振动信号，重新敷设两根信号电缆，将 1X、1Y 由不同电缆引入。

五、电磁干扰误动润滑油压力低试验电磁阀造成压力低保护误动

（一）事件过程

2021 年 3 月 1 日 6 时 14 分，3 号机组负荷为 222MW，机炉协调运行方式，主蒸汽压力为 14.11MPa，主蒸汽温度为 536℃，采暖抽汽量为 336t/h，主油泵运行正常，润滑油压为 0.21MPa，EH 油压为 13.5MPa。

2021 年 3 月 1 日 6 时 14 分 9 秒，运行人员发现 3 号机组跳闸，ETS 首出"发电机主保护"，立即汇报值长，通知电气、热控、汽轮机专业人员到现场检查确认。

（二）事件原因检查与分析

1. 事件原因检查

（1）机组跳闸后，电气、热控、汽轮机专业人员接通知后立即到现场检查确认。

（2）电气专业检查 3 号发电机-变压器组保护 C 屏动作信号为"汽轮机联跳发电机"。

（3）热控专业通过 ETS 系统 SOE 日志查询，发现润滑油压力低 2 于"6 时 14 分 9 秒 870 毫秒"信号触发，润滑油压力低 3 于"6 时 14 分 9 秒 878 毫秒"信号触发，满足润滑油压力低三取二保护逻辑，"6 时 14 分 9 秒 883 毫秒"发出 ETS 跳闸指令，汽轮机跳闸。

（4）对汽轮机润滑油系统、EH 油系统等设备进行全面检查，润滑油、EH 油系统设备、管道无泄漏现象，查阅 DCS 历史数据，润滑油压、EH 油压无降低趋势，排除润滑供油系统故障及管道外部漏泄导致润滑油压力低保护开关动作的可能。调取现场监控录像及 DCS 操作记录，事件发生前没有相关操作及现场作业。

（5）校验 3 台润滑油压力低保护开关，定值无漂移。进行 AST 油压试验、润滑油压力低试验，试验结果均正常，检查 ETS 控制柜电源、I/O 模件、网路，无故障报警。

（6）深入排查润滑油压力低试验电磁阀控制回路、电缆屏蔽接地：

1）检查润滑油压力低 1 号、2 号、3 号试验电磁阀线圈阻值正常，ETS 机柜端测量 1 号、2 号、3 号试验电磁阀电缆对地电压分别为 15.07V AC、74.8V AC、58.4V AC，就地侧测量 1 号、2 号、3 号试验电磁阀电缆对地电压分别为 0.041V AC、70.8V AC、68.9V AC。

2）就地测量 1 号、2 号、3 号试验电磁阀电缆屏蔽接地情况，电缆屏蔽对地阻值分别为 $2.2Ω$、$282.1Ω$、$282Ω$，从而确认 2 号、3 号试验电磁阀电缆屏蔽接地不良。而排查试验电磁阀电缆路径，电缆槽盒靠近汽轮机 4 瓦，电缆在进入 DCS 电缆夹层前与动力电缆槽盒有交汇，存在干扰源。

（7）查询 SOE 动作日志，润滑油压力低压力开关动作到复位仅持续 40～57ms，润滑

油压力低1号、2号、3号试验操作互为闭锁，且无DO输出记录。

（8）测量润滑油低压试验电磁阀动作电压，当电压达111.3V AC时开始动作，124.7V AC时可靠动作。

（9）润滑油压力低试验电磁阀与压力保护开关串联布置，且无隔断门，试验电磁阀作为与回油母管的唯一隔断方式，存在电磁阀误动或内漏导致局部泄压，引起保护误动的隐患。

2. 事件原因分析

（1）直接原因：3号机组润滑油压力低2号、3号压力开关动作，满足润滑油压力低三取二保护逻辑判断条件，ETS保护动作，3号机组跳闸，是此次事件的直接原因。

（2）间接原因：3号机组润滑油压力低，2号、3号压力开关试验电磁阀控制回路电缆屏蔽接地不良且与动力电缆槽盒有交汇，导致干扰电压窜入引起试验电磁阀误动，润滑油通过试验电磁阀流至回油母管，致使润滑油压力取样管路内瞬间失压，造成压力开关动作，是造成此次事件的间接原因。

3. 暴露问题

（1）检修管理不到位。2020年5月，在3号机组C级检修中对ETS控制柜接地系统进行了检修，未对全部控制电缆屏蔽接地进行远端校核，导致润滑油压力低2号、3号试验电磁阀电缆屏蔽接地不良问题未能及时发现。

（2）隐患排查不深入。未能对照系统图纸及设备部件属性深挖设备潜在隐患，没有及时发现润滑油压力低试验电磁阀与压力开关串联且无隔断门，电磁阀误动或内漏导致局部泄压，能够引起润滑油压力开关误动的隐患。

（3）人员责任心不强，专业技术人员能力不足。专业管理人员责任心不强，该类试验电磁阀多年未出现问题，对安全生产现状盲目乐观，存在松懈、麻痹、侥幸心理，对重要检修工艺的关键点把控不到位。专业技术人员能力亟待提高，对于控制回路干扰造成的严重后果认识不足，未采取有效措施提高系统抗干扰能力，存在技术短板。

（4）技术培训管理不到位。技术培训深度不够，对系统原理掌握不透彻，未开展针对现场抗干扰技术方面的专项培训，专业人员发现问题、分析问题、解决问题的能力不能满足生产实际需求。

（三）事件处理与防范

（1）断开3号、4号机组润滑油压力低试验电磁阀控制电源，拆除DO输出板卡继电器，拆除试验电磁阀就地接线。结合机组检修，更换3号机组润滑油压低2号、3号试验电磁阀电缆，并在试验电磁阀入口管路增设手动门，确保非试验状态的系统隔绝。

（2）对热控ETS、DCS、电气二次控制柜等重要电缆屏蔽接地进行两端校核并做好记录，发现的问题及时进行处理。开展针对干扰源的专项隐患排查，重点排查控制电缆槽盒的接地并紧固，与动力电缆有交叉处的电缆槽盒增加隔离、屏蔽接地等措施。

（3）加强机组检修质量管理，以点检分析、缺陷分析、设备劣化趋势分析为技术手段，对控制系统电缆进行针对性检修，完善检修、试验作业指导书，明确控制回路抗干扰措施的检查、检修验收标准，落实检修各级人员责任，切实做好检修质量管控。

（4）加大培训力度，认真开展热控专项技术培训，详细学习系统原理，利用检修期间开展现场培训，通过师带徒、一对一的培训方式，全面提升专业人员发现问题、分析问题、解决问题的能力。

第五章

就地设备异常引发机组故障案例分析与处理

就地设备的灵敏度、准确性以及可靠性直接决定了机组运行的可控性和安全。而就地设备的环境往往不理想，容易受到各种不利因素的影响，其状态也很难全面地被监控，因此很容易因就地设备的异常而引起控制系统故障，甚至导致机组跳闸事件的发生。

本章统计了 33 起就地设备事故案例，其中执行部件故障 14 起、测量仪表及部件故障 6 起、管路故障 3 起、线缆故障 6 起和独立装置故障 4 起。这些就地设备的异常都引发了控制系统故障或机组运行故障。异常原因涵盖了设备自身故障诱发机组故障、运行对设备异常处理不当造成事故扩大、测点保护考虑不全面、就地环境突变引发设备异常等。

对这些案例进行总结和提炼，除了能提高案例本身所涉及相关设备的预控水平外，还能完善电厂对事故预案中就地设备异常后的处理措施，从而避免案例中类似情况的再次发生。

第一节　执行部件故障分析处理与防范

本节收集了因执行部件故障引起的机组故障 14 起，分别为燃气轮机 IGV 阀异常引起燃气轮机旁路阀偏差保护动作，压力传感器连杆脱开导致发电机断水保护动作，电动执行机构异常关闭引起发电机定子冷却水断水保护动作，净烟气挡板因连杆脱落关闭导致锅炉 MFT，精处理过滤器排水阀因气源管老化破裂误开导致机组停机，除氧器水位调节阀故障导致汽包水位低保护动作，AST 电磁阀因堵塞关闭不严导致机组跳闸，高压加热器水位正常、紧急疏水调节门异常导致锅炉 MFT 事件，电磁阀故障致使高压旁路阀误开导致轴位移大保护动作，一次风机气动出口挡板故障导致一次风机跳闸，燃气轮机再循环调整门故障导致锅炉给水流量低低保护动作，采暖抽汽调节阀 LVDT 固定螺母脱落导致燃气轮机分散度大保护动作，燃气管道清吹阀仪用空气控制电磁阀故障导致阀门自动关闭，循环水泵出口液控阀开信号异常导致机组跳闸。

这些案例都来自就地设备执行机构、行程开关、电磁阀等的异常，有些是执行机构本身的故障，有些与安装维护不到位或参数设置不合理相关，一些案例显示若防误动措施执行到位，本可避免保护误动，有的气动、液动执行机构也可通过优化控制回路提升其可靠性。

一、燃气轮机 IGV 阀异常引起燃气轮机旁路阀偏差保护动作

2021 年 5 月 11 日 19 时 4 分，两套机组总负荷为 410MW，并网运行，其中 3 号燃气轮机发电机负荷为 286MW，4 号汽轮机发电机负荷为 134MW，AGC 投入，冷端再热供辅

助蒸汽及厂外供热流量为 4.2t/h。

（一）事件过程

19 时 5 分，AGC 指令升负荷至 448MW，两套机组开始升负荷。

19 时 6 分 23 秒，两套机组燃气轮机本体旁路阀指令反馈偏差大预警"GT COMBUS-TOR BYPASSVALVE SERVO MODULE DEVI PRE-ALARM（燃气轮机旁路伺服模块偏差大预报警）"。5s 后报"GT BYPASS CS DEVI（燃气轮机旁路阀偏差保护）"报警，两套机组 3 号燃气轮机跳闸，联跳 3 号燃气轮机发电机、2 号余热锅炉、4 号汽轮机、4 号汽轮机发电机。经检查排除控制系统模件原因，确定为燃烧室旁路阀卡涩导致。经提高压旁路路阀控制油压，反复开关燃烧室旁路阀后，卡涩故障消除。报电力调度中心同意，22 时 55 分 3 号燃气轮机启动。

23 时 27 分，3 号燃气轮机发电机并网，带负荷至 8MW。

23 时 28 分，3 号燃气轮机 IGV 反馈异常超限，查 IGV 挡板没有打开。

5 月 12 日 0 时 10 分，向调度申请停机消缺；0 时 12 分，3 号燃气轮机发停机指令，机组停运；经排查，怀疑是 IGV 控制电缆干扰，重新敷设 IGV 控制模件临时电缆。

5 时 1 分，3 号燃气轮机发启动令；5 时 36 分，3 号燃气轮机发电机并网。6 时 12 分，汽轮机开始冲转；6 时 30 分，汽轮机发电机并网，两套机组恢复运行。

（二）事件原因检查与分析

1. 事件原因检查

11 日上午两套机组出现燃气轮机本体旁路阀指令反馈偏差大预警"GT COMBUS-TOR BYPASSVALVE SERVO MODULE DEVI PRE-ALARM（燃烧室旁路伺服模块偏差大预报警）"。运行、检修人员第一时间到现场检查，同时报生产技术部，与生技部协商进行现场处理，将现场的实际情况反馈到厂家请求技术支持（厂家未能给出明确的答案），同时汇报给公司领导。

旁路控制阀配置双伺服阀模件、双伺服阀模块为备用，模件、模块均为原厂配套设备，确保单路故障时安全运行。11 日 19 时 4 分，跳机首出为"旁路阀指令、反馈偏差大保护动作"。查看当时历史曲线指令、反馈偏差明显大于 5% 且跟随缓慢。

检查模件状态显示无异常，就地检查旁路阀门全开状态。通过单模件分别传动阀门，排除控制逻辑参数及模件原因。发现旁路控制阀 18% 以下动作缓慢，就地机械阀杆有明显摩擦痕迹，确认机械阀杆卡涩原因导致保护动作跳机。

组织主机厂家共同研究讨论后，将旁路阀控制油压由 9.658MPa 提高到 11MPa，反复开关多次燃烧室旁路阀后动作正常。

2 号燃气轮机在 4 月 1 日启动前检查 IGV 阀的模件和控制回路均正常，在燃气轮机启动运行后两天左右的时间出现 IGV 阀反馈偏差报警，现场检查为控制 B 模件坏。

5 月 11 日，燃气轮机跳机后再次检查 IGV 阀控制回路，发现线路接地电阻较小，当时 IGV 的 A 卡为主控卡，检查线路和模件均正常。5 月 11 日，燃气轮机重新点火后 IGV 阀再次出现报警现象，检查发现 A 卡不在正常工作状态，即停机处理，检查模件再次变好。根据现象分析 IGV 阀模件故障极有可能是因为干扰导致。热控专业临时敷设一根电缆至 IGV 阀 B 卡。电缆敷设接好后 IGV 阀 B 卡恢复正常，由此证明模件不正常是受到干扰导致。由于当时急着开机，A 卡没有来得及敷设电缆。目前二套燃气轮机 IGV 阀 A 模件仍受干扰影响，存在跳变导致误报警，控制模件已切换至 B 卡，IGV 阀的保护已退出，若 IGV 阀再次出现报警，运行人员应先观察负荷曲线，然后考虑申请退出 AGC，维持负荷不变，并通知热控专业换卡。目前的状态，如出现 IGV 阀报警，只要保持负荷不进行短时间内大幅度调整，机组能够安全运行。

2. 事件原因分析

（1）跳机事件：首出信号"GT BYPASS CS DEVI（燃烧室旁路阀偏差保护）"。两套燃气轮机在应 AGC 指令加负荷过程中，燃气轮机本体旁路阀随着 IGV 开大应关小，由于在 18% 及以下区域时关闭速度较慢，导致指令与反馈偏差超过 5%，触发燃气轮机主保护动作，造成机组解列。

（2）IGV 阀故障事件：IGV 阀控制器模件电缆与其他电缆混一起敷设，控制电缆受到干扰，导致模件工作不正常，IGV 无法正常调节。

3. 暴露问题

（1）维护问题：燃气轮机旁路阀长时间运行后阀杆存在摩擦现象。

（2）安装问题：3 号燃气轮机 IGV 控制电缆与其他电缆混合敷设，造成控制电缆受到干扰。

（3）技术管理问题：运维部发现燃气轮机报警信号后没能及时组织分析并采取有效的反事故措施，生产技术部对现场缺陷管理不够重视，未能做到每日深入现场了解设备运行状况，缺陷管理不到位，未及时发现现场重大缺陷或故障情况；热控专业组对 3 号燃气轮机 IGV 模件故障的分析不彻底，未能及时更换模件控制电缆，消除故障隐患。

（4）思想重视程度不够。运维班组发现重要设备报警信号未及时通知相关部门及领导，且未对重要设备故障采取事故预想及防范措施。

（三）事件处理与防范

（1）目前，两套机组燃气轮机 TCS 仍在报故障"GT IGV POSITION-1 RANGE O-VER"（燃气轮机进气导叶位置超量程），原因是 IGV 主选的测量模件 1（未更换电缆）异常，无法正常工作，已自动切至备用测量模件 2 工作，并将"IGV 故障联跳燃气轮机"功能予以切除。

（2）运行人员要经常在 TCS 上逻辑信号中查看 IGV 阀及旁路阀相关逻辑，熟悉 IGV 阀及旁路阀相关的报警、跳机保护动作条件、保护动作延迟时间。加强 IGV 阀及旁路阀油动机巡检，防止出现 IGV 阀及旁路阀控制油泄漏导致阀门动作异常。升降负荷过程中密切监视 IGV 阀及旁路阀动作情况，若未正常打开或出现报警，立即汇报调度、公司领导申请退出 AGC（紧急情况下可先退出后汇报），根据 BPT（叶片通道温度）或透平排气温度情况手动降低负荷，防止燃气轮机排气超温运行缩短使用寿命或燃烧室压力波动大等保护动作跳闸。

（3）运行人员要做好燃气轮机保护动作机组跳闸的事故预想，确保发生事故后能够快速、准确地进行处理。

（4）联系汽轮机厂家，研究是否将控制油泵的出口压力调至 11MPa；联系厂家进行燃烧精调，提高燃气轮机燃烧稳定性。

（5）运行人员在停机时，在不同的温度区间进行阀门活动实验，判断各温度区间，动静部分的膨胀情况是否影响阀门的正常动作；检修人员彻底处理 IGV 阀模件工作异常的缺陷。

（6）做好设备定期工作。机组启机前，运维部对燃气轮机旁路阀、IGV 阀进行全面检查，开展阀门传动试验工作，验证其活动灵活性和反馈跟随情况。

二、压力传感器连杆脱开导致发电机断水保护动作

某电厂1号机组锅炉采用哈尔滨锅炉厂有限责任公司与日本三菱公司联合设计制造的超超临界变压运行、带中间混合集箱垂直管圈水冷壁、中间一次再热、单炉膛八角双切圆燃烧、平衡通风、固态排渣、全钢悬吊结构Π形、露天布置直流锅炉，型号为 HG-2980/26.15-YM2。1号机组汽轮机为哈尔滨汽轮机有限责任公司和日本东芝公司联合设计制造的超超临界、单轴、中间一次再热、四缸四排汽、凝汽式汽轮机，型号为 CLN1000-25.0/600/600。1号机组发电机为哈尔滨电机有限责任公司制造的水-氢-氢冷却、静态励磁汽轮发电机，采用机端自并励静态励磁。

发电机定子冷却水系统配置2台定子冷却水泵（一用一备）、1台定子冷却水压力调节阀、1台定子冷却水温度调节阀，两台调节阀皆由气动基地式调节装置控制。在压力调节阀后设置有3台压力变送器，经过三取二后触发发电机断水保护，具体保护逻辑为当负荷高于750MW且定子冷却水压力低于0.283MPa延时60s或当负荷高于250MW低于750MW且定子冷却水压力低于0.283MPa延时180s时，触发定子冷却水断水保护跳闸发电机。

（一）事件过程

2020年11月19日14时23分，1号机组负荷为662MW，1A、1B、1D、1E磨煤机运行，1号机组定子冷却水压力骤降，备用泵联启后压力无变化。

14时26分，1号发电机跳闸，汽轮机跳闸，锅炉MFT，1号机组跳闸。

（二）事件原因检查与分析

1. 事件原因检查

检查历史趋势发现：14时23分18秒，1号机组负荷为662.43MW，发电机定子冷却水压力1、2、3分别由0.375MPa突降为0.244MPa左右；13时23分48秒，定子冷却水B泵联启成功，但压力无变化；16时26分23秒，定子冷却水断水保护触发，机组跳闸。

就地检查1号机定子冷却水压力调节阀，发现阀门实际已经全关。

就地检查基地式仪表柜压力控制装置，发现实际压力指针指示满量程，进一步开盖检查后发现内部压力传感器连杆连接卡座处铜片崩裂，连杆脱开。

2. 事件原因分析

（1）直接原因：1号机发电机定子冷却水压力调节阀控制装置压力传感器连杆连接卡座处铜片崩裂，连杆脱开，导致调节阀全关，定子冷却水压力骤然下降，触发定子冷却水断水保护，最终引起机组跳闸。

（2）间接原因：压力传感器质量差，加上机组正常运行时，由于定子冷却水压力存在轻微波动，导致指针带动压力传感器连杆一直处于晃动状态，连杆卡座铜片由于长时间疲劳应力作用而崩裂，连杆脱开后指针在惯性作用下甩至满量程位置，超过压力设定值，使定子冷却水压力调节阀全关，引起机组跳闸。

3. 暴露问题

（1）历史检修情况。

1）检修人员和专业技术人员水平不高，对设备工作原理不清晰，对可能出现的问题及薄弱环节不了解。

2）精细化管理不到位，机组历次检修仅将定子冷却水压力调节正常作为评判设备正常运行的标准，未对设备内部重要关键零部件进行细致检查。

（2）技术监督情况。

1）防热控保护误动工作落实不到位，隐患排查不全面、不细致。对该基地式压力控制装置重要性认识不足，设备隐患排查存在死角，监督检查工作存在缺项。

2）热控维护人员思维存在局限性，对设备结构了解不够深入和精细，仅对测点及保护进行校验和传动，对涉及主保护的单一设备，未能辨识其存在的风险。

3）责任制落实不到位，点检对管辖内设备性能原理掌握不透彻，关键设备风险辨识不全面；专业主管对点检培训及监督缺失，技术管理存在漏洞；部门组织隐患排查存在死角。

（三）事件处理与防范

（1）提高防非停思想认识，完善防非停专项措施，强化防非停措施落实。对一、二期机组所有重要系统单一设置的装置或设备进行逐个梳理、深度剖析，找出薄弱环节，落实整改。

（2）将1号机发电机定子冷却水压力基地式调节装置压力传感器与卡座铜片备用连接口连接，并根据实际压力重新调整装置指针显示。

（3）在1号机发电机定子冷却水压力调节阀本体处增加阀位限制挡块，确保在控制装置发生故障时阀门保持一定开度。

（4）举一反三对2号机发电机定子冷却水压力基地式调节装置压力传感器连杆进行检查确认，并在阀门本体加限位块。

（5）举一反三对1号、2号机发电机定子冷却水温度基地式调节装置温度传感器连杆进行检查确认。

（6）策划对发电机定子冷却水系统调节阀进行换型改造。

（7）加强专业人员针对性培训，深入学习掌握重要设备结构原理及运行性能，打破各专业之间人员思维局限性，提高专业间协同排查隐患能力。

三、电动执行机构异常关闭引起发电机定子冷却水断水保护动作

某电厂装机为 2×600MW 超临界燃煤汽轮发电机组，三大主机均使用东方电气集团设备。其中锅炉型号为 DG2030/25.4-Ⅱ9，汽轮机型号为 NZK600-24.2/566/566，发电机型号为 QFSN-600-2-22F。两台机组分别于 2012 年 4 月、9 月通过 168h 试验投产运营。

2019 年 11 月机组 B 修，检修时间 35 天，12 月 15 日报竣工或报备。

（一）事件过程

2021 年 5 月 13 日 9 时 28 分，2 号机组负荷为 450MW；9 时 28 分 21 秒，定子冷却水压力调节阀反馈由 37.5% 开始下降；9 时 28 分 36 秒，反馈降为 0%，定子冷却水入口压力由 0.33MPa 降为 0.08MPa，定子冷却水流量由 110.1t/h 降为 3.7t/h；9 时 28 分 32 秒，定子冷却水断水保护开关三取二动作，延时 30s；9 时 29 分 2 秒，机组跳闸。

9 时 36 分 56 秒，运行人员到就地手动打开定子冷却水压力调节阀，开度为 34.7%，定子冷却水压力和定子冷却水流量恢复正常。

9 时 44 分 3 秒，定子冷却水压力调节阀再次自动关闭，开度由 34.7% 降为 0.5%；9 时 45 分 20 秒，运行人员就地手动逐步打开调节阀，开度分别开到 10%、19%、37.5%。

9时45分20秒，为防止定子冷却水压力调节阀误动，对该电动执行器进行停电。

（二）事件原因检查与分析

1. 事件原因检查

检查情况：调取 DCS 历史曲线、报警检索等历史信息，确定机组跳闸首出为定子冷却水压力调节阀自动关闭，导致发电机定子冷却水断水保护动作跳机。

（1）检查定子冷却水压力调节阀电动执行机构及其控制回路，其 380V 动力电源与控制信号电缆接线正确，端子排接线柱接线紧固且电缆无中间接头。使用 500V 绝缘电阻表分别测量电动执行机构的动力电缆和控制信号电缆对地绝缘和相间绝缘，均正常。

（2）检查某电厂 DCS 模件故障判断逻辑：DCS 中每块模件都有一状态点，当模件发生故障时状态点跳变，报警逻辑通过 RS 触发器接收跳变信号并汇总，触发光字报警。

（3）查阅 DCS 模件报警历史记录，故障发生时刻 DCS 模件无故障报警。将模件拆下后检测 AO 输出，4～20mA 指令输出信号检测正常。检查定子冷却水压力调节阀电动执行器指令与反馈信号传输正常。同时联系 DCS 厂家技术专家，分析确定模件运行正常。根据以上检查分析，排除模件故障因素。

（4）根据该定子冷却水压力调节阀电动执行器在 9 时 28 分 21 秒与 9 时 44 分 3 秒连续 2 次出现无故关闭的现象，判断本次事件为定子冷却水压力调节阀电动执行器故障（注：该电动执行器品牌为 EMG，型号为 TM4.0115，生产日期为 2009 年）。

2. 事件原因分析

（1）直接原因：在机组运行过程中，定子冷却水压力调节阀电动执行器因故障，突然关闭，"定子冷却水流量低于 63t/h"触发冷却水断水保护动作，导致发电机-变压器组 C 柜出口发电机跳闸。

（2）间接原因：电动执行器长周期带电运行，且运行环境较为恶劣，检修人员未能对机组重要系统中长周期使用的电动执行器进行寿命评估，未及时发现电动执行器电子元器件可靠性下降的设备隐患，是机组跳闸的间接原因。

3. 暴露问题

本次非停事件暴露出某电厂在安全生产责任落实、设备管理、检修维护、专业技术管理等方面存在薄弱环节，控非停工作未有效开展，隐患排查不深入、不彻底。

（1）对安全生产极端重要性认识不足，各级管理人员安全生产责任制落实不到位。生产领导未严格组织贯彻落实集团公司控非停工作通知、制度，缺乏对安全生产规章制度的敬畏之心，日常安全生产管理工作存在漏洞。

（2）控非停专项治理行动未有效开展，控非停措施落实不严格。对集团公司控非停"三个专项措施"中《火电机组电气热控保护专项治理措施》落实不彻底，热控保护控非停排查工作流于形式，检修工作策划不全面。对长周期运行的电动执行器，没有在机组历次检修的过程中解体检查，未全覆盖，没能及时发现部分元器件可靠性下降的问题，检修维护不到位。

（3）隐患排查深度不够，各级管理人员对隐患排查重视程度不够，生产领导未亲自督办，工作落实不力，隐患排查工作不深入；在历次的隐患排查工作中，均未对热控设备进行寿命评估，未充分吸取热控电子元器件老化造成机组停运的事故教训。

（4）电动调节执行器的就地/远方位置信号、执行器故障信号未接入 DCS 监控系统，对运行人员第一时间判断故障原因确定故障位置造成影响。

（5）热控维护人员技术水平有待提高，对此类型电动执行器结构不了解，发生故障时不能有力组织故障分析。

（三）事件处理与防范

公司高度重视此事件，要求各部门深刻吸取事件教训，举一反三，认真反思，深入查找机组存在的问题，重点做好以下工作：

（1）深入开展热控设备可靠性专项排查工作，提高对隐患排查工作的重视程度，进一步查找安全隐患，细化隐患排查表，利用机组停运机会抓好隐患排查表工作落实。认真开展设备寿命评估，根据设备重要程度、使用年限、现场工作环境、动作频次等因素，评估设备寿命，对评估可靠性下降的设备列入检修计划或逐步更换。

（2）开展热控控制信号专项排查工作，对重要设备应接入 DCS 监控系统而未接入的信号进行重点检查。特别要将重要电动调节门的远方/就地信号、阀门故障信号引入 DCS 监控系统，并增加历史趋势，以便于运行人员加强监视，对故障做出正确判断。

（3）加强技术培训，提高人员技术水平，掌握本厂各类型执行器内部结构、工作原理，发生故障时，能够及时、快速消除。

（4）利用机组检修的机会对各类执行器进行"三断"保护试验，确保所有执行机构在"三断"条件下能够保位或按照预设的方向动作，确保不发生执行器误动故障。

（5）研究对定子冷却水压力调节门增设机械限位，在保证设备正常调节前提下，确保调节门在最小开度下依然有足够的冷却水流量。

四、净烟气挡板因连杆脱落关闭导致锅炉 MFT

某煤电一体化项目锅炉为哈尔滨锅炉厂制造的 HG-2070/17.5-YM9 型锅炉，亚临界参数、控制循环、四角切向燃烧方式、一次中间再热、单炉膛平衡通风、固态排渣、紧身封闭、全钢构架的 Π 形汽包炉。2018 年 9 月 15 日，开始 A 级检修；2018 年 11 月 21 日报备，此次非计划停运前连续运行时间为 538 天。

（一）事件过程

2020 年 5 月 12 日，某电厂 1 号、3 号、4 号机组正常运行，2 号机组 A 级检修。15 时 39 分，1 号机组负荷为 583MW，A、B、C、D、E 磨煤机运行，A、B 引风机运行，A 引风机运行电流为 292A，B 引风机运行电流为 294A，炉膛压力为 −56Pa，500kV 升压站正常方式运行，各参数正常。

15 时 39 分 15 秒，1 号炉炉膛压力异常升高。

15 时 39 分 20 秒，1 号炉 MFT 动作，首出原因为"炉膛压力高高"。

15 时 39 秒 21 秒，1 号汽轮机跳闸。

（二）事件原因检查与分析

1. 事件原因检查

检查发现 1 号炉脱硫吸收塔净烟气出口挡板执行机构连杆脱开，净烟气出口挡板关闭。

2. 事件原因分析

（1）直接原因：1 号炉脱硫净烟气出口挡板与执行机构连杆开口销断裂，连接轴脱开，净烟气出口挡板在烟气力作用下关闭，导致炉膛压力高高保护动作，锅炉 MFT，1 号机组跳闸。

（2）间接原因：巡检时对执行机构连杆连接件检查不到位，全厂执行机构连杆台账梳理不全面。

3. 暴露问题

（1）运行、检修人员日常巡查不认真，不到位，未及时发现1号炉净烟气出口挡板执行机构连杆开口销脱落隐患。

（2）全厂执行机构连杆台账梳理不全面。脱硫"引增合一"改造后，该挡板只作为检修挡板使用，放松了该挡板的日常管理。未将挡板执行机构连接件纳入日常巡回检查内容，未纳入台账管理，对执行机构连杆连接件检查不到位。

（3）隐患排查不到位，未能及时排查出1号炉脱硫净烟气出口挡板与执行机构连杆开口销存在断裂隐患。

（4）技术标准不完善，未针对重要辅机关键部位紧固件制定专门的日常巡检标准、检修标准、质量验收标准，技术管理存在死角和盲区。

（三）事件处理与防范

为深刻汲取本次非停事故教训，从日常管理、隐患排查、采取防非停技术措施等方面制定管控措施如下：

（1）提高巡检维护频次与质量。加强设备日常巡回检查、维护和异常分析工作，增加对主设备、重要辅助设备、升压站、继电保护、安全自动装置、控制系统和重要阀门挡板等设备诊断检查次数，提高检查质量。

（2）认真开展设备消缺。检修维护人员要24h值班，保证检修人员力量充足。提高设备消缺的及时性和主动性，严把设备消缺和质量验收关，确保"小缺陷不过班，大缺陷不过夜"，主辅设备工况良好，防止设备带病运行。

（3）完善挡板执行机构台账，制定挡板执行机构连接件紧固检查标准，检修、运行人员进行重点检查。

（4）对其余3台机组挡板门连杆销进行检查紧固，对可能造成挡板门连杆脱开其他因素进行排查。

五、精处理过滤器排水阀因气源管老化破裂误开导致机组停机

某厂汽轮机为哈尔滨汽轮机有限责任公司制造的亚临界、一次中间再热、四缸四排汽、直接空冷凝汽式汽轮机，型号为NZK 600-16.7/538/538。汽轮机凝结水系统采用2台凝结水泵给除氧器上水，凝结水泵采用变频器"一拖二"的运行方式。机组在运行中凝结水泵采用变频运行。变频泵掉闸后，备用泵以工频方式联启。凝结水精处理系统粉末树脂覆盖过滤器在锅炉凝结水循环回路上。每套系统有3台过滤器，单台过滤器设计能力是总流量的50%。3台过滤器中的两台在线过滤，第三台备用。2021年4月29日报备，2021年5月8日并网运行，5月16日手动MFT，汽轮机跳闸。

（一）事件过程

2021年5月16日12时0分，7号机组负荷为300MW，除氧器水位为2362mm，汽包水位为−50mm，A、B给水泵运行，C给水泵检修，给水流量为923t/h；凝结水箱水位为2270mm，A凝结水泵变频方式运行，电流为20A；B凝结水泵工频备用。凝结水系统压

力为 1.2MPa，流量为 698t/h，凝结水系统精处理 B、C 过滤器投运，A 过滤器备用。机组各参数正常。

12 时 6 分，7 号机组凝结水流量、压力分别由 698t/h、1.2MPa 突降至零，B 凝结水泵工频联启，凝结水箱水位、除氧器水位快速下降，运行人员立即手动停运 B 凝结水泵，快速降低机组负荷，同时开启 A、B 凝结水补水泵，锅炉上水泵，对凝结水箱进行补水。12 时 8 分，凝结水箱水位低至 600mm，水位低保护动作，A 凝结水泵跳闸（保护定值：600mm）。

12 时 10 分，就地检查发现 7 号机组精处理 2 号过滤器底部气动排水阀处有水外泄，精处理废水泵坑满水、汽轮机零米地面大量积水，运行人员立即手动开启凝结水泵负米 A、B 排水泵及防洪泵。

12 时 13 分，凝结水箱水位补至 1790mm，开启 B 凝结水泵，发现凝结水出口母管压力、流量仍为零，凝结水箱水位快速下降；12 时 16 分，凝结水箱水位降至 600mm，水位低保护动作，B 凝结水泵跳闸。

12 时 17 分 30 秒，机组负荷为 195MW，除氧器水位下降至 1080mm，除氧器水位、凝结水箱水位无法维持，运行人员手动 MFT，汽轮机跳闸，发电机-变压器组解列。

（二）事件原因检查与分析

1. 事件原因检查

机组停运后，检查精处理 2 号过滤器排水阀系统，如图 5-1 所示，发现 7 号机凝结水精处理 2 号过滤器底部气动排水阀 PU 塑料气源管破裂，气压降低后造成该气动排水阀自动打开，进而造成大量凝结水外泄。

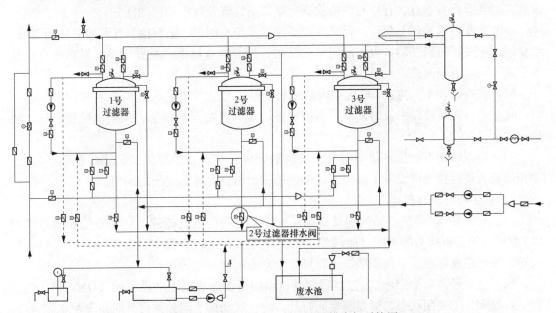

图 5-1 7 号机精处理 2 号过滤器排水阀系统图

13 时 33 分，化学检修将精处理 2 号过滤器底部气动排水阀 PU 塑料气源管更换后，并操作气动排水阀开、关正常。

2. 事件原因分析

（1）直接原因：7号机凝结水精处理2号过滤器底部气动排水阀控制气源失压，造成该气动阀误开，进而凝结水大量外泄，导致凝结水箱水位及除氧器水位快速下降，机组被迫紧急停运。

（2）间接原因：7号机凝结水精处理2号过滤器底部气动排水阀、控制气源管（PU塑料）老化破裂。

事件的上述原因，反映了设备管理和隐患排查不到位。2017年9月A修及之前，历次A修中7号机组精处理过滤器排水阀控制气源管均全部进行更换，但2021年4月C修未对已经使用4年的过滤器排水阀控制气源管进行细致的排查及更换。

3. 暴露问题

（1）隐患排查不深入：化学车间日常隐患排查未能发现气源管老化能造成气动阀门状态改变、精处理异常运行的隐患。针对集团公司某电厂2019年12月因精处理阀门异常导致机组非停事件，生产技术部于2020年2月组织化学车间对精处理出入口电动阀、电动及气动阀门执行器等部件进行排查，未发现精处理气动排水阀误开的系统隐患。暴露出设备、系统隐患排查不到位、不深入的问题。

（2）生产操作管理存在缺失：主控CRT画面中无精处理设备监视画面，凝结水系统发生问题时，给主控运行人员分析判断带来困难，管理权限冲突，暴露出生产操作管理缺失的问题。

（3）检修管理不到位：2017年9月7号机组A级检修中将精处理过滤器排水阀控制气源管全部更换，2021年4月7号机组C级检修计划及实施过程中，未安排对过滤器气动排水阀控制气源管有重点、有针对性的检查，暴露出检修管理不到位的问题。

（4）专业技术管理不到位：化学专业对过滤器排水阀PU塑料控制气源管的使用寿命、老化问题未进行辨识评估，也未制定对该材质管件的检查标准及检查周期，暴露出专业技术管理不到位的问题。

（5）监视处理不到位：7号机组凝结水精处理2号过滤器底部气动排水阀因失压全开时，化学运行人员监盘未及时发现，将精处理切至大旁路运行，暴露出监视处理工作不到位的问题。

（6）培训管理不到位：化学运行人员对精处理系统设备热控保护、急停逻辑不清楚，主控运行人员对精处理设备了解得不详细，暴露出培训管理不到位的问题。

（三）事件处理与防范

（1）对7号、8号机组精处理反洗排水阀等关键阀门进行疏理，在设备停备时将阀门PU塑料气源管更换为不锈钢材质硬管；对其他非关键阀门使用PU塑料气源管及快接接头等，明确检查标准及更换周期，进行日常全寿命周期规范管理。

（2）在7号、8号机组覆盖过滤器气动排水阀后增加一道手动排水阀（DN350），过滤器运行期间处于关闭状态，铺爆膜期间打开，防止气动排水阀异常打开时系统跑水。

（3）优化热控逻辑保护，当精处理系统出现故障时及时全开精处理大系统旁路、关闭精处理出入口总电动门，退出精处理过滤器、混床运行。

（4）在主控CRT画面中增加精处理设备CRT监控画面，在精处理系统设备发生异常情况时，主控人员也能及时发现。

（5）全面梳理集团公司近年来精处理阀门异常导致机组非停事件，组织主控、化学相关人员进行学习，并对不安全事件防范措施落实情况进行全面检查。

（6）在精处理系统处增加高清晰视频监控摄像头，并将实时监控画面引接至化学精处理值班室内，排水阀发生异常跑水时，便于值班人员能够及时从监控画面中发现，迅速采取措施。

（7）由生产技术部和运行管理部牵头，组织对主控运行人员，化学运、检人员进行精处理系统设备的专业技术知识讲课，提高运、检人员的操作技能及业务水平。

六、除氧器水位调节阀故障导致汽包水位低保护动作

某公司 2 号机组投运时间为 1988 年 12 月。2 号汽轮机为上海汽轮机厂制造的 N315-16.67/537/537 型亚临界中间再热冷凝汽式汽轮机，2 号锅炉为上海锅炉厂制造的 SG1025.7/18.3-M840 型亚临界、一次中间再热、单炉膛、固态排渣、全钢架悬吊结构、控制循环汽包炉。

2021 年 10 月 12 日开始 C 级检修，检修主要内容是锅炉受热面防磨治理、汽轮机切缸供热改造、空气预热器检修等。2021 年 11 月 15 日报备。

（一）事件过程

2021 年 11 月 22 日 2 时 37 分 39 秒，2 号机组负荷为 158.8MW，主蒸汽压力为 13.5MPa，主蒸汽流量为 478t/h，汽包水位为 35mm，2A、2B、2C 制粉运行，总煤量为 78t/h，给水流量为 460t/h，凝结水流量为 439t/h，凝结水泵出口母管压力为 1.15MPa，除氧器水位为 795mm，凝结水泵 A 变频自动控制运行，指令为 33Hz，除氧器水位调节阀 A、B 均手动控制，A 阀开度为 61%，B 阀开度为 0%，汽包水位控制投"自动"运行。

2 时 39 分 53 秒，凝结水流量、除氧器水位开始缓慢下降，凝结水泵出口母管压力缓慢增加，凝结水泵变频自动调节指令增加。

2 时 44 分 39 秒，除氧器水位降至 735mm，凝结水泵出口母管压力升高至 2.37MPa，凝结水泵变频指令升高至 45Hz，凝结水流量升高至 703t/h，此时除氧器水位回升，凝结水泵变频指令回调，凝结水流量、母管压力下降。

2 时 47 分 53 秒，除氧器水位升至 873mm 后开始下降，凝结水泵变频指令再次升高，此时凝结水流量持续下降、出口母管压力持续升高。

2 时 51 分 23 秒，凝结水泵出口母管压力升至 3.0MPa，变频指令增加到 50Hz，凝结水流量下降到 260t/h，"凝结水流量低"声光报警发出。2 号机监盘人员发现"凝结水流量低"报警，立即翻看 2 号机"凝结水系统"画面，发现凝结水流量在 260t/h 左右，凝结水母管压力为 3.0MPa，除氧器水位为 712mm，通过对比机组负荷（158.8MW），检查调节阀指令、反馈及系统阀门状态无变化，误认为报警为凝水流量短时波动引起，监盘人员未引起重视。

2 时 57 分 2 秒，2 号机"除氧器水位低"光字牌报警（定值≤350mm），监盘人员检查除氧器事故疏水阀在关闭状态，检查 3 台高压加热器事故疏水调节阀在关位，未发现其他影响除氧器水位的异常阀门。

2 时 58 分 46 秒，凝结水流量低至 200t/h，"除氧器水位低低"（≤200mm）光字牌报

警，汽动给水泵前置泵跳闸，汽包水位突降。

2时59分14秒，汽包水位低（≤−90mm）光字牌报警。

3时0分6秒，汽包水位低（≤−381mm 三取二）跳闸，锅炉 MFT。事故过程曲线见图5-2。

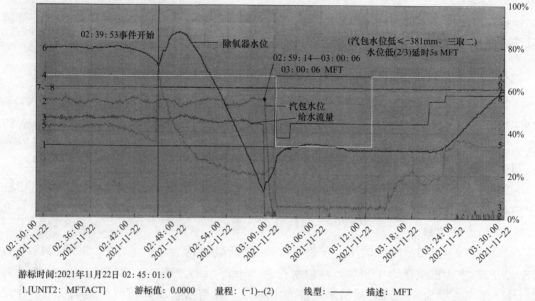

游标时间：2021年11月22日 02：45：01：0

1.[UNIT2：MFTACT]	游标值：0.0000	量程：(−1)--(2)	线型：——	描述：MFT
2.[UNIT2：T0800101]	游标值：40.954	量程：(−400)--(400)	线型：——	描述：汽包水位选择后
3.[UNIT2：T0800301]	游标值：459.66	量程：(0)--(1000)	线型：——	描述：选择后给水流量
4.[UNIT2：FT25]	游标值：1.2979	量程：(0)--(1000)	线型：——	描述：凝结水泵出口压力
5.[UNIT2：FT233_1]	游标值：703.86	量程：(0)--(1000)	线型：——	描述：凝结水流量
6.[UNIT2：LT2311]	游标值：711.33	量程：(0)--(1000)	线型：——	描述：除氧器水位
7.[UNIT2：LCV234]	游标值：60.653	量程：(0)--(100)	线型：——	描述：除氧器水位A控制调阀反馈
8.[UNIT2：DEAAZL]	游标值：61.000	量程：(0)--(100)	线型：——	描述：除氧器水位A控制调阀指令

图5-2　事故过程曲线

（二）事件原因检查与分析

1. 事件原因检查

（1）事件后，检查除氧器水位控制曲线，见图5-3。针对除氧器水位低低保护动作原因，分析认为是现场原因引起。

经现场检查，除氧器水位调节阀 A 阀为 MOSONEILAN 气动执行器，该类型执行器反馈连杆未设计机械防脱装置，如图5-4所示。检查 DCS 显示除氧器水位调节阀 A 阀开度反馈 61.14%，就地检查阀门实际在全关位置。发现安装在阀杆上的固定螺母松动，导致与定位器连接的反馈连杆脱开。经紧固阀杆螺母，重新调整反馈连杆并加装防脱装置后，试验功能正常。

（2）除氧器水位调节阀运行方式在变频改造前，A、B 调节阀均投自动方式，通过调节阀开大关小进行除氧器水位调节；变频改造后改为两阀全开投手动，通过变频器改变凝结水泵转速进行凝水流量调节。机组本次异常前，因3号炉炉水循环泵注水水源为2号机凝结水，为保证3号炉炉水循环泵注水压力正常，21日19时48分因2号机组负荷低，凝结水压力低，将 B 调节阀关至 0％开度后仍不能满足需要，后将 A 调节阀逐渐关至 61％开度，检查 3 号炉炉水循环泵注水压力正常。

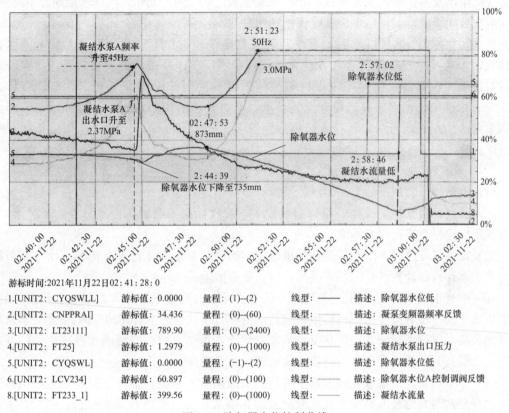

图 5-3　除氧器水位控制曲线

游标时间:2021年11月22日02：41：28：0

1.[UNIT2: CYQSWLL]	游标值: 0.0000	量程: (1)--(2)	线型: ——	描述: 除氧器水位低
2.[UNIT2: CNPPRAI]	游标值: 34.436	量程: (0)--(60)	线型: ······	描述: 凝泵变频器频率反馈
3.[UNIT2: LT23111]	游标值: 789.90	量程: (0)--(2400)	线型: ——	描述: 除氧器水位
4.[UNIT2: FT25]	游标值: 1.2979	量程: (0)--(1000)	线型: ——	描述: 凝结水泵出口压力
5.[UNIT2: CYQSWL]	游标值: 0.0000	量程: (-1)--(2)	线型: ——	描述: 除氧器水位低
6.[UNIT2: LCV234]	游标值: 60.897	量程: (0)--(100)	线型: ——	描述: 除氧器水位A控制调阀反馈
8.[UNIT2: FT233_1]	游标值: 399.56	量程: (0)--(1000)	线型: ——	描述: 凝结水流量

（3）运行人员未对凝结水流量、除氧器水位等参数异常变化作出正确判断。自 2 时 39 分 53 秒开始，凝结水流量、除氧器水位缓慢下降，凝结水泵出口母管压力缓慢增加。2 时 51 分 23 秒，凝结水流量为 260t/h，"凝结水流量低"光字牌报警；2 时 57 分 2 秒，2 号机"除氧器水位低"光字牌报警；2 时 58 分 46 秒，"除氧器水位低低"（≤200mm）光字牌报警，汽动给水泵前置泵跳闸，闭锁电动给水泵自启；3 时 0 分 6 秒，机组跳闸。期间监盘人员仅对除氧器调节阀指令和反馈、除氧器及高压加热器事故疏水调节阀等阀门状态进行检查，未及时采取开大除氧器水位主调节阀增加凝水流量的措施维持除氧器水位。

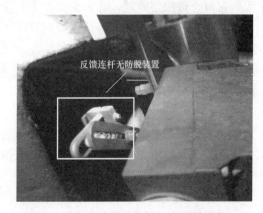

图 5-4　除氧器水位调节阀 A 阀反馈连杆

2. 事件原因分析

（1）直接原因：2 号机除氧器水位调节阀 A 阀阀杆固定螺母松动，造成反馈连杆与定位器脱开，调节阀开度反馈保持不变，且此时调节阀开度反馈高于DCS指令，造成调节阀缓慢关闭，从而引起凝结水流量逐渐降低；运行人员未对凝结水流量、除氧器水位等参数异常变化作出及时正确判断并处理，导致除氧器水位低低保护动作，汽结水泵前置泵跳闸，电动给水泵闭锁启动，汽包水位低低保护动作跳闸。

（2）间接原因：2号机除氧器水位调节阀检修管理工作不到位，检修人员上岗巡查不认真，未能及时发现除氧器A水位调节阀执行器反馈连杆松动的设备隐患；技术管理人员对该类型执行器反馈连杆未设计机械防脱装置的安全隐患缺乏认识，检修项目设置、验收标准未明确固定螺母检查工艺要求，隐患排查治理不够深入。另外，调节阀由两阀全开改为单阀运行后，运行人员事故预想不充分，出现异常情况未能作出正确判断并及时处理。

3. 暴露问题

（1）设备检修管理不到位，对该类型执行器反馈连杆未设计机械防脱装置的隐患缺乏认识，未开展针对性培训工作，检修项目设置、验收标准未明确固定螺母检查工艺要求，没有利用检修机会进行检查整改。

（2）设备日常巡检不全面，现场隐患排查不彻底，未能及时发现除氧器A水位调节阀执行器反馈连杆松动的设备隐患，并采取有效防范措施。

（3）运行规程执行不严格。监盘人员对于"凝结水流量低"异常参数重视程度不够，采取措施不力，没有按照运行规程中除氧器水位异常事故处理中可能的原因："除氧器水位调节阀失灵，进行手动调节；观察凝结水流量增大，否则迅速检查凝结水系统的阀门开闭情况，立即打开关闭的阀门"进行提高除氧器上水量操作。

（4）个别运行人员事故处理原则不清晰，采取措施不果断，业务水平不高。机组运行参数出现异常时，监盘人员未首先采取措施防止事故扩大，再进行异常分析；同时，未能针对凝结水流量降低、压力升高现象，及时判断出凝结水系统可能存在异常关小阀门情况，采取正确合理措施应对，异常处置能力差。

（5）运行规程、措施等技术资料管理不完善。凝结水泵变频改造后，运行规程在"凝结水泵运行"章节的凝结水泵启停、凝结水泵事故处理部分进行了修订，除氧器水位异常事故处理部分未根据系统及运行方式变化进行完善。2号机除氧器水位调节阀运行方式由两阀全开变为单阀运行后，未按照现场实际情况开展事故预想。

（三）事件处理与防范

（1）2号机除氧器水位调节阀A阀执行器加装反馈连杆防脱装置。

（2）全面排查其他机组同类型调节阀执行器，采取防止反馈装置脱开的措施。

（3）完善设备日常巡检内容、检修项目设置及验收标准，明确调节阀执行器检查维护工艺要求，发现设备隐患及时进行整改。

（4）运行部根据现场设备异动情况，全面梳理并修编完善运行规程，举一反三制定凝结水流量高、低等重要参数异常处理措施并组织学习。

七、AST电磁阀因堵塞关闭不严导致机组跳闸

某公司6号锅炉为哈尔滨锅炉厂有限责任公司自主开发设计、制造的超临界350MW锅炉。锅炉型号为HG-1200/25.4-YM1型，为超临界参数、变压运行、螺旋管圈、单炉

膛、一次再热、前后墙对冲燃烧方式、平衡通风、紧身封闭、固态排渣、全钢构架、全悬吊结构Ⅱ形直流锅炉。汽轮机为上海汽轮机有限公司生产制造的 CJK350-24.2/0.4/566/566 型超临界、单轴、一次中间再热、双缸双排汽、间接空冷、抽汽凝汽式汽轮机。DCS 控制系统及 DEH 控制系统均采用国电南自 maxDNA4.5.1 版本，ETS 采用 GE 公司 PLC 产品。

（一）事件过程

2021 年 6 月 23 日 7 时 2 分 0 秒，6 号机组协调控制运行，机组负荷为 343MW，主蒸汽温度为 559℃，主汽压力为 22.85MPa，主汽流量为 980t/h，给水流量为 967.6t/h，A 给水泵汽轮机转速为 5034r/min，B 给水泵汽轮机转速为 5084r/min，EH 油压力为 13.78MPa，1 号 EH 油泵电流为 24.75A，2 号 EH 油泵备用，主汽门开度为 100%，调节门开度为 100%、100%、100%、6%，机组轴承振动正常。

7 时 2 分 22 秒，汽轮机挂闸信号 1、2、3 信号同时消失，主汽门、调节门开度开始下降，1 号 EH 油泵电流为 24.75A，EH 油压力为 13.78MPa，机组负荷为 343MW；ETS 首出为 DEH 要求停机；主汽门、调节门全部关闭。

（二）事件原因检查与分析

1. 事件原因检查

6 号机组停机后，专业人员检查油路未发现油路明显破裂泄漏情况；检修人员检查 6 号机组的 4 个 AST 电磁阀进行更换，发现 2 号或 4 号电磁阀高压油进油口密封圈磨损严重，易造成进油口节流孔（直径为 0.3mm）被磨损的杂质堵塞。

由于 AST 电磁阀未能进行编号，在拆卸完 4 个电磁阀后，将其中一个 AST 电磁阀进行拆解，发现电磁阀阀芯内有明显杂质。其肉眼可见的杂质会造成电磁阀卡涩。

查看 6 号机组 3 月 26 日 EH 油质报告，其结果显示抗燃油颗粒度为 4 级。但停机后的油样化验显示为 5 级；查看停机前现场 ASP 油压记录，6 月 2 日至停机前 ASP 油压为 8MPa，更换完电磁阀及其并网后，ASP 油压为 7.7MPa。这说明原 AST 电磁阀运行状态要差于更换后电磁阀差。

2. 事件原因分析

6 号机组停机前主汽门、调节汽门运行正常，2 号/4 号 AST 电磁阀因为杂质聚集造成节流孔堵塞或油流通量减少，造成 AST 电磁阀动力油压下降，引起两电磁阀关闭不严。因为串并联设计并不会引起停机，当 1 号或 3 号 AST 电磁阀也由于杂质造成 AST 电磁阀动力油压下降导致关闭不严，造成 AST 保安油油压下降时，汽轮机挂闸信号触发，机组停机。

3. 暴露问题

（1）ETS 综合报警输出信号、ASP 油压开关和模拟量信号未引入 DCS，无法监视判断分析报警信息。

（2）定期工作执行不到位。DEH 遮断（AST）电磁阀组通道试验未按要求进行。

（3）检修工作执行不到位。未及时发现高压油进油口密封圈存在磨损情况。

（4）6 号机组高压调节门关闭时间高于标准要求，影响机组安全运行。

（三）事件处理与防范

（1）更换了新的 AST 装置，并试验正常。

（2）完善 ETS 各报警信息传至 DCS 画面，实现报警功能，重要信号引入 SOE。

（3）将 ASP 油压开关信号和模拟量引入 DCS，并按要求进行 DEH 遮断（AST）电磁阀组通道试验。

（4）检修后进行高压调节门阀门关闭时间测试，确保动作正常。

（5）加强检修工作，加强对电磁阀密封圈安装工艺管理及检查，发现问题及时更换。

（6）停机检修期间对 EH 油箱和滤网进行检查和清理。

八、高压加热器水位正常、紧急疏水调节门异常导致锅炉 MFT 事件

某电厂 4 号汽轮机由上海汽轮机有限责任公司设计制造，采用德国西门子公司的技术，汽轮机型号为 N1000-31/600/620/620，汽轮机型式为超超临界、二次中间再热、单轴、五缸四排汽、双背压、十级回热抽汽、反动凝汽式。

回热抽汽系统包括 4 级高压加热器，高压加热器正常疏水逐级自流，3 号高压加热器疏水至 4 号高压加热器，4 号高压加热器疏水至除氧器。3 号、4 号高压加热器正常水位为 0mm，当水位达到高 2 值（400mm）时会联锁开启 3 号、4 号高压加热器至高压疏扩的紧急疏水调节门，当水位达到高 3 值（600mm）时高压加热器解列。3 号、4 号高压加热器疏水系统图见图 5-5。

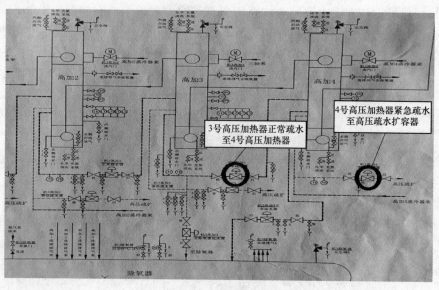

图 5-5　3 号、4 号高压加热器疏水系统图

3 号高压加热器正常疏水调节门型号为 TLQ3-6.4C DN400，为上海电力修造厂制造，气动执行机构采用下进气方式，进气打开阀门，失去气源后由弹簧力关闭阀门。4 号高压加热器紧急疏水调节门型号为 ST668Y（M）-4.0C/DN400，为上海电力修造厂制造，气动执行机构采用上进气方式，进气关闭阀门，失去气源后由弹簧力打开阀门。

（一）事件过程

2021 年 11 月 4 日 17 时 55 分，4 号机组负荷为 980MW，主汽压力为 31.2MPa，3 号高压加热器正常疏水调节门开度在 60.5％卡涩，3 号高压加热器液位上升，手动开大 3 号高压加热器正常疏水调节门，调节门无反应，手动调节 3 号高压加热器紧急疏水调节门，

稳定 3 号高压加热器液位。

18 时 11 分 41 秒，4 号高压加热器液位由 −64mm 开始快速上升，4 号高压加热器正常疏水调节门受 3 号高压加热器正常疏水调节门前馈作用，指令由 41% 变为 4.4%，因指令与反馈偏差大自动切至手动，不能自动调整，4 号高压加热器液位快速上升至高 2 值 400mm，4 号高压加热器紧急疏水调节门未正常开启。

18 时 12 分 6 秒，4 号高压加热器水位高 3 值保护动作，高压加热器解列。高压加热器解列过程曲线见图 5-6。

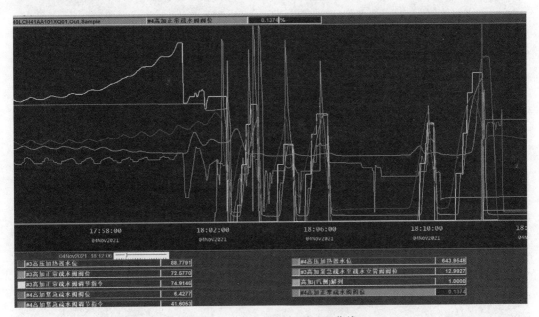

图 5-6 高压加热器解列过程曲线

18 时 12 分 47 秒，机组控制方式切至 TF，手动控制减煤、减水。

18 时 14 分 54 秒，主蒸汽压力升至 33.4MPa，高压旁路阀超驰开至 70%，超高压调节门、高压调节门、中压调节门逐渐关小。

18 时 15 分 28 秒，高压旁路阀切为手动关至 0%。

18 时 15 分 40 秒，主汽压力再次升至 33.9MPa，高压旁路再次超驰开至 70%，主汽压力下降。18 时 16 分 9 秒，低压旁路阀逐步开启至 37%。

18 时 16 分 16 秒，中压调节门全关。

18 时 16 分 57 秒，低压旁路至凝汽器温度超过 150℃ 超驰关闭低压旁路阀，触发蒸汽阻塞。

18 时 17 分 7 秒，再热器保护动作，锅炉 MFT。停机过程曲线见图 5-7。

（二）事件原因检查与分析

1. 事件原因检查

（1）检查相关设备联锁保护逻辑动作正确，但 4 号高压加热器紧急疏水调节阀超驰开条件是联锁投入且 4 号高压加热器水位大于 400mm；而查看历史趋势，4 号高压加热器水位大于 400mm 时超驰指令未发出，判断为联锁未投入，见图 5-8。

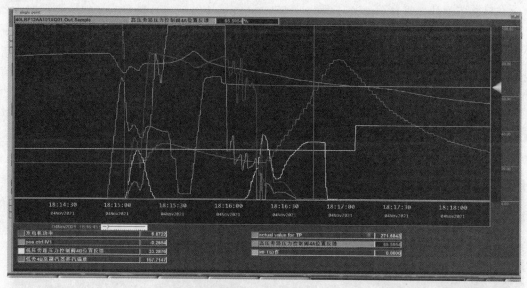

图 5-7　停机过程曲线

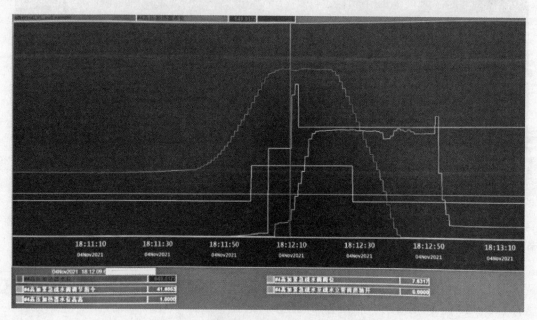

图 5-8　4 号高压加热器紧急疏水阀动作曲线

（2）检查 3 号高压加热器正常疏水调节门，本次异常时，3 号高压加热器正常疏水调节门只能最大开至 60.5%，就地检查发现疏水调节门气动执行机构与阀杆连接处漏气，导致气动执行机构开启动力不足；解体发现执行机构与阀杆连接密封圈损坏（更换密封圈和气动执行机构膜片后，阀门开关正常）。进一步检查 ERP 系统缺陷记录，10 月 23 日、11月 2 日，3 号高压加热器正常疏水调节门两次出现开不到位情况，现场检查发现 3 号高压加热器正常疏水调节门气动头与阀杆连接处有轻微漏气，因无备品，临时将气源压力从0.55MPa 提升至 0.75MPa 后，阀门开关正常。

（3）4号高压加热器紧急疏水调节门，本次异常时，4号高压加热器水位升高至高2值400mm时，手动开启4号高压加热器紧急疏水调节门，2s后阀门开始动作，且只能开至5.7%，动作异常，见图5-8。进一步检查历史缺陷记录，发现2021年3月8日，4号高压加热器紧急疏水调节门曾出现无法打开的情况，经查该阀门允许最大工作压差为1MPa，小于阀门实际工作压差，气动执行机构存在设计与实际工况不匹配的情况，4月13日，联系厂家增大气动执行机构力矩后，550MW负荷开关试验正常，但未对高负荷该力矩下紧急疏水调节门的动作性能进行试验。

2. 事件原因分析

3号高压加热器正常疏水调节门气动执行机构漏气，调节异常引起4号高压加热器水位波动，4号高压加热器紧急疏水调节门因气动执行机构力矩偏小且液位高超驰开启联锁未投入，造成液位升至高3值，高压加热器解列后，主汽压力上升，超高压调节门、高压调节门、中压调节门逐步关小，中压调节门全关且低压旁路阀关闭，触发再热器保护动作，锅炉MFT。

（1）3号高压加热器正常疏水调节门调节异常原因：3号高压加热器正常疏水调节门气动头与阀杆连接密封圈损坏，执行机构漏气后未有效处理。

（2）高压加热器解列原因：3号高压加热器正常疏水调节门调节异常，3号高压加热器水位上升，手动开启3号高压加热器紧急疏水调节门，3号高压加热器液位下降至−200mm，3号高压加热器正常疏水调节门关闭，4号高压加热器正常疏水调节门受3号高压加热器正常疏水调节门前馈作用，指令由41%变为4.4%，因指令与反馈偏差大而由自动切至手动，不能自动调整，4号高压加热器紧急疏水调节门因气动执行机构力矩偏小且液位高超驰而开启联锁未投入，造成液位升至高3值。

（3）MFT动作原因：高压加热器解列后，主汽压力快速升至33.5MPa，高压旁路阀超驰开启，主蒸汽压力下降，主汽压力设定值高于实际主汽压力，调节门逐步关小，中压调节门全关，低压旁路因阀后温度高于150℃关闭，触发再热器保护动作，锅炉MFT，机组跳闸。

3. 暴露问题

（1）设备缺陷管理不到位。对3号高压加热器正常疏水调节门执行机构漏气及4号高压加热器紧急疏水阀门气动执行机构力矩不足缺陷带来的潜在风险认识不足，缺陷发生后，只采取临时处理措施，未能及时对缺陷进行彻底消除，最终诱发3号、4号高压加热器液位调节异常。

（2）联锁保护投退管理不到位。4号高压加热器紧急疏水联锁未投入（所有高压加热器紧急疏水调节门共用一个联锁按钮），导致4号高压加热器液位升至高2值后未能超驰开启紧急疏水调节门，以快速降低液位。

（3）运行人员紧急情况预判和应急处理能力有待加强。对3号、4号高压加热器液位波动导致高压加热器解列的预判能力不足，对高负荷工况下高压加热器解列后主汽压力升高造成高低压旁路动作和汽轮机调节门关小后的应急情况处理能力需进一步提升。

（三）事件处理与防范

（1）加强设备缺陷管理，举一反三，对气动执行机构的密封圈、膜片等组件进行全面检查，发现问题及时处理，同时彻底消除4号高压加热器紧急疏水调节门气动执行机构力矩不足的故障；完善并严格执行设备缺陷管理制度，制定气动执行机构滚动检查计划，将定期检查工作纳入检修监督工作中。

（2）加强联锁保护投退管理，严格执行热控联锁保护通知单管理规定，全面梳理和排查重要系统设备联锁保护的投退情况。

（3）加强运维人员技能培训和案例学习，提高运行和检修维护人员的应急处理能力；对频繁发生、重复发生或有重大隐患的异常情况做好事故预想，纳入本厂反事故措施计划，加强事故预想演练和防范，切实提升应急操作能力和日常检修维护水平。

（4）加强检修监督和备品备件管理，完善检修计划，制定针对重要部件的滚动检查计划，提升检修维护工作效果。

（5）提高监督意识，强化预警能力，对于电力科学研究院发布的通知单做好执行落实，并加强厂内通知单的发布和整改落实管理，有效发挥超前监督和主动监督的作用。

九、电磁阀故障致使高压旁路阀误开导致轴位移大保护动作

某电厂 2×350MW 超临界燃煤供热机组，三大主机为东方电气集团设备。DCS 为 Ovation 控制系统。1 号机组于 2020 年 4 月 5 日通过 168h 试运行。

该厂为 100％旁路系统，设备为进口德国 SEMPELL 产品，每台机组配 2 套高压旁路装置、2 套低压旁路装置。采用液动控制，高、低压旁路装置各有一个油站。高压旁路装置由高压旁路阀（包括减温器）、喷水调节阀、喷水隔离阀等组成。低压旁路装置由低压旁路阀（包括减温器）、喷水调节阀、喷水隔离阀等组成。就地配置有超压保护功能控制柜，安装独立取样的 3 个压力变送器，测量主蒸汽压力。变送器设定有压力高动作，每个压力变送器对应一个动作回路，控制两个电磁阀（每个高压旁路阀其中的一个电磁阀）。每个高压旁路阀超压保护功能配置 3 个独立电磁阀，采三取一动作方式。超压保护功能电磁阀正常运行常带电，当有一个电磁阀失电后，旁路阀靠主蒸汽压力推动作用自动开启。

高压旁路阀配置的所有电磁阀电源均取自高压旁路阀电源柜，使用 24V DC 电源。由 UPS 电源柜、汽轮机 220V AC 电源柜提供两路电源至旁路装置电源柜，柜内配置 2 个 24V DC 电源模块、一个 24V DC 电源冗余切换模块，保证系统电压稳定。另外，在 DCS 画面上有油站压力显示、轻报警、重报警、压力异常及油站建压超时报警。图 5-9 所示为高压旁路阀液压控制油路图

（一）事件过程

2021 年 2 月 22 日 16 时 12 分 0 秒，1 号机组 AGC 方式运行，机组负荷为 242.857MW，汽轮机轴位移为—0.175mm，燃料量为 99.56t/h，给水流量为 749.4t/h，主蒸汽流量为 748.878t/h，主蒸汽压力为 20.865MPa，过热度为 34.243。高压旁路控制处于自动状态，压力跟随模式；低压旁路处于自动状态，控制再热器蒸汽压力。

16 时 12 分 1 秒，1 号机 A 侧高压旁路阀在 DCS 未发指令情况下就地开始开启，同时轴向位移增加。16 时 12 分 5 秒，DCS 画面"高压旁路油站告警""高压旁路油压异常"报警，16 时 12 分 7 秒，"高压旁路油站报警"。在 A 侧高压旁路开启过程中机组实际负荷下降，汽轮机轴位移缓慢增大，主汽压降低，主蒸汽流量由 748t/h 快速下降，负荷缓慢下降，主汽压偏差增大，CCS 自动增加燃料，增加给水。

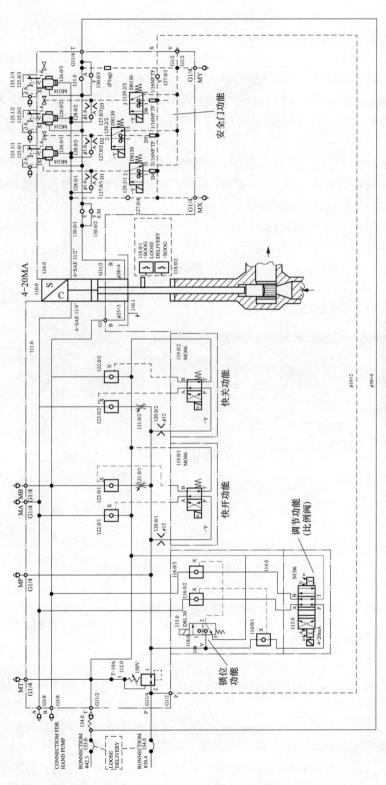

图 5-9　高压旁路阀阀液压控制油路图

16时12分27秒，A侧高压旁路阀全开，机组AGC方式，汽轮机轴向位移增加至0.842mm，燃料量为123.79t/h，给水流量为897.126t/h，主蒸汽流量为552.48t/h，主蒸汽压力为17.55MPa，过热度为37.79。

16时12分37秒，1号机组由于主汽压力偏差大（实际主汽压力17.84MPa与设定值20.84MPa偏差大于3MPa）自动退出协调方式，切至基本控制方式（机、炉主控均为手动），汽轮机轴向位移增加至0.947mm。16时12分37秒—16时13分47秒，机组处于基本控制方式，在此区间汽轮机轴位移稳定在0.947mm，燃料量、给水均保持稳定，过热度从37.7下降到20.5。

16时13分5秒，运行人员投入汽轮机主控自动；16时13分57秒，投入锅炉主控自动，机组处于协调控制方式，投入AGC运行；16时14分24秒，运行人员将焓值控制切至手动，手动调整焓值以提高过热度。

16时14分34秒，给水流量由929.84t/h开始降低，主蒸汽流量下降。16时14分43秒，运行人员将锅炉主控切手动，退出AGC运行方式，继续降低给水流量。16时15分11秒，轴位移开始增大；15分25秒，轴位移突然由1.07mm跳变到1.534mm（轴位移跳机值为−1.2mm、+1.4mm）；16时15分26秒，1号机组跳闸，首出为"轴向位移大停机"。事件过程趋势见图5-10。

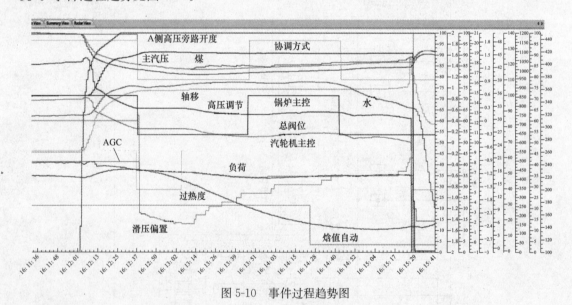

图5-10 事件过程趋势图

（二）事件原因检查与分析

1. 事件原因检查

事件后，检查1号机组高压旁路超压保护功能电磁阀1失电，造成A侧高压旁路安全油失去，高压旁路阀开启。

高压旁路阀为进口国外设备，现场施工按照厂家技术人员指导安装：控制柜安装就位，电磁阀插头与线圈接好即可，无其他可动部件。通过与外商沟通，查看回路元件资料，排查控制回路，发现高压旁路阀超压保护控制回路设计及元件选型不完善，问题如下：

（1）超压保护功能电磁阀正常运行时带电，电磁阀线圈发热量较大（夏季温度会达到

70℃以上），电磁阀插头内部有电路板，受高温影响，长期运行存在隐患，本次故障点在电磁阀插头。

电磁阀插头为整体塑封，插头内部密封，自带 10m 预制电缆，无法对插头进行拆卸。厂家检测：给插头通 24V DC 电压，在插头接口处无法测到电压，切开电磁阀插头，内部发现有烧融痕迹。电磁阀插头内部有电路板（见图 5-11）。电路元件容易受高温影响，产生故障点。

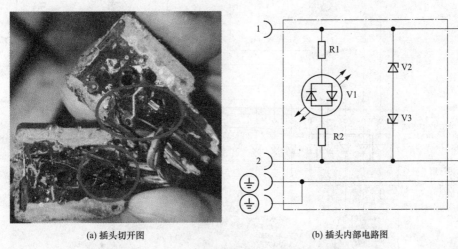

(a) 插头切开图　　　　　　　　　　(b) 插头内部电路图

图 5-11　电磁阀插头切开图、插头内部电路图

（2）供电回路二极管选型不合理，容量偏小。供电回路配置有二极管，配置二极管的目的是做在线试验，防止回路失电，见图 5-12。正常运行时由该二极管回路供电，其他回路处于失电状态。

图纸及现场设备上未标识该二极管额定电流。厂家回复资料显示：二极管型号为 1N4007，二极管 I_{FAV}（正向平均电流）为 1A，该元件容量选取偏小（温度为 0℃时，I_{FAV} 为 1.1A 左右；25℃时，I_{FAV} 为 1.08A 左右），见图 5-13。

按照设计参数计算回路电流：

1）铜导线电阻率：$\rho = 0.0175\text{mm}^2/\text{m}$。

2）导线横截面积：$S = 1.5\text{mm}^2$。

3）电缆长度：$L = 100\text{m}$（实际在 50m 左右，考虑整个控制回路导线电阻）。

4）电阻：$R = \rho L/S = 0.0175 \times 100/1.5 = 1.17$（Ω）。

5）电磁阀线圈阻值：21Ω（铭牌标记值）（实际阻值略小，未考虑电磁阀插头内阻）。

6）电压：$U = 24 - 0.7 = （23.3\text{V DC}）$（硅二极管压降为 0.7V DC）。

7）电流：$I = U/R$（回路电缆电阻＋线圈电阻）$= 23.3/(1.17 \times 2 + 21)\text{A DC} = 0.99828\text{A DC}$。

回路电流为 0.99828A DC，回路元件二极管选型在 25℃电流为 1.08A 左右，正常运行时环境温度会发生变化，电流值会有波动，二极管容量选型偏小，如果由于环境温度高，引起回路电流波动，超过二极管正常电流，会将二极管烧毁，长期运行存在安全隐患。

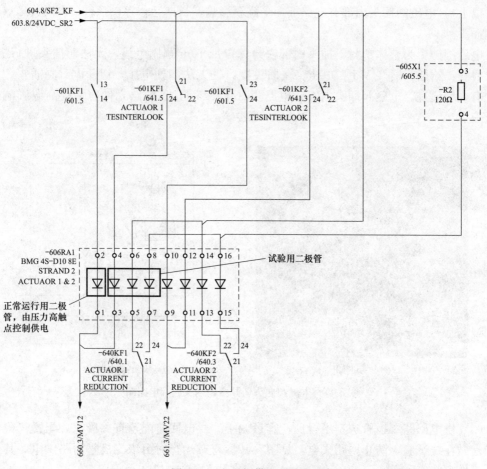

图 5-12　电磁阀供电回路图

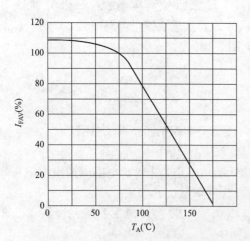

图 5-13　二极管电流与温度对应关系

2021 年 3 月，设备正常运行时测量电流，温度高时电流达 0.95A DC，已接近 1A DC，存在安全隐患。

（3）控制柜到电磁阀供电回路设计有机械触点，存在隐患，见图 5-14，每个安全功能电磁阀配有一个机械插拔触点（相当于隔离开关），用于供电回路投切使用。正常运行时回路处于常带电状态，一旦失电旁路阀将开启，该元件在回路中存在隐患。

（4）控制回路设计不合理。1 个回路熔断器控制 2 个电磁阀，控制回路设计如图 5-15 所示。

由于高压旁路阀超压保护功能设计有 3 个压力变送器，1 个压力变送器（压力高动作触点）对应 2 个电磁阀，即 1 个回路熔断器控制 2 个电磁阀，当 1 个电磁阀回路异常造成电流异常增大时将回路熔断器熔断，有可能会出现 2 个旁路阀均开启。

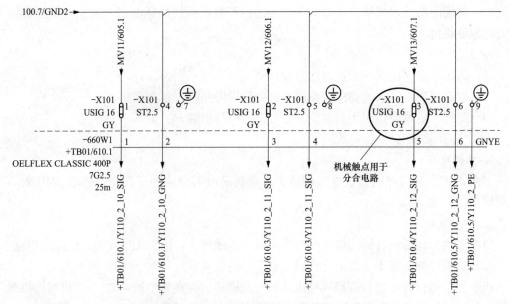

图 5-14 控制柜到电磁阀供电回路

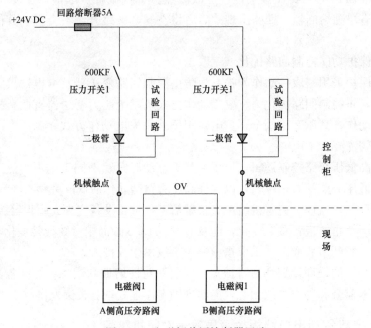

图 5-15 电磁阀共用熔断器回路

2. 故障原因分析

（1）直接原因：电磁阀 1 插头内部元件烧毁，回路失电，造成旁路阀全开，油路卸油，油压无法建立。

（2）间接原因：控制逻辑不完善，高压旁路阀开启后低压旁路阀未参与调整，此外：

1）事故处理时运行人员只关注汽水总貌画面的给水流量调整及过热度的调整，未对机组画面进行细致的翻看和检查，未及时发现 A 侧高压旁路阀突开故障。

2）运行人员对主蒸汽压力下降、再热蒸汽压力升高原因没有认真分析，未及时作出正确判断，持续降低给水流量，未对低压旁路进行调整，致使高压缸做功减少，轴位移持续增大，导致跳机。

3. 暴露问题

（1）高压旁路阀超压保护控制回路设计及元件选型不完善。

（2）控制逻辑不完善，高压旁路阀开启后低压旁路阀未参与调整。

（3）运行人员紧急情况预判和应急处理能力有待加强。

（三）事件处理与防范

1. 事件处理

更换 A 侧高压旁路阀安全电磁阀插头，重新送电后旁路油压建立，传动 A/B 侧高压旁路阀动作正常。

2. 防范措施

（1）更换旁路系统各阀门电磁阀插头，改为普通插头，内部无电路板，消除故障点。

（2）取消控制回路不必要的元件：二极管、机触点。

机组正常运行时不进行旁路阀超压保护功能试验（存在安全风险），利用机组停机时进行压力传动（用试验装置打压，实际传动，无需使用试验回路），确保回路动作可靠。回路机械触点在供电回路中无实在意义，增加故障点。将机械触点取消，加装 3A 空气开关。使每个电磁阀有单独熔断器，回路出现故障后将空气开关跳开，不会影响其他电磁阀回路正常工作。

（3）超压保护功能控制回路优化（三取二）。

由于超压保护采用三取一动作方式，为防止控制回路变送器及继电器故障造成高压旁路阀误动开启，将控制回路优化为三取二动作方式，三个压力变送器有两个检测到主蒸汽超压触发回路动作，高压旁路阀全开。电磁阀仍采用失电动作方式，高压旁路阀正常工作超压保护电磁阀需要常带电。

（4）优化高低压旁路控制逻辑，低压旁路阀自动时跟踪不同工况下再热蒸汽压力修正值，增加高、低压旁路阀联动逻辑，以保证高压旁路阀动作后低压旁路参与调节。

（5）举一反三，梳理、完善机组声光报警信息，重要设备实现光字报警。

（6）运行中严密监视各参数变化，能及时发现 DCS 画面中参数异常变化、设备异常状态，正确分析、判断事故原因，采取措施避免事故发生或扩大。

（7）制定相应的培训计划和演习预案并开展针对性培训和演练。提高各岗位人员技术能力，做好技术监督和各类事故预想，能够准确有序地处理各类突发事故。

十、一次风机气动出口挡板故障导致一次风机跳闸

某发电公司 2×1000MW 新建工程一期建设两台超超临界、二次再热、世界首台六缸六排汽、纯凝汽轮发电机组，三大主机均为上海电气集团制造，具有高参数、大容量、新工艺的特性，同步建设铁路专用线，取排海水工程，烟气脱硫脱硝，高效除尘、除灰，污水处理等配套设施。全厂 DCS 采用和利时 HOLLiASMACS6 系统，DEH 采用西门子 T3000 系统，并采用国内先进的"全厂基于现场总线"的控制技术。机组自动控制采用机炉协调控制系统 CCS，协调控制锅炉燃烧、给水及汽轮机 DEH，快速跟踪电网负荷 ADS 指令，响应电网 AGC 及一次调频。两台机组分别于 2020 年 11 月、12 月投产发电。

（一）事件过程

2022 年 1 月 14 日 23 时，2 号机组点火过程中，机组负荷为 0MW，主蒸汽压力为 1.51MPa，一次风机 A、B 运行，送风机 A、B 运行，引风机 A、B 运行。

2022 年 1 月 14 日 23 时 31 分，运行人员启动 2B 一次风机；23 时 32 分，一次风机 B 跳闸，首出原因为风机运行 60s 且气动出口挡板未开。运行联系热控工程师站值班人员，热控人员立即就地检查处理，23 时 40 分，告知运行人员可以重新恢复系统运行。23 时 57 分，运行再次启动 2B 一次风机；23 时 58 分，一次风机 B 气动出口挡板全开，系统恢复正常。

（二）事件原因检查与分析

1. 事件原因检查

通过首出原因检查 2 号机组逻辑一次风机 B 跳闸条件，发现由于一次风机 B 气动出口挡板关反馈信号未消失且无开反馈，触发一次风机 B 跳闸，就地阀门实际未动作。就地检查 2 号机组一次风机 B 气动出口挡板控制箱发现全开全关状态灯皆亮，闭锁气动出口挡板电气控制回路。

2. 事件原因分析

（1）直接原因：2 号机组一次风机 B 气动出口挡板就地控制回路开、关反馈行程开关皆存在，导致一次风机 B 气动出口挡板无法动作，造成 2 号机组 B 一次风机跳闸。

（2）间接原因：启机前运行人员未组织对一次风机 B 气动出口挡板进行传动试验。

3. 暴露问题

（1）本次停机时间短，启机前运行人员未组织对一次风机 B 气动出口挡板进行传动试验，造成阀门失控，导致 2B 一次风机跳闸。

（2）设备责任人巡检质量不佳，责任人巡检时未注意就地操作箱指示灯状态异常以至于未及时发现开关卡涩缺陷。

（3）热控停机检修项目不全面，未将相关重要阀门列入停机必检项目。

（三）事件处理与防范

1. 故障处理方法与过程

根据就地阀门实际位置，复位就地回路开反馈行程开关后，阀门恢复正常。

2. 采取的防范措施

（1）每次启机前设备维护人员、运行人员对重要阀门进行传动试验。

（2）停机后责任人加强巡检力度，针对本次隐患今后重点关注。

（3）完善停机必检项目，机组停运后对相关行程开关做好保养工作。

十一、汽动给水泵再循环调整门故障导致锅炉给水流量低低保护动作

（一）事件过程

2020 年 1 月 1 日 22 时 18 分，1 号机组负荷为 350MW，机组协调方式运行，A、B、D、E 磨煤机运行，汽动给水泵正常运行，总煤量为 203t/h，锅炉给水流量为 1042t/h，汽动给水泵入口流量为 1097t/h，给水主控回路输出 3759r/min。

22 时 20 分 58 秒，汽动给水泵再循环调整门在指令为 0 的情况下，缓慢打开至 50%，锅炉给水流量由 1100t/h 缓慢下降至 845t/h，给水主控回路输出由 3759r/min 增大至 4117r/min，锅炉给水流量缓慢回升至 1130t/h 左右，汽动给水泵入口流量由 1116t/h 上升

至 1548t/h。此时调整门前电动门处于全开位置。

22 时 22 分 8 秒，运行人员发现汽动给水泵再循环调整门开大，手动关闭调整门前电动门，此时汽动给水泵再循环调整门增加到 60％。

22 时 22 分 36 秒，汽动给水泵再循环调整门开度由 60％在 6s 内突开至 100％；22 时 22 分 43 秒，调整门前电动门关到位，此时锅炉给水流量开始迅速上升至最大 1500t/h，在此过程中，给水主控回路自动输出指令由 4078r/min 下降至 3985r/min，汽动给水泵入口流量由 1628t/h 下降至 1550t/h。

22 时 22 分 47 秒，触发"锅炉给水流量设定值与锅炉给水流量实际值偏差大于 300t/h，延时 5s"逻辑，给水主控由自动切至手动，此时给水主控输出下降至 3715r/min 并保持，锅炉给水流量继续降低。

22 时 23 分 6 秒，给水主控由自动切至手动 19s 后，运行人员分析判断锅炉给水流量下降是由于给水主控切手动，开始手动增加给水主控输出，此时汽动给水泵入口流量为 933t/h，仍在继续下降。

22 时 23 分 14 秒，触发"汽动给水泵入口流量＜750t/h"逻辑，联锁打开调整门前电动门。10s 后机炉电大联锁保护动作，机组跳闸，发电机解列。首出信号"锅炉给水流量低低"触发 MFT 保护动作。

（二）事件原因检查与分析

1. 事件原因检查

事件后，热工专业人员查看事故过程曲线如图 5-16 所示。22 时 23 分 24 秒，触发"机组负荷大于 200MW，锅炉给水流量＜510t/h，延时 3s"逻辑，锅炉给水流量低低触发 MFT 保护动作。

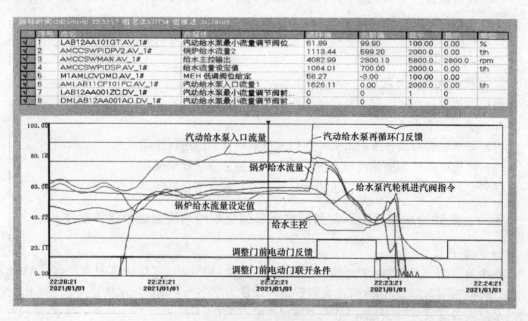

图 5-16　事故过程曲线

就地检查汽动给水泵再循环调整门，发现汽动给水泵再循环调整门气源总口的过滤减压阀压力表显示为 0,汽动给水泵再循环调整门储气罐压力为 0.2MPa 左右。拆下过滤减压阀检查,过滤减压阀调节旋钮断裂,过滤减压阀进出口气路被闭锁。

检查过滤减压阀型号为 BFR4000,调压范围为 0.05~0.9MPa,最高使用压力为 1.0MPa。正常使用期间,通过手动旋转主调压钮来调节(逆时针旋转减小,顺时针旋转增大)过滤减压阀出口压力。此次断裂的部位为过滤减压阀主调压座,材料为 POM(聚甲醛工程塑料),调压弹簧为压缩弹簧,主调压座长期受到调压弹簧的弹力而发生断裂。

检查汽动给水泵再循环调整门控制图如图 5-17,分析汽动给水泵再循环调整门打开原因。

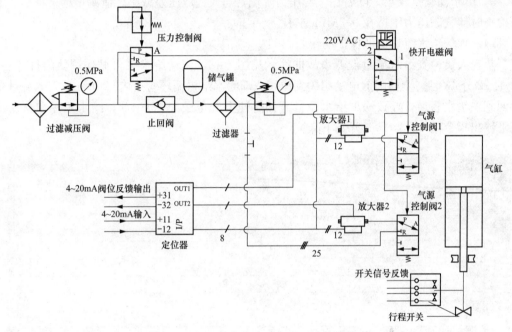

图 5-17 汽动给水泵再循环调整门控制图

(1)汽动给水泵再循环调整门工作原理。

汽动给水泵再循环调整门气缸为双作用气缸(压力控制阀和快开电磁阀为快开回路,未使用,保持通气状态,用于维持气源控制阀正常工作),正常工作时,过滤减压阀 1 控制进气压力为 0.6MPa,储气罐压力为 0.6MPa,压力控制阀的 AP 通气,快开电磁阀的 1 和 2 通气,气源控制阀 1 为 AP 通气状态,气源控制阀 2 为 AP 通气状态。

当汽动给水泵再循环调整门接受打开指令时,定位器的 OUT2 通气,放大器 2 动作,压缩空气通过放大器 2 经气源控制阀 2 通入下气缸;上气缸经气源控制阀 1 通过放大器 1 排气,气缸打开。当汽动给水泵再循环调整门接受关闭指令时,定位器的 OUT1 通气,放大器 1 动作,压缩空气通过放大器 1 经气源控制阀 1 通入上气缸;下气缸经气源控制阀 2 通过放大器 2 排气,气缸关闭。

(2)汽动给水泵再循环调整门打开至 60% 的原因。

22 时 20 分 58 秒,过滤减压阀调节旋钮开始断裂过程,汽动给水泵再循环调整门开始打开,气源压力和储气罐压力逐渐降低,下气缸压力大于上气缸压力,气缸向上运动,此时定位器指令为 0%,同时检测到阀门反馈增大,OUT1 通气,用于维持上气缸压力;储气罐压力始终在减小，且小于下气缸压力，阀门缓慢开至51%。

查看视频监控，22时21分14秒，过滤减压阀调节旋钮完全断裂，锁死进、出口气源，储气罐压力不再降低，上气缸与下气缸压力平衡，阀门维持于开度60%。

（3）汽动给水泵再循环调整门打开至100%原因。

22时22分36秒，由于气路系统轻微漏气，压力控制阀气源达到动作值（0.25MPa）并排气，气源控制阀1和气源控制阀2切换至AR通气状态，上气缸迅速排气，储气罐内0.25MPa的压缩空气通过气源控制阀2的AR通道迅速进入下气缸，将阀门迅速打开至100%。由于漏气点较小，随着储气罐压力降低，与大气压压差减小，泄漏量越来越小，现场检查时储气罐压力维持在0.2MPa左右。

（4）锅炉给水流量低低保护动作原因。

热控人员检查给水流量低低事故曲线，见图5-18，汽动给水泵再循环调整门打开后，22时22分43秒，调整门前电动门关到位，汽动给水泵再循环管道内500t/h左右的流量全部回到主给水管道，导致锅炉给水流量开始迅速上升至最大1500t/h，给水主控在自动状态下输出指令由4078r/min开始下降。

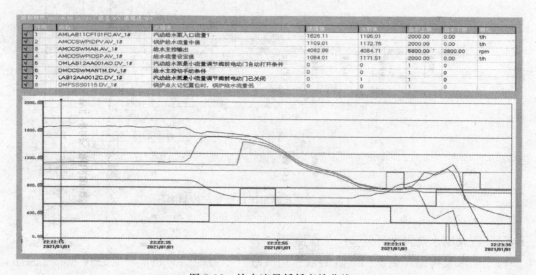

图5-18　给水流量低低事故曲线

22时22分47秒，由于触发"锅炉给水流量设定值与锅炉给水流量实际值偏差＞300t/h，延时5s"逻辑，给水主控由自动切至手动，给水主控输出指令下降至3715r/min并保持，给水泵汽轮机实际转速4075r/min大于给水主控输出指令，给水泵汽轮机进汽调节阀持续关闭，汽动给水泵转速下降，汽动给水泵入口流量同步下降。

22时23分6秒，给水主控由自动切手动19s后，运行人员手动增加给水主控输出指令。

22时23分14秒，给水主控输出指令为3865r/min，给水泵汽轮机实际转速为3776r/min，锅炉给水流量为732t/h，汽动给水泵入口流量为748.9t/h，触发"汽动给水泵入口流量＜750t/h"逻辑，联锁打开调整门前电动门，4s后锅炉给水流量开始迅速下降。

22时23分24秒，触发"机组负荷大于200MW，锅炉给水流量＜510t/h，延时3s"逻辑，锅炉给水流量低低触发MFT保护动作。

2. 事件原因分析

（1）直接原因。汽动给水泵再循环调整门气源总口的过滤减压阀损坏是此次事故的直接原因。过滤减压阀损坏后，引起汽动给水泵再循环调整门快开，扰动汽动给水泵入口流量和锅炉给水流量，最终导致锅炉给水流量低低保护动作。

（2）间接原因。汽动给水泵再循环调整门故障打开后，运行人员关闭调整门前电动门后造成给水流量突升，降转速过程中给水自动解除，给水流量持续下降，增加汽动给水泵转速不及时，触发调整门前电动门联开逻辑："再循环调整门开度大于5%"或"汽动给水泵入口流量<750t/h"，导致锅炉给水流量迅速降低至保护动作值510t/h，触发MFT保护动作。

3. 暴露问题

（1）工作责任心不强，技术培训不扎实。

设备管理及维护人员工作责任心不强，技术水平不高，设备到货及日常设备检查期间未能发现过滤减压阀调节旋钮为塑料材质，存在受压断裂损坏的可能性；人员技能培训不够，没有充分认识到塑料材质的调节旋钮在长期受力作用下，可能疲劳损坏；运行人员对汽动给水泵再循环调整门控制原理掌握不清，不了解失去气源后调整门动作情况。

（2）隐患排查不认真，不深入。

隐患排查活动仍停留于表面，日常隐患排查只查出简单的跑冒滴漏、文明生产类隐患，未能发现设备损坏可能引发的系统扰动等深层次问题。

（3）逻辑管理不全面，不到位。

各级管理人员对逻辑讨论不重视，逻辑设置不合理且修改随意。汽动给水泵再循环手动门改为电动门后，经过讨论沟通后仅凭经验增加了常规的"再循环调整门开度大于5%联开再循环电动门"和"汽动给水泵入口流量<750t/h联开再循环电动门"两条逻辑，未考虑增加逻辑可能导致的系统联动影响。各级管理人员对逻辑异动签字把关流于形式，虽然都签字，但都未认真把关分析。

（4）运行人员经验不足，异常处理考虑不周。

事件发展初期，汽动给水泵再循环调整门开启至60%，在锅炉给水流量已趋于稳定的工况下，运行人员盲目关闭再循环电动门，未考虑到给水流量偏差大会导致给水自动解除；给水流量下降过程中运行人员未及时增加汽动给水泵转速，给水流量低于750t/h联开再循环电动门，给水流量快速下降，触发锅炉给水流量低保护。

（三）事件处理与防范

1. 加强培训，提高技术水平

加强检修人员技术培训，熟悉设备性能，增强检修人员对设备存在的弱点和风险的辨识能力；加强运行人员培训学习，完善汽动给水泵再循环门突开或突关事故处理预案，并利用仿真机进行强化培训，提高异常处理能力。加强专业人员理论培训和现场指导，定期开展设备原理学习交流活动，提高运行人员整体水平。

2. 全面排查，及时消除隐患

举一反三，全面排查过滤减压阀、气源管路接头，从环境、工况、使用情况方面分析设备可靠性。针对汽动给水泵再循环调整门列出日常检查事项，同时利用检修及技改机会将全厂同类型的过滤减压阀更换为更可靠的产品；更改、简化汽动给水泵再循环门控制气路，排除气源管路复杂可能导致的不安全隐患；利用停机检修机会热控人员对所有气动阀门进行断气保护实验、分析阀门动作情况，告知运行人员可能发生的事故，避免类似事故再次发生。

3. 充分讨论，确保逻辑合理

召开逻辑讨论会，讨论正常运行中汽动给水泵再循环电动门运行方式及汽动给水泵再循环气动门和电动门逻辑，利用停机机会修改逻辑并传动。日常逻辑管理工作中，逻辑异动前开会讨论形成结论，逻辑修改完成后，对热控人员和运行人员进行逻辑异动培训。

十二、采暖抽汽调节阀 LVDT 固定螺母脱落导致燃气轮机分散度大保护动作

（一）事件过程

2021 年 1 月 6 日 22 时 50 分，某燃气轮机电厂二拖一出力 503MW（1+2+3）机组运行。1 号燃气轮机负荷为 185MW，2 号燃气轮机负荷为 185MW，3 号汽轮机负荷为 133MW。3 号、4 号汽轮机背压运行，对外供热流量为 12000t/h，供热温度为 118℃，瞬时供热量为 2409GJ/h。

22 时 53 分左右，按照负荷调度中心要求完成 4 号机组由抽凝式转背压式运行方式，相关人员仍在现场。

22 时 56 分 58 秒，中压排汽压力发生小幅波动，由 0.25MPa 上升到 0.26MPa。

22 时 57 分 30 秒，3 号机中压排汽压力由 0.26MPa 快速上涨；22 时 57 分 49 秒，中压排汽压力升到 0.63MPa，与此同时 3 号机负荷由 133.5MW 下降到 91.7MW。后期分析此时采暖抽汽调节阀已全部关闭，安全门动作，但由于 LVDT 水平安装，芯杆脱落后下垂，LVDT 保持在 50% 左右。

22 时 57 分 49 秒，热网加热器水位异常升高，13s 后水位为 1522mm，满足逻辑条件"任意一组热网加热器液位均高于 1350mm 触发热网故障"信号发快关采暖抽汽门指令。而此时 1 号、2 号燃气轮机的负荷在 AGC 的控制下继续升高，由 188MW 继续上升，45s 内负荷涨至 229MW，与此同时中压排汽压力升至 0.82MPa。

23 时 2 分，检查发现 3 号机采暖抽汽调节阀已关闭，采暖抽汽调节阀位置反馈装置（LVDT）左侧主测量杆与固定连接板螺母脱落、芯杆垂落行程在 49%。热控人员迅速将其恢复，并回到工程师站操作打开采暖抽汽调节阀未成功。1min52s 后运行人员退出 AGC，燃气轮机降负荷。

23 时 11 分 52 秒，运行人员发现 3 号机凝汽器水位低（215mm），运行人员开始降低燃气轮机负荷，1min 左右，1 号、2 号燃气轮机负荷降至 80MW。

23 时 15 分 40 秒，2 号燃气轮机跳闸，首出为燃烧分散度大（触发该保护的条件为"燃气轮机的燃烧分散度达到高三值，延时 3s"）。

23 时 15 分 53 秒，1 号燃气轮机跳闸，首出为"燃烧分散度大"（触发该保护的条件为燃气轮机的燃烧分散度达到高三值，延时 3s），同时联跳 3 号汽轮机。

二拖一机组跳闸后，值长立即组织进行紧急处置，并汇报市调、热力公司。事故处置期间厂对外供热温度最低为 83.5℃，供热流量最低为 8950t/h。跳机事故曲线如图 5-19 所示。

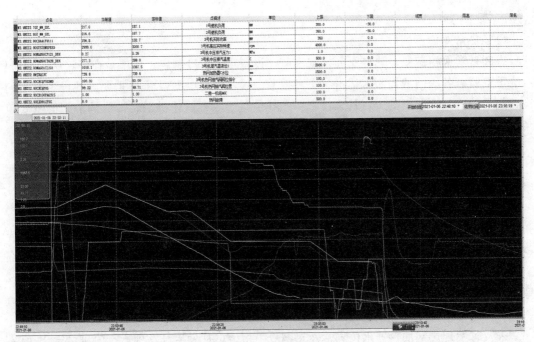

图 5-19　跳机事故曲线

（二）事件原因检查与分析

1. 事件原因检查

（1）现场检查 3 号汽轮机采暖抽汽调阀，虽然指令与反馈均维持在 50％，但实际已全关。原因是用于指示 LVDT 的连杆已从固定铁板上脱落，悬挂在电磁线圈中，不能跟随阀门动作指示实际阀位。

（2）现场将 3 号汽轮机采暖抽汽调节阀 LVDT 的连杆重新安装，通过两个螺母并将螺母用胶进行固定，封捻螺杆的螺纹以避免螺母松脱。进行静态开关试验，阀门动作和指令与反馈跟踪都正常。

（3）查询 1 号、2 号燃气轮机跳机时的报警列表与历史趋势，检查确认各系统、各参数均未见异常，燃气轮机排气热电偶、火检探头均正常。

（4）为保证 1 号、2 号燃气轮机燃烧稳定，退出自动燃烧调整功能，使用较保守的备用燃烧模式。

2. 事件原因分析

（1）直接原因：1 号、2 号燃气轮机手动降负荷后，维持低负荷运行。当时的环境温度约为－18℃，处于极寒条件，导致燃烧分散度增大保护动作，是造成 1 号、2 号燃气轮机陆续跳闸的直接原因。1 号、2 号燃气轮机均跳闸后，触发汽轮机跳机主保护锅炉故障（两台炉均跳），是造成联跳 3 号汽轮机的直接原因。

（2）间接原因：3 号汽轮机采暖抽汽调节阀 LVDT 尾部固定螺母脱落，反馈阀杆呈自由位置，DCS 画面上的反馈值不是阀门实际位置。因阀门反馈松脱，反馈连杆随着管道振动出现摆动现象，造成反馈与指令偏差增大，当反馈值大于实际阀位指令时，为了维持当前指令开度，伺服电流减小，让阀门关闭，当时因反馈连杆松脱，反馈值未随着阀门动作，系统持续关小阀门，直至完全关闭，是造成此次二拖一机组非停的间接原因。

163

3. 暴露问题

（1）日常巡检不到位。

查询日常巡检记录，热控车间根据季节、设备重要程度制定了各项检查表，对于 DEH 系统重点检查各阀门的伺服卡运行状态和报警记录，但对于 LVDT 等重要就地设备制定的检查频次较低，未能做到进行每天检查。尤其是对于 3 号汽轮机采暖抽汽调节阀等重要单阀，未提升巡检强度，思想认识不足。

（2）特殊工况下的设备运行分析不到位。

针对极寒天气等特殊的外部工况的准备不足，没有针对特殊工况对机组的运行制定专项的措施。

（3）未针对极寒天气工况开展燃烧调整试验。

1 号、2 号燃气轮机在降负荷过程中，全程投入自动燃烧调整功能，此项功能用于边界控制，平衡燃烧脉动与燃气轮机排放，在燃烧调整试验中，通过多次扰动确定边界。在 2020 年 1 号、2 号燃气轮机燃烧调整试验的过程中，外部工况为 15℃左右，此次 1 号、2 号燃气轮机跳闸事件中，外部环境温度为－18℃，已偏离原设定的燃烧边界。

（4）运行监视控制不到位。

未及时发现热网加热器水位异常及热网故障报警，从发生异常到运行值班员退出 AGC 进行事故处置间隔约 6min。1 号、2 号燃气轮机降负荷至 80MW 约 2min 后跳闸，在此期间运行人员未同步严密监视燃烧脉动、火焰检测强度、燃烧分散度的数值，在 PK0 频段燃烧脉动达到 4826Pa 后，未执行相关处置措施。

（5）3 号汽轮机未设置中压排汽压力高保护。

按照哈尔滨汽轮机有限责任公司汽设计，3 号汽轮机未设置中压排汽压力高保护。2019 年曾通过传真与哈尔滨汽轮机有限责任公司沟通，要求增加中压排汽压力高保护并提供相应定值。哈尔滨汽轮机有限责任公司回复，3 号机中压采暖抽汽管道上设置有两道安全阀，不需要设置中压排汽压力高保护。通过此次事件来看，存在极大的安全隐患。

（三）事件处理与防范

（1）制定阀门就地设备重点检查记录，每天对阀门 LVDT 等就地设备进行检查，举一反三，对其他重点设备连接部位进行排查，并作为机组日常停备消缺的必检项目。每次检查过程中明确具体清单，每个阀门检查完成后打勾确认，避免丢项。

（2）制定 LVDT 检查专项措施，并组织全员学习考试，掌握 LVDT 工作原理，提高热控人员发现问题、解决问题的能力。与相关电厂和 ABB 厂家咨询双 LVDT 之间的切换方式，对现在的阀门双 LVDT 之间的切换方式进行优化。

（3）对 3 号机采暖抽汽调节阀 LVDT 进行治理，咨询其他电厂 LVDT 的连接固定方式，例如采用万向节的连接方式等，优化前对连杆的固定方式采取双备母、防松脱螺母、打胶、封捻螺杆螺纹等组合方式，确保不再发生 LVDT 连杆脱落的缺陷，同时对其余 LVDT 系统进行检查，发现存在隐患的，按照同样的标准进行治理。

（4）加强对机组运行人员的培训，针对极寒、潮湿、高温等极端异常天气及工况制定有针对性、可执行性强的专项措施，不断摸索经验，提升运行操作与事故处置水平。

（5）在燃气轮机控制系统中设置环境温度低于－5℃报警，当温度达到报警值时，提示运行人员可手动退出燃气轮机的自动燃烧调整功能，使用备用燃烧模式运行，待最低环境温度提升至−5℃以上时，再重新投入。并申请增加燃烧调整次数，使之适应夏季和冬季运行工况。

（6）讨论制定中压排汽压力、温度高保护定值，增加汽轮机中压排汽压力、温度高跳机保护，确保中压缸排汽压力、温度低于保护定值。

（7）提高运行人员处置能力，发电部制定针对此事故运行方式的专项处置方案，明确手动停机的参数要求，开展相应的培训和演练。

（8）组织全员学习此非停事件，深刻吸取事件暴露的问题，举一反三，对可能发生松动的设备紧固件进行专项排查，避免同类事件再次发生。

十三、燃气管道清吹阀仪用空气控制电磁阀故障导致阀门自动关闭

（一）事件过程

2021年8月29日，某厂11号燃气轮机正常运行，9时0分监盘人员发现11号燃气轮机D5燃气管道2号清吹阀（VA13-2）显示故障，检查发现就地该阀实际为关位（正常应为50％开度）。

在与省调沟通后，13时44分，省调通知11号燃气轮机可以停机消缺。

经设备维护部分析认为可以在燃气轮机维持低负荷情况下安排消缺，故11号燃气轮机不解列停机而将负荷降至40MW维持运行。

14时41分，在办理事故应急抢修单后，对11号燃气轮机D5燃气管道2号清吹阀（VA13-2）的仪用空气控制电磁阀进行更换，投用后2号清吹阀恢复至正常工作状态（50％开度），16时7分，确认消缺工作终结。汇报省调，11号燃气轮机缺陷已消除，申请机组恢复到原状态。

（二）事件原因检查与分析

1. 事件原因检查

8月29日上午，11号燃气轮机D5燃气管道2号清吹阀（VA13-2）故障后，在MarkVIe系统侧测量清吹阀（VA13-2）模拟量指令输出电流为12mA，模拟量指令正常。测量清吹阀（VA13-2）控制电磁阀（20PG-2）两端电压为123V DC，控制电压正常。测量清吹阀（VA13-2）控制电磁阀（20PG-2）电阻值为371.5kΩ（正常应为3.5kΩ左右），该电阻异常，怀疑该电磁阀线圈异常，电磁阀复位导致清吹阀（VA13-2）失气关闭。通过对电磁阀进出口的仪用空气管路的检查，发现该清吹阀电磁阀出口管路无气，基本判断电磁阀发生故障。

2. 事件原因分析

11号燃气轮机D5燃气管道2号清吹阀（VA13-2）的仪用空气控制电磁阀线圈故障致使仪用空气被切断，2号清吹阀在失去控制气源后自动关闭，阀门显示故障。

故障电磁阀采用MAXSEAL厂家生产的ICO3S型号的电磁阀，从该厂2014年10月投产至今刚好运行7年左右，运行时间不算太长。经咨询其他燃气轮机电厂得知，该品牌型号的电磁阀在9FA机组及其他场所广泛使用，可靠性也较好，但有时也会发生由于线圈电阻异常导致电磁阀故障的现象。类比其他品牌，现场广泛使用验证的类似品牌只有ASCO品牌。但据各电厂的使用经验得知，两个品牌可靠性也差不多，MAXSEAL系列型号还得到GE公司在该类场所的使用认可。

经过综合分析判断：该电磁阀可能由于长时间运行、电磁阀温度也稍高等因素综合作用下导致电磁阀线圈老化而故障。

3. 暴露问题

2021 年以来，燃气轮机电厂的发电运行小时有了大幅增长，该厂燃气轮机需要长时间顶峰运行，为保证机组长时间可靠运行，以前的电磁阀检修更换力度已与现在的机组运行模式不匹配。为降低该类清吹电磁阀故障率，需加大投入，缩短电磁阀更换周期，以保证机组运行可靠性。

（三）事件处理与防范

（1）在机组低负荷 40MW 下更换了控制电磁阀（20PG-2）后，清吹阀（VA13-2）正常开启，阀位显示为 50% 左右，机组恢复正常，报警消失。

（2）定期检查试验控制电磁阀，检查电磁阀电阻值及接地情况，发现异常及时更换电磁阀。检查电磁阀表面温度情况，做好该区域高温管道的表面保温工作，以降低电磁阀所在区域的环境温度。

（3）缩短控制电磁阀更换周期。

十四、循环水泵出口液控阀开信号异常导致机组跳闸

（一）事件过程

2021 年 11 月 13 日 19 时 0 分，1 号机组负荷为 314MW，热网运行，AGC、AVC 投入，厂用辅机为标准运行方式，煤量为 159t/h，主/再热蒸汽压力为 17.5/3.77MPa，主/再热蒸汽温度为 534/532℃，主蒸汽流量为 1048t/h，凝汽器真空为 −86.4kPa，循环水进水温度为 18.4℃，出水温度为 39.8℃，1A 循环水泵运行，1B 循环水泵备用。

18 时 45 分，机组负荷为 314MW，AGC 指令为 320MW，凝汽器真空为 −86.4kPa，循环水进水温度为 18.4℃，出水温度为 39.8℃。值长下令启动 1B 循环水泵。

18 时 58 分，副值人员就地检查反馈，现场检查正常，可以启动。

19 时 0 分 54 秒，DCS 程控启动 1B 循环水泵。

19 时 0 分 57 秒，真空下降至 −84.77kPa，且仍快速下降。发现 1B 循环水泵出口门 15°信号未来，泵未启动；在 DCS 上多次手动操作关闭 1B 循环水泵液控蝶阀无效，令就地开启 1B 循环水泵出口液控阀泄油门关门。立即打跳 1E 磨煤机减负荷。

19 时 1 分 9 秒，1B 循环水泵液控蝶阀开反馈来。

19 时 1 分 22 秒，汽轮机跳闸，首出"真空低"，锅炉 MFT，首出"汽轮机跳闸"，发电机-变压器组解列，厂用切换，热网汽侧解列（令 2 号机组增加供汽量，未影响供热）。

（二）事件原因检查与分析

1. 事件原因检查

循环水泵为单机双循环泵配置，一运一备，备用泵根据机组负荷调峰启停或事故启停。事故发生时，电负荷跟踪 AGC 指令加负荷至 320MW，真空低至 −86.4kPa，运行人员按规程规定执行备用 1B 循环水泵启动操作。

循环水泵为混流立式泵，为防止泵启动后出口液控阀打不开造成泵体损坏，设置为开门启动，出口液控阀预开启 15°后启动循环水泵。循环水泵正常启动使用程控启动方式进行，循环水泵程控启动操作步骤：

（1）DCS上"复位"程控启动；

（2）DCS点击"程启"；

（3）程控启动步骤一：关循环水泵出口液控阀；

（4）程控启动步骤二：开循环水泵出口液控阀15°；

（5）程控启动步骤三：程控启动循环水泵。

循环水泵出口阀为重锤式液压控制蝶阀，靠重锤重力关闭，靠液压油克服重锤重力开启，开和关全行程共有"关到位""15°""75°""开到位"4个位置信号。

2. 事件原因分析

对循环水泵出口液控阀进行检查，1B循环水泵出口液控阀15°开关触点松动，是造成15°信号未发出的主要原因。循环水泵在程控启动过程中，出口液控阀接收开指令，当15°信号不来或程控启动失败时，闭锁出口液控阀关指令，导致DCS上关闭出口液控阀操作失败。

本次启动过程中，1B循环水泵出口液控阀开15°信号未来，导致循环水泵未接收到启动指令启动失败，1B循环水泵出口液控阀开启，循环水倒流引起凝汽器循环水量不足、真空下降，机组"真空低"首出跳闸。因此，1B循环水泵出口液控阀开15°信号未来造成1B循环水泵未启动，是机组跳闸的直接原因。

3. 暴露问题

（1）未严格落实集团公司、地方公司近期"保供电、保供热、保冬奥"专题会议各项要求，未严格执行《×××电厂能源供保安全生产和环境保护专项方案》中的各项措施；人员思想重视程度不够，集团安全生产反事故措施中的相关要求落实不到位。

（2）现场管理存在漏洞，重要设备关键测点日常管理缺失，设备运行维护不到位，技术管理不细致，没有及时发现开关松动的设备隐患。循环水泵程控启动逻辑不完善，单点信号判断可靠性低，没有程控启动失败后的联动逻辑。

（3）运行人员日常培训不到位，技术能力欠缺，风险辨识不深入，危险点防范措施针对性和操作性不强，事故应变处置能力不足。

（三）事件处理与防范

（1）完善循环水泵程控启动、停止逻辑，实现冗余测点判读和异常程控启动中断处理逻辑。

（2）针对循环水泵测点开展隐患排查，严格落实集团公司《安全生产指引》要求，对全厂循环水泵信号开关测点、测量装置、接线、回路进行全面检查，发现缺陷及时处理，彻底消除类似设备隐患。

（3）重新修订循环水泵程控启动、停止操作卡，对风险控制措施具体细化，确保执行可靠性。

（4）修订操作到位制度，明确规范各级人员的监护范围，保供期间做到提级监护。

（5）全员开展规程、系统图培训和考试，开展事故情况下盘前、就地应急处理的专项培训，提高运行人员技术水平。

第二节 测量仪表及部件故障分析处理与防范

本节收集了因测量仪表及部件故障引起的机组故障6起，分别为一级减温水流量变送器故障导致锅炉 MFT、温度元件故障导致机组保护误动跳闸、温度元件故障导致燃气轮机排气分散度高跳闸、燃气轮机排气温度元件异常导致机组跳闸、真空泵分离器液位低开关故障造成给水泵汽轮机真空低低跳闸、测量仪表异常引起锅炉 MFT 保护动作。

这些案例收集的主要是重要测量仪表和系统部件异常引发的机组故障事件，包括了流量变送器、温度、液位开关和测量仪表等。机组日常运行中应定期重点检查与联锁保护相关的测量仪表装置及部件的可靠性、稳定性。

一、一级减温水流量变送器故障导致锅炉 MFT

（一）事件过程

2021 年 10 月 27 日 9 时 36 分，2 号机负荷为 345MW，A、B、C、E 磨煤机运行，A、B 电动给水泵运行，C 电动给水泵备用。A、B 电动给水泵勺管开度为 37.3%／39.3%，均在自动状态，汽包给水主控在自动状态，给水流量为 1150t/h，汽包水位为 23mm，其他各参数正常。2 号机开始降负荷至 300MW，A、B 电动给水泵勺管执行器在自动位置，开度为 37.3%／39.3%，汽包水位为 23mm。

9 时 38 分 55 秒，监盘发现汽包水位高报警，运行人员发现后立即进行检查，发现两台电动给水泵勺管在自动，"给水主控跳自动"光字牌未报警，未发现其他异常。

9 时 40 分 28 秒，汽包水位高高保护动作，锅炉 MFT，机组大联锁保护动作，机组跳闸。14 时 39 分 0 秒，机组并网。

（二）事件原因检查与分析

1. 事件原因检查

（1）机组跳闸后，热控人员检查 MFT 首出条件为"汽包水位高高"保护动作，经过对给水控制回路相关曲线进行分析，给水主控跳至手动，A/B 给水泵勺管仍在自动状态输出指令不变，但 DCS 画面"给水主控跳自动"光字牌未报警；"给水主控切手动条件"中的给水流量报警、汽包水位报警、一级压力信号故障条件均未发出。

（2）检查逻辑发现 DCS 画面"给水主控跳自动"光字牌报警信号点连接错误，导致"给水主控跳自动"后未能报警。后将"给水主控跳自动"光字牌报警信号点修改为包含测量信号坏点传递的"给水主控模块手动切除"点。

（3）再次对"给水主控跳自动"条件进行检查，发现参与给水自动回路的主蒸汽流量（含减温水流量）有波动现象，进一步检查发现机组固定端过热器一级减温水流量变送器发生 30s 坏点波动情况后自行恢复。减温水流量变坏点后，通过主蒸汽流量（含减温水流量）将坏点传递至给水控制回路，给水主控跳至手动；由于给水主控跳至手动后，给水自动逻辑中不联跳给水泵勺管 M/A 控制站自动，故 A/B 给水泵勺管仍在自动状态。

（4）在检查过程中发现变送器再次出现波动情况，现场察看变送器彻底故障，面板无显示，热控专业将故障变送器更换完毕后，13 时 40 分，减温水流量变送器投入正常。

2. 事件原因分析

（1）直接原因：2 号机组固定端过热器一级减温水流量变送器故障过程，输出变为坏点，造成给水主控跳自动。由于逻辑错误，未联跳勺管执行器自动及 DCS 画面光字牌未报警，勺管执行器仍在自动方式，跟踪给水主控输出，机组负荷从 345MW 快降到 300MW 过程中，汽包水位给水控制未自动调节，导致"汽包水位高高"保护，引起锅炉 MFT；机组大联锁保护动作，引起机组跳闸。

（2）间接原因：DCS画面"给水主控跳自动"光字牌报警信号点连接错误，导致给水主控跳手动后未能正确报警；给水主控跳至手动后，给水自动逻辑中不联跳给水泵勺管M/A控制站自动，A/B给水泵勺管仍在自动状态，造成给水控制回路在自动方式的假象。

3. 暴露问题

本次事件暴露出电厂在预控非计划停运管理、设备隐患排查治理等方面存在薄弱环节。

（1）热控人员风险预控分析不到位，未能及时对使用年限较长的变送器劣化趋势进行分析，对变送器故障导致测点变坏点造成给水主控跳自动风险分析不到位。

（2）热控专业隐患排查工作不到位，未能发现"给水主控跳手动"光字牌报警信号连接错误和给水主控跳自动后未能联跳给水泵勺管自动的隐患。

（3）运行人员应急处置能力不足，在发现汽包水位异常后没有果断采取处理措施，导致汽包水位持续上升，造成锅炉MFT。

（三）事件处理与防范

（1）热控专业修改"给水主控跳自动"光字牌报警信号连接点，包含了测量信号坏点传递的"给水主控模块手动切除"点；优化给水控制自动跳手动逻辑，给水主控跳至手动后，联跳给水泵勺管M/A控制站自动至手动。

（2）进一步检查测试变送器故障的具体原因，组织对一期现场使用年限较长的参与保护和自动调节的变送器、压力开关等一次设备进行劣化趋势分析，建立管理台账，对劣化趋势明显的设备，制定计划，逐步进行更换。

（3）热控专业进一步组织开展隐患排查工作，对热控保护逻辑、自动控制逻辑、报警逻辑的正确性进行排查梳理，对排查出的问题进行整改。

（4）加强对机组DCS组态、热控保护、自动逻辑的培训学习，熟悉保护形成条件、自动切除条件、报警逻辑等。

（5）梳理机组在运行过程中可能遇到的设备突发故障事件，有针对性地开展反事故演习，并制定相应的防范预控措施，组织全员学习，确保主要生产骨干人员熟悉掌握，提高运行人员在异常工况下对各类风险的预控能力和应急处置能力。

（6）运行人员加强业务技能培训，提高在设备异常情况下处置突发事件的能力，对机组异常的应急处置预案进一步进行细化，具有可操作性。

二、温度元件故障导致机组保护误动跳闸

某热电有限公司装机容量为 $2 \times 350MW$。锅炉为哈尔滨锅炉厂有限责任公司制造的一次中间再热、超临界压力变压运行、不带再循环泵的大气扩容式启动系统的直流锅炉，采用单炉膛、平衡通风、固态排渣、全钢架、全悬吊结构、Π形半露天布置。汽轮机为北京北重汽轮电机有限责任公司引进法国阿尔斯通技术生产的 NC350-24.2/0.4/566/566 型超临界一次中间再热、单轴、双缸双排汽、双抽供热、湿冷抽汽凝汽式汽轮机。发电机为北京北重汽轮电机有限责任公司自行设计制造，型号为 T255-460/350 型三相同步交流发电机。

1号机组推力轴承后回油温度测量装置为就地/远传一体化元件，型号为 WSSP-411，制造厂为上海自动化仪表三厂。推力轴承后回油温度高保护采用带有测点品质判断和变化率限制的高限保护算法，保护定值大于或等于80℃，变化速率高限设定值为20℃/s，当温

度达到跳闸值且温度变化率不大于上限设定值时，保护动作。

（一）事件过程

2021年3月10日，1号、2号机组运行，1号机组负荷为138MW、2号机组负荷为135MW，两台机组均处于AGC运行方式，共同为城市供热。1号机组B/C/D磨煤机、A/B引风机、A/B一次风机、A/B送风机运行。汽轮机各运行参数正常，推力轴承后回油温度为71.7℃。

19时51分14秒883毫秒，1号汽轮机推力轴承后回油温度大于75℃高报警。

19时51分14秒887毫秒，推力轴承后回油温度升高至80.1℃（保护动作值为80℃）。

19时51分14秒895毫秒，ETS保护动作，跳闸首出"推力轴承回油温度高"。

19时51分14秒942毫秒，汽轮机跳闸；联锁发电机-变压器组保护动作。

19时51分15秒49毫秒，发电机跳闸。

19时51分15秒74毫秒，锅炉MFT动作，1号机组跳闸。

（二）事件原因检查与分析

1. 事件原因检查

通过调取各推力轴承金属温度及推力轴承前、后回油温度历史曲线，除推力轴承后回油温度有突变外，其他参数均正常，判断为推力轴承后回油温度测量回路故障造成保护误动作，机组跳闸。

检查推力轴承后回油温度测温回路，信号电缆外观完好，外部接线端子检查无松动现象，拆除信号电缆测量就地元件电阻值为124Ω无变化。根据北京北重汽轮电机有限责任公司运行说明书及保护逻辑说明，此保护可采取手动停机方式。为防止温度元件测量值再次发生突变，将推力轴承回油温度保护更改为手动停机，保留推力轴承回油温度指示及大于75℃报警功能。

机组启动后推力轴承后回油温度存在2℃左右小幅摆动，拆除信号电缆测量就地元件电阻值在0.3~1Ω变化，判断为温度元件热电阻内部阻值变化导致测量值突变和小幅摆动。

2. 事件原因分析

温度元件电阻特性突然发生变化导致测量值不稳定是此次事件的直接原因。

为防止主保护温度元件故障导致保护误动，在信号处理逻辑中对模拟量保护信号包括推力轴承后回油温度信号设计了品质判断及速率限制，变化率上限设置为20℃/s，当温度变化率不大于上限值且达到保护定值时，保护动作。保护动作前推力轴承后回油温度为71.43℃，1s后温度为80.1℃，温度变化率未超过上限值，逻辑判定为正常变化，但推力轴承后回油温度已达到80℃保护动作值，引发ETS动作，机组跳闸，是此次事件的间接原因（编者注：变化率上限设置为20℃/s等于没设，此案例如变化率上限设置为5℃/s，本可以切除保护动作，此次停机事件可避免）。

3. 暴露问题

（1）历史检修情况。2019年1号机组检修前，对新采购温度元件未安排进行实验室校验工作，暴露出技术管理不到位的问题。

检修人员针对逻辑组态中各模块功能、作用和主辅机逻辑保护设置等日常培训工作不够深入，对实际工作指导作用不明显，暴露出培训工作开展不扎实，培训内容缺乏针对性。

（2）技术监督情况。2019年7月8日，对梳理出的温度单点保护已采取了品质判断和变化速率限制功能防保护误动措施，变化速率上限值根据运行参数情况未进行修改。但此次事件暴露出热控设备运行技术监督不到位，温度变化速率设定值偏大，导致保护误动发生。

2019 年 1 号机组检修，安装新采购的温度元件未监督进行实验室校验工作，暴露出技术管理不到位。而检修人员对新采购温度元件是否需要校验不清楚，暴露出热控监督培训不到位。

（三）事件处理与防范

（1）将两台机组推力轴承回油温度保护更改为手动停机，保留推力轴承回油温度指示及大于 75℃ 报警功能。

（2）运行中加强监视冷油器出口油温、推力瓦块温度、推力轴承回油温度、串轴、胀差、轴承振动等参数变化。

（3）运行监视画面添加推力轴承回油温度实时曲线，当发现温度升高时，立即检查供油温度、推力瓦块温度是否升高，串轴、胀差、轴承振动等参数是否变化，当推力轴承回油温度升至 80℃，其他参数均无变化时，则判定为测点故障，通知检修人员检查处理。

（4）当推力轴承回油温度升高，检查其他参数也同时变化时，立即解除 AGC 并减负荷，适当降低冷油器出口油温，查找原因，退出供暖，做好随时停机准备，汇报相关人员。

（5）当推力轴承回油温度达 80℃，且任一推力瓦块温度达 90℃ 时，请示打闸停机；任一推力瓦块温度达 95℃ 时，运行人员立即打闸停机。

（6）机组检修期间，将现有温度元件更换为双支热电阻温度元件，任一测点温度大于或等于 75℃ 达到报警值后进行软光字报警，将汽轮机轴承温度及回油温度高报警加入硬光字报警。

（7）机组停机期间进行逻辑修改，增加当推力轴承回油温度大于或等于 80℃ 跳闸值"与"任意一点 11 路推力轴承金属温度大于或等于 95℃ 同时满足后保护动作逻辑，并保留原有测点品质判断和变化率限制的高限保护算法。

三、温度元件故障导致燃气轮机排气分散度高跳闸

（一）事件过程

2021 年 12 月 27 日 14 时 46 分，某厂 2 号燃气轮机温态启动；14 时 55 分，3 号机并网；15 时 38 分，4 号机并网。3 号发电机带负荷为 10MW，4 号发电机带负荷为 12MW，低负荷暖机。16 时 3 分，值长下令 2 号燃气轮机升负荷，燃气轮机升负荷过程中，监控画面出现"排气分散度高"报警；16 时 34 分，2 号燃气轮机跳闸，及时联系专业人员至现场检查，4 号发电机于 16 时 35 分手动解列停机。

16 时 39 分，值长汇报省调 2 号机组跳闸情况，现场组织人员排查恢复。

19 时 50 分，现场原因查明后，向省调申请并网，省调批复同意并网。

19 时 50 分，2 号燃气轮机启动；20 时 16 分，3 号机重新并网；20 时 39 分，4 号机并网，并逐渐带至额定负荷。

（二）事件原因检查与分析

1. 事件原因检查

根据 2 号燃气轮机报警"排气分散度高"，检查历史数据发现 17 号、20 号排气热电偶同时出现数据异常，并引起"排气分散度高"跳闸（12 月 21 日，出现 17 号排气热电偶数据异

常，停机后将 17 号排气热电偶与 20 号排气热电偶并接），现场根据历史数据查询判定 20 号排气热电偶的数据异常导致"排气分散度高"跳闸，燃气轮机燃烧系统及其他设备无异常。19 时 30 分，将 17 号、20 号故障排气热电偶进行隔离，并通知值长重新启动燃气轮机。

2. 事件原因分析

（1）直接原因：2 号燃气轮机"排气分散度高"跳闸。

（2）间接原因：2 号燃气轮机 17 号排气热电偶故障后，因现场不具备更换条件，将 17 号与 20 号热电偶并接。但并接的 20 号热电偶再次故障，导致"排气分散度高"跳闸。

3. 暴露问题

设备的运行可靠性存在不足，机组连续运行期间，暂无法消除的缺陷临时采取的措施需要考虑完善并持续跟踪缺陷的发展状况，并做好充分的事故预想。

（三）事件处理与防范

（1）及时利用机组停机期间，在条件合适的情况下安排人员进行消缺处理，更换故障热电偶。后期加强检查和检测工作，保证设备稳定可靠。

（2）增加用于故障时的强制逻辑，使故障时强制切换为排汽温度的平均值类似逻辑。

四、燃气轮机排气温度元件异常导致机组跳闸

（一）事件过程

2021 年 7 月 14 日，某厂 5 号燃气轮机机组正常运行中，突然跳闸，信号显示排气温度异常。

（二）事件原因检查与分析

1. 事件原因检查

7 月 14 日停机后检查燃气轮机排气温度画面，发现燃气轮机排气温度 108B、108C 的数值明显高于其他 23 支燃气轮机排气热电偶测量到的温度，且存在信号跳变现象。而检查历史数据，调出 7 月 13 日 5 号燃气轮机的启动曲线和停机曲线，发现燃气轮机排气温度 108B、108C 的数值显示正常，没有异常跳变现象。

拆开 5 号燃气轮机的排气温度元件 108，发现热电偶温度元件的引出测量部分已经破损。燃气轮机透平排气扩散段有 5 个支撑架，燃气排气温度元件 108 安装在 4 点方向的润滑油和顶轴油套管形成夹缝的后端，具体位置及破损情况见图 5-20，分析认为燃气经过该夹缝会起到强对流作用，因此 108 温度元件受到燃气冲刷的强度较强，容易导致 108 元件损坏。

 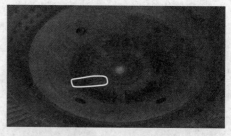

图 5-20　温度元件安装位置检查

检查燃气轮机排气温度热点保护，每支热电偶采用 3 支测量方式。分 A/B/C 3 个温

度。保护与控制设置情况如下：

（1）24个热电偶中任意一支元件的B和C温度同时超过燃气轮机排气平均温度40℃，热点报警；同时超过燃气轮机排气平均温度70℃，热点保护动作。

（2）B和C任一测点判断故障，另一测点超过燃气轮机排气平均温度70℃，热点保护动作。

（3）B和C同时判断故障，机组保护顺停。

2．事件原因分析

通过查询2021年7月14日启动曲线和7月13日及前几日5号机组运行历史数据，5号燃气轮机排气温度108B、108C的信号异常情况7月14日首发出现。

综上所述，5号燃气轮机排气温度热电偶测量元件108断路损坏，导致5号燃气轮机排气温度108B、108C温度信号异常，最终108B、108C点都超过燃气轮机排气平均温度70℃，触发5号燃气轮机热点保护，是本次5号机组跳闸的主要原因。

3．暴露问题

在电力负荷紧张和碳排放调控的双重压力下，燃气机组频繁启停顶峰，带来交变应力变化和设备自身老化因素叠加，引起设备异常。燃气轮机排气温度信号异常报警信息不够完善，逻辑中没有设置燃气轮机排气热电偶同支元的B和C偏差大报警和燃气轮机排气温度速率变化大报警，导致燃气轮机排气温度异常情况无法被及时发现。

（三）事件处理与防范

（1）完善燃气轮机排气温度元件检修台账，讨论确定燃气轮机排气温度元件每6个月进入排气扩散段检查一次。

（2）开展逻辑优化，燃气轮机排气温度24个热电偶中：

1）任一元件的B或C温度超过燃气轮机排气平均温度40℃，热点报警；燃气轮机排气温度同一支热电偶上温度B和温度C，若B、C温度偏差大于定值Ⅰ（6℃），则大屏报警（报警级别为W）；

2）在机组转速大于47.5Hz的情况下，燃气轮机排气温度任意温度B或温度C，其变化速率超过5℃/s，则大屏报警（报警级别为W）；

3）燃气轮机排气温度同一支热电偶上温度B和温度C，B、C温度偏差大于定值Ⅱ（12℃），则大屏报警（报警级别为A），并撤出该排气温度热点保护，直至B、C温度偏差小于定值Ⅰ（6℃），该排气温度热点保护重新投入。

（3）加强仪控人员的专业技能培训，针对燃气排气温度典型故障展开专题培训，提高事故情况下判断和处置能力。

五、真空泵分离器液位低开关故障造成给水泵汽轮机真空低低跳闸

（一）事件过程

2021年1月19日，某电厂4号机组负荷为450MW，给水泵汽轮机转速为4040r/min，锅炉给水流量为949t/h，给水泵汽轮机真空为−94kPa，给水泵汽轮机凝汽器液位为720mm，给水泵汽轮机B真空泵运行，电流为30A，A真空泵正常备用。

4时0分，给水泵汽轮机B真空泵分离器液位降至30mm，分离器液位低信号未正常触发，补水电磁阀未联开。

4时52分，给水泵汽轮机B真空泵分离器液位至0mm。

6时21分，给水泵汽轮机凝汽器真空由−94kPa开始下降。

6时26分，给水泵汽轮机真空降至−86kPa，B真空泵入口气动阀前真空低信号触发报警，A真空泵联启正常，但给水泵汽轮机真空仍持续下降。

6时27分，给水泵汽轮机真空为−77kPa，凝汽器真空低信号触发报警。

6时28分，给水泵汽轮机真空为−74kPa，A真空泵入口气动阀后真空低信号触发报警。

6时30分，给水泵汽轮机真空为−68kPa，A真空泵入口气动阀前真空低信号触发报警。

6时31分，给水泵汽轮机真空下降至−66kPa，给水泵汽轮机真空低低跳闸，导致锅炉给水流量低低MFT，联跳汽轮机、发电机。

（二）事件原因检查与分析

1. 事件原因检查

（1）4号机给水泵汽轮机B真空泵分离器液位下降，达到液位低报警值时报警信号未触发，补水电磁阀未正常联开，分离器液位低导致B真空泵出力下降，给水泵汽轮机凝汽器真空下降。

（2）A真空泵联启正常，但B真空泵入口气动门处于开启状态，B真空泵分离器液位低导致真空系统与大气连通，给水泵汽轮机真空快速下降达到保护动作值−66kPa，给水泵汽轮机真空低跳闸，锅炉给水流量低低MFT，汽轮机、发电机联跳。

2. 事件原因分析

（1）直接原因：给水泵汽轮机真空泵分离器液位低单点液位开关可靠性差，B真空泵分离器液位降至低报警值时报警信号未触发，补水电磁阀未正常联开。

（2）间接原因：给水泵汽轮机真空系统报警画面设置不合理。

3. 暴露问题

（1）运行监盘人员责任心不强，监盘不认真、不仔细，未及时发现4号机给水泵汽轮机B真空泵分离器液位下降，未及时发现凝汽器真空异常降低及真空系统发出的相关报警信号。

（2）汽轮机巡操巡检不到位，未检查到4号机给水泵汽轮机B真空泵分离器液位异常。

（3）给水泵汽轮机真空系统报警画面设置不合理，A、B真空泵入口气动阀前、后真空低报警，以及凝汽器真空低报警只设置成一般黄色报警，未设置成红色一级报警，当相关报警信号发出时未引起运行人员足够重视。

（三）事件处理与防范

（1）加强班组管理，强化运行人员工作责任心，提高监盘质量，重点画面增加翻阅次数，重点参数必须做好趋势图，带缺陷运行的设备调专门画面重点监视。

（2）提高巡检质量，巡操巡检时必须全程佩戴执法记录仪，重要参数就地与远方必须通过对讲机进行比对。

（3）车间管理人员对监盘及巡检质量加强检查。

（4）在汽轮机日抄表中增加给水泵汽轮机分离器液位栏，再次检查汽轮机日抄表中有无遗漏机组重要参数。

（5）立即检查4号机给水泵汽轮机B真空泵分离器液位低开关未触发原因并处理，对各机组类似液位开关择机进行校验检查。

（6）给水泵汽轮机真空泵分离器再增设一个液位低开关，并增加模拟量信号低至60mm联开补水电磁阀逻辑。汽轮机真空泵分离器及定子冷却水箱再增设一个液位低开关，并增加模拟量信号低至一定值联开补水电磁阀逻辑。

（7）将给水泵汽轮机真空低报警进行优化升级，将光字牌黄色报警升级为一级红色报警，再次梳理各机组报警画面，凡是可能引起机组跳闸的报警均升级为红色一级报警。

六、测量仪表异常引起锅炉 MFT 保护动作

（一）事件过程

1. 汽包水位低保护引发锅炉 MFT 动作

2021 年 10 月 15 日，1 号机正常运行。1 号锅炉 A、B、C 层给粉机运行，手动调节转速 A 层为 461/464/0/336r/min；B 层为 381/451/229/269r/min；C 层给粉机自动运行，转速约在 321/367/383/384r/min。D2 给粉机自动运行，转速为 286/284/285/0r/min。炉膛负压在 0～50Pa 波动，汽包水位在 0mm 左右波动。

22 时 40 分 29 秒，锅炉炉膛负压突然波动变正。

22 时 42 分 29—36 秒之间，A/B/C 层相继 3/4 无火，给粉机因失去火焰检测而相继跳闸。汽包水位快速下降；22 时 42 分 41 秒，汽包水位低保护动作，锅炉 MFT 动作。

2. 炉膛压力高引发锅炉 MFT 动作

2021 年 11 月 3 日，1 号机正常运行。1 号锅炉 A、B、C 层给粉机运行，手动调节转速 A 层为 463/381/0/433r/min；B 层为 237/427/207/227r/min；C 层给粉机自动运行，转速约在 270/270/350/355r/min。D1/D3 给粉机自动运行，转速为 286/320r/min。炉膛负压在 0～50Pa 波动，汽包水位在 0mm 左右波动。

23 时 7 分 31 秒，1 号锅炉炉膛负压突然波动变正。

23 时 7 分 38—40 秒，A/B/C 层相继 3/4 无火，给粉机因失去火焰检测而相继跳闸。

23 时 7 分 55 秒，BC4 油枪点燃（其余均未点燃），1 号炉膛压力快速上升，

23 时 7 分 59 秒，1 号锅炉 MFT 动作，首出"炉膛压力高"。

（二）事件原因检查与分析

1. 事件原因检查

（1）事件后，热控人员查看火焰检测放大器参数设置，见表 5-1。

表 5-1 火焰检测放大器参数设置

层	灭火时间（s）角				频率（Hz）角			
	1	2	3	4	1	2	3	4
A	2	3	3	3	240/80	240/80	150/50	80/40
B	3	3	3	3	80/40	150/50	150/50	80/40
C	2	3	2	2	128/64	128/64	120/40	120/40
D	2	2	2	2	150/50	192/64	150/50	120/40

（2）查看汽包水位和炉膛压力测点与信号设置。汽包水位为 3 个模拟量通过逻辑处理后用于汽包水位调节。3 个模拟量分别判断汽包水位低（定值为 −250mm），然后进行三取

二，触发汽包水位低 MFT 保护动作。炉膛压力模拟量 4 个测点，3 个用于炉膛压力调节，量程为±1000Pa，另一个量程为±3000Pa，用于炉膛压力监视。炉膛压力高保护开关 3 个，定值为 1960Pa，通过三取二逻辑触发炉膛压力高 MFT 保护。

（3）检查历史曲线记录。10 月 15 日，汽包水位低保护动作时，3 个汽包水位参数一致，调节用汽包水位值在时序上较保护用 3 个汽包水位值明显滞后。

11 月 3 日，炉膛压力高保护动作时，4 个炉膛压力变送器示值分别为－605.74Pa、－596.48Pa、－562.22Pa、－604.56Pa。4 个测点显示基本一致，但和压力开关动作定值差别约为 2500Pa。

（4）检查灭火保护逻辑。燃烧器火焰正常条件是"给粉机运行且火焰检测正常，延时 6s"。燃烧器火焰丧失条件是"燃烧器火焰正常消失"。

层火焰丧失条件是"一层 4 个燃烧器中，有 3 个及以上燃烧器发燃烧器火焰丧失，则发层火焰丧失信号"。

全炉膛灭火保护条件是"六层均发层火焰丧失，则全炉膛灭火保护动作"。

2. 事件原因分析

二次机组跳闸过程相同，都是由炉膛负压突然波动变正开始，结合运行反馈，当时有掉焦情况发生，因此判断跳闸原因是掉焦引起。

（三）事件处理与防范

（1）火焰检测放大器参数及灭火保护逻辑正常。

（2）建议采取如下措施，对问题继续进行排查分析：

1）由于炉膛压力变送器和炉膛压力开关在 MFT 动作时相差较大，在线校验炉膛压力保护开关定值，检查炉膛压力变送器内部滤波参数是否正常。

2）对汽包水位调节等重要自动调节回路进行模拟量扰动试验，并进行参数调整，以适应恶劣工况需求。

第三节　管路故障分析处理与防范

本节收集了因管路异常引起的机组故障 3 起，分别是汽包差压水位计因冰冻异常导致机组解列、极寒天气仪表管路保温措施不到位导致凝汽器低真空保护动作、防喘放气阀仪用空气供气管路与气缸体接头断裂导致机组跳闸。

这些案例只是比较有代表性的 3 起，实际上管路异常是热控系统中最常见的故障，相似案例发生的概率大，极易引发机组故障。因此，热控人员应重点关注并举一反三，深入检查，发现问题及时整改。

一、汽包差压水位计因冰冻异常导致机组解列

（一）事件过程

2021 年 1 月 7 日 8 时 0 分，某热电厂 2 号机组运行正常，负荷为 141MW，主蒸汽压力为 11.3MPa，主蒸汽温度为 536℃，机组协调控制方式，主蒸汽流量为 588t/h，A、B 送风机，引风机，一次风机，磨煤机运行。

8 时 34 分，DCS 上 2 号炉汽包差压水位计第二点直接跳变至＋400mm，值长联系热控

检查处理，同时派出运行人员到炉顶检查就地水位计及伴热运行情况，就地双色水位计显示汽包水位正常，发现汽包差压水位计第二点三阀组有泄漏。

8时59分，2号炉汽包差压水位计第三点直接跳变至＋400mm，2号机跳闸，发电机解列，锅炉灭火，动作首出"锅炉汽包高Ⅳ"。

（二）事件原因检查与分析

1. 事件原因检查

事件后，现场检查发现差压水位计3结冰，原因是天气严寒，运行人员就地检查过程中，打开差压水位计保温柜柜门后，柜内温度维持不住下降引起。差压计2和3两信号异常，触发三取二保护动作。

2. 事件原因分析

（1）直接原因：天气严寒，汽包差压水位计2三阀组泄漏和差压水位计3结冰，导致汽包水位低三取二保护动作。

（2）间接原因：运行人员防冻认识不到位，对水位计3保温箱所处位置在极寒天气中受严寒冷风影响认识不足（后半夜运行人员检查现场保湿柜伴热温度显示20℃左右，但在凌晨检查时，虽伴热系统运行正常，柜内伴热温度已下降至5℃左右）。在差压计问题查找过程中，没有对柜内温度下降引起注意。此外，2号炉汽包差压水位计2和3故障，但逻辑中没有设计通过品质判断剔除故障测点功能，是2号机组保护误动间接原因。

3. 暴露问题

（1）检修质量不过关，2号炉汽包差压水位计2三阀组泄漏隐患未能及时消除。

（2）2号炉汽包差压水位计2、3故障，逻辑中未设计通过品质判断剔除故障测点的功能。

（3）2号炉汽包水位保温箱内加热器容量不足。

（4）运行人员经验不足，在确定水位差压计2泄漏故障后，对水位计3保温箱所处位置在极寒天气中受严寒冷风影响认识不到位，在问题查找过程中，打开柜门后温度骤降，引起水位计3保温箱内温度维持不住，变送器结冻。

（三）事件处理与防范

1. 事件处理

（1）立即更换了汽包水位计三阀组，避免因阀组泄漏引起测量错误。

（2）举一反三做好保温柜内外防冻，消除极寒天气对差压变送器的影响：柜内管路敷设石棉绳、外敷电伴热；柜外搭设3mm棉粘布，外用塑料布密封。利用停机更换保温效果好的保温柜。

（3）制定测点保护强制方案，完善预控措施，并组织运行和维护人员认真学习，提高事故应对能力。班组配备碘钨灯、暖风器等应急器具，严格按照预控措施进行异常处理。

（4）完善汽包水位测点故障品质判断逻辑。

（5）全厂范围再次开展防寒防冻检查，确保各项措施落实到位。

2. 防范措施

（1）强化应对极端天气热控重要测点防寒防冻应急措施执行，加强预判，除常规手段外，还需对表计柜内、取样管、连接处、弯头等取样系统的防冻措施进行加固，设置防风措施，提高防护等级，确保机组运行安全。

（2）严格执行重要热控保护测点故障安全措施处理和二票三制，对故障处理落实保护退出等安全措施执行，对相关重要典型故障开展应急预案演练和培训，确保机组安全运行可靠。

（3）加强重点设备防寒防冻工作巡检力度，做好应急值班，对存在问题做到早发现、早处理，消除安全隐患。

二、极寒天气仪表管路保温措施不到位导致凝汽器低真空保护动作

（一）事件过程

2021年1月8日12时36分，某厂6号机组负荷为920MW，AGC投入方式运行。B/C/D/E/F磨煤机运行，总风量为3320t/h，燃料量为368t/h，给水流量为2729t/h。12时36分3秒，凝汽器低真空保护动作（达到延时5min），触发汽轮机跳闸，锅炉MFT动作。

（二）事件原因检查与分析

1. 事件原因检查

跳闸后检查低压缸前连通管蒸汽压力配置3个测点（60MAC11CP001、60MAC11CP002、60MAC11CP003），经三选中模块，输出信号点名60MAC11FP001＿XQ02。经转换函数后输出一凝汽器压力保护设定值（60MAC11FP001＿XQ01），保护设定值在0.013～0.03MPa区间，当凝汽器压力大于设定值延时5min触发跳机保护。

检查历史曲线发现1月7日22时29分37秒和1月8日1时31分14秒，低压缸前连通管蒸汽压力点2（60MAC11CP002）、点1（60MAC11CP001）相继变为坏点（BAD），其中点1于1月8日12时30分37秒，经过一次反复后恢复为好点（GOOD），并因其值与点3（60MAC11CP003）偏差大造成输出点品质变坏（BAD），经过一系列逻辑，导致了凝汽器低真空保护动作。

如图5-21所示，1月7日22时29分37秒，点2变坏点（BAD），变坏前点2数值由6.44MPa缓慢变为1.010MPa，历时71s；变坏后最终数值为1.099MPa，此时，点1、点3均仍为好点，其中点1数值为0.644MPa，点3数值为0.641MPa，三选块取点1、点3平均值，三选后输出为0.6429MPa。

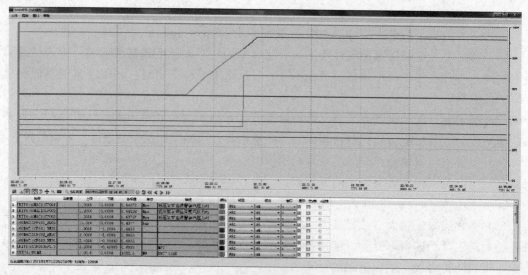

图5-21　点2缓变为坏点过程（绿线）

1月8日1时31分14秒前，点2一直为坏点（BAD），数值为1.100MPa；14秒时点1变坏点（BAD）（品质变坏点前，点1数值由0.541MPa缓慢变为1.000MPa，历时103s），变坏后数值为1.013MPa。点3始终为好点，数值约为0.538MPa。点1缓变过程中，三选中模块由于点1、点3偏差大满足"如果只有一个输入有品质报警，而另两个输入之间有偏差报警，输出保持之前的非坏值，输出点品质为BAD"的条件，三选中模后输出点品质变为（BAD）。最终点1变为坏点后被三选中块剔除，三选后输出点品质重新变回（GOOD），输出点3数值。

1月8日12时30分37秒，点1由1.100MPa（BAD）变为1.012MPa（POOR），三选块由于满足"如果只有一个输入有品质报警，而另两个输入之间有偏差报警，输出保持之前的非坏值，输出点品质为BAD"的条件，三选后输出点品质由（GOOD）变为（BAD），但数值不变，始终为0.5778MPa。12时30分50秒，点1品质变化，由1.012MPa（POOR）变为1.012MPa（BAD），三选后输出点品质由（BAD）变为（GOOD），数值不变。12时31分2秒，点1品质变化，由1.012MPa（BAD）变为1.012MPa（POOR），三选后输出点品质由（GOOD）变为（BAD），数值不变，如图5-22所示。

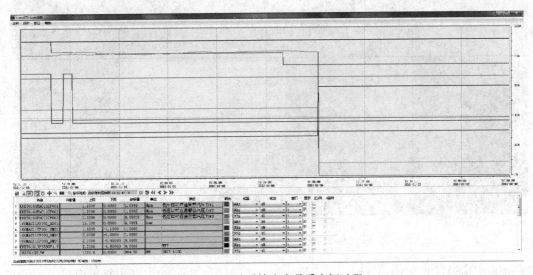

图 5-22　三选后输出点品质变坏过程

三选后输出经加法、函数、大选、小选4个算法块后，输出为"凝汽器背压允许值"。运算过程中质量向后传递，由于大选算法块设置为只有不坏的点参与运算，因此大选块选择另一输入数值0输出，最终的凝汽器背压允许值变为0MPa（如图5-23、图5-24所示）。实际凝汽器压力与该值比较后，凝汽器压力保护跳机条件满足，经过5min延时于12时36分3秒触发跳机，继而触发MFT。

2. 事件原因分析

（1）对室内的防寒防冻工作不到位。由于低压缸前连通管蒸汽压力的就地取样管线靠近汽机房百叶窗处，即使百叶窗关闭仍有冷风吹入。分析为取样管结冰，因水结冰后体积膨胀，导致压力测点超量程变为坏点。

（2）低压缸前连通管蒸汽压力模拟量三取中算法的判断坏值回路存在隐患。一旦出现

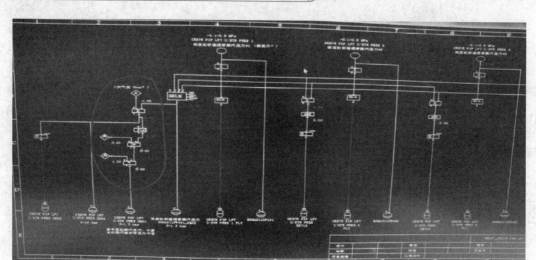

图 5-23　凝汽器背压允许值变为 0MPa

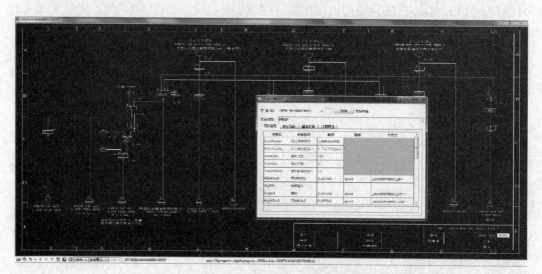

图 5-24　大选块设置为只有不坏的点参与运算

坏值即触发凝汽器保护动作［当三取中模块取值后，进入后续的大（小）选模块与定值进行比较，当大（小）选模块判断输入为坏值时，直接输出定值零，触发保护动作］。

（三）事件处理与防范

（1）三期汽机房运转层下方、靠主变压器侧的仪表管加装保温，百叶窗处增加临时挡板，提高户内仪表测量系统抵御极寒天气的能力。

（2）临时撤出低压缸前连通管蒸汽压力至凝汽器压力保护逻辑回路，完善现有逻辑。

三、防喘放气阀仪用空气供气管路与气缸体接头断裂导致机组跳闸

（一）事件过程

2021 年 8 月 1 日 21 时 4 分，某厂 12 号机组 323MW 负荷运行。燃烧模式为 MODEB，IGV 角度为 73.15°，排气温度 TTXM 为 1185℉，燃料转速控制基准 TNR 为 103.15，燃料量 FSR 为 66.58%，4 个防喘阀位置反馈处于关闭位置。

21时4分18秒，报警显示3号防喘阀3副关位置反馈l33cb7c_1、l33cb7c_2、l33cb7c_3置零，1副开位置反馈l33cb3o置1；

21时4分19秒，触发报警L86CBC3_ALM（指令为关，反馈为开故障），退出模式B，机组快速减负荷；

21时4分57秒，负荷下降至-8.2MW，触发L32DW_ALM，发电机逆功率动作，发电机开关解列，燃气轮机保持全速空载运行；

21时25分0秒，运行人员投入停机按钮，机组进入停机程序。

（二）事件原因检查与分析

1. 事件原因检查

9F燃气轮机每台机组都有4个防喘放气阀，安装在排气扩散段间，主要功能是防止压气机发生喘振现象，保护压气机。其中1号、2号抽自压气机的9级，3号、4号抽自压气机的13级。防喘阀类型为两位式气动阀门（气关阀：通气关阀，失气开阀），其位置开关反馈装置为非接触式接近开关，包括1副开信号和3副关信号（三取二作为关位置判断）。就地检查发现3号防喘放气阀仪用空气供气管路与气缸体连接的接头断裂，仪表管固定牢固，3号防喘放气阀母管没有发现异常，支架完好。

2. 事件原因分析

检查发现3号防喘放气阀仪用空气供气管路与气缸体连接的接头断裂，导致防喘阀开启触发，防喘阀打开故障报警，燃气轮机控制系统将燃料转速控制基准TNR从103.15直接重置到100.3，机组立即减负荷，直到逆功率动作解列。

接头断裂原因分析：3号防喘放气阀仪用空气管路和气缸之间为硬连接，在安装时可能产生结构应力，同时受3号防喘放气阀频繁开关、气缸有一定振动影响，在交变应力和结构应力长期共同作用下，最终导致该接头断裂。

3. 暴露问题

（1）隐患排查不彻底，没有发现仪表管长期刚性连接中容易造成仪表管损伤的类似隐患。

（2）定期维护不到位，防喘放气阀气缸接头定期检查时间过长，没有发现接头是否存在裂纹，或者予以定期更换。

（三）事件处理与防范

1. 事件处理

（1）更换3号防喘放气阀仪用空气供气管路与气缸连接的断裂接头。

（2）检查该供气管路的固定支架、抱箍位置是否合理，避免供气管路应力产生。

（3）检查该供气管路的安装是否合理。

2. 防范措施

（1）在机组停机期间，将3号防喘放气阀仪用空气管路末段和气缸之间的连接改造为软管连接，消除结构应力和交变应力影响，同时举一反三，将其他防喘放气阀仪用空气管路末段都改造为软管。

（2）排查11号、12号机组重要气动阀仪用空气管路与气缸体的接头完好情况，发现受损的立即进行更换，将重要气动阀的接头列入日常定期维护内容，对重要气动阀的接头在机组检修时进行探伤检测。

（3）排查11号、12号机组重要气动阀仪用空气管路的固定情况，检查仪用空气管路及其与气缸连接是否存在结构应力影响，重新固定仪用空气管路，消除结构应力影响。

（4）排查 11 号、12 号机组防喘阀母管的振动及支架固定情况，确保防喘阀母管支架完好、无移位。已对热态情况下的防喘放气阀母管的支架进行检查，检查结果正常，在机组下次冷态启动时安排监测防喘阀母管的振动及支架位移情况。

（5）举一反三，对 9F 机组其他高压软管及接头情况进行排查。

（6）对重要气动阀门进行断电、断气、断信号（三断）保护功能确认，对功能欠缺的重要系统阀门做好事故预想和事故防范。

第四节　线缆故障分析处理与防范

本节收集了因线缆异常引起的机组故障 6 起，分别是线缆绝缘破损引发真空破坏阀误开导致"凝汽器真空低"保护误动作、DCS 预制电缆故障引起凝结水泵跳闸、转速信号线缆破损导致转速突变引发 ACC 保护动作机组跳闸、中压主汽门信号电缆高温烫伤短路导致机组跳闸、AST 电磁阀引线高温破损导致机组跳闸、燃油进油快关电磁阀接线进水导致机组跳闸。

线缆异常在热控系统中较为常见，导致机组跳闸案例时有发生，应是热控人员重点关注的问题。如果能够在线缆上做到重要信号分电缆敷设、做好防腐、防高温等预控措施，检修中做好电缆绝缘测量工作，将会大大降低线缆故障对机组安全运行的影响。

一、线缆绝缘破损引发真空破坏阀误开导致"凝汽器真空低"保护误动作

某公司 4 号机组投运时间为 1997 年 12 月。其中 4 号汽轮机为上海汽轮机厂制造的 N315-16.67/537/537 型亚临界中间再热冷凝汽式汽轮机，4 号锅炉为上海锅炉厂制造的 SG1025.7/18.3-M840 型亚临界、一次中间再热、单炉膛、固态排渣、全钢架悬吊结构、控制循环汽包炉，4 号发电机为上海汽轮发电有限公司制造的 QFN—315-2 型无刷励磁发电机。

（一）事件过程

2021 年 11 月 27 日 15 时 33 分 17 秒，4 号机负荷为 158MW，主蒸汽压力为 11.8MPa，煤量为 75t/h，4A、4B、4C 制粉系统运行，4A 真空泵运行，真空破坏阀 DCS 画面在挂起状态，凝汽器真空为 -98.1kPa。

15 时 33 分 17 秒，监盘发现 4 号机"真空破坏阀未全关"光字牌报警，凝汽器真空快速下降。监盘人员立即汇报单元长、值长，并在 DCS 中检查 4 号机真空破坏阀离开全关位。

15 时 33 分 48 秒，凝汽器真空降至 -96.33kPa，立即手启 4B 真空泵、将真空破坏阀解挂手动操作关闭无效果。单元长令副值班员、巡检员就地手摇关 4 号机真空破坏阀。

15 时 34 分 10 秒，4 号机凝汽器真空为 -88kPa，凝汽器真空低报警。

15 时 34 分 28 秒，4 号机凝汽器真空为 -80kPa，机组跳闸，机盘 ETS 画面显示汽轮机首出"真空低"，锅炉 MFT，发电机解列。

（二）事件原因检查与分析

1. 事件原因检查

现场检查 4 号机真空破坏阀，采用扬州电力设备修造厂 1997 年 3 月生产的 DZW 型电

动执行器，执行器执行部分与控制部分采用分体布置，控制部分集中在机侧 PZC 盘内，就地控制通过 PZC 盘控制面板带灯按钮控制，远方/就地方式切换通过 PZC 控制面板方式开关实现。经检查 DCS 未发出真空破坏阀远方打开指令，就地检查阀体部分未发现异常。

　　检查真空破坏阀电缆，经绝缘测试，真空破坏阀开、关指令信号电缆接地电阻及相间电阻均到零。进一步排查电缆，测试电子间 DCS 盘柜至电缆夹层转接柜电缆绝缘合格、测试电缆夹层转接柜至就地 PZC 柜间电缆绝缘合格、测试就地 PZC 柜内转接端子至就地盘柜控制面板的电缆绝缘不合格（为零）。

　　经过排查，发现系就地 PZC 柜内转接端子至就地盘柜控制面板的电缆（盘内配线）有直埋段，挖开封堵层后，发现直埋段电缆存在不同程度受损现象，其中三芯电缆熔断，经查为开式泵 B 出口阀控制电缆，其他部分电缆存在外绝缘损伤粘连情况，具体如图 5-25 所示。经紧急抢修，将真空破坏阀就地 PZC 柜内转接端子至就地盘柜控制面板电缆全部更换，更换后绝缘测试合格。

　　检查发现该 PZC 配电柜位于汽机房零米，共配置 8 套电动门控制回路，实际投用

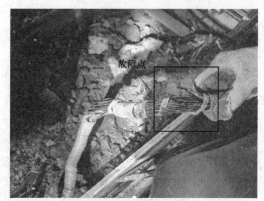

图 5-25　电缆故障点

4 套，其中第一套为真空破坏阀，第二套为开式泵 B 出口阀；由于柜内信号配线均无外层绝缘皮保护，在 1997 年机组基建施工期间部分柜内配线埋入柜内底部防火材料中，长期受潮湿环境影响，电缆绝缘逐渐降低，导致开式泵 B 出口阀控制回路直埋段电缆发生短路接地故障，电源变压器烧损，动力电源空气开关跳闸。因真空破坏阀与开式泵 B 出口阀控制电缆配线均处于同一束线缆，造成真空破坏阀开阀指令短路导通，开阀接触器励磁，真空破坏阀误开，"凝汽器真空低"保护动作。更换 4 号机组真空破坏阀所在就地 PZC 配电柜内部全部直埋配线，经试验功能正常。

　　2. 事件原因分析

　　（1）直接原因。4 号机组就地 PZC 配电柜内部配线直埋段绝缘降低，发生短路接地故障，造成真空破坏阀开阀指令短路导通，开阀接触器励磁，真空破坏阀误开，凝汽器真空快速下降，真空低保护动作，导致 4 号机跳闸。

　　（2）间接原因。

　　1）基建施工工艺不符合标准，就地 PZC 配电柜内部配线没有按工艺标准在柜内绑扎固定，而是直埋在盘柜底部封堵层下，为机组安全运行埋下安全隐患。

　　2）隐患排查治理不到位、不深入，未能在机组检修期间发现 PZC 配电柜内部配线直埋隐患，没有采取有效防范措施。

　　3）日常技术管理对就地配电柜内部配线直埋现象的危害方面认识不足，未开展针对性的培训。

　　3. 暴露问题

　　（1）安全生产责任制落实不到位，隐患排查工作不深入、不彻底，没有辨识出配电柜内配线直埋存在的风险点，并及时采取有效防范措施。

（2）技术管理存在差距，各级管理人员对配电柜内部配线直埋现象的危害方面认识不足，在检修项目设置、验收标准制定上未做具体要求，也未组织开展针对性的培训，技术培训存在漏洞。

（3）工程建设施工管理不到位，就地 PZC 配电柜内部配线没有按工艺标准在柜内绑扎固定，而是直埋在盘柜底部封堵层下，施工工艺不符合标准，埋下安全隐患。

（4）检修全过程管理落实不到位，检修作业指导书针对检修工艺相关规定不明确、不具体，就地控制柜内电缆绝缘测试工作重视不够、覆盖不全面，虽对主要设备、联锁保护信号电缆按要求进行绝缘测试工作，但对就地配电柜内配线绝缘测试工作重视不够，执行不到位。没有利用检修机会彻底消除设备隐患。

（三）事件处理与防范

（1）对 4 号机组真空破坏阀 PZC 配电柜存在隐患的内部配线全部进行更换。检查同一 PZC 配电柜相邻盘柜内其他存在直埋电缆，并进行处理。

（2）排查、汇总任何单一开或关造成机组跳闸的阀门，做好防止阀门误动的事故预想。仪控专业制定重要阀门、控制电缆台账，列入日常巡检及测温范围，防止发生类似故障。

（3）在机组检修、调停中扩大电缆绝缘测试范围，对就地盘柜内部二次回路绝缘全面进行测试，记录绝缘发展趋势，对绝缘降低的电缆、元器件及时进行更换处理，同时完善检修规程、作业指导书相关内容。

（4）严格落实检修全过程管理，强化技术监督、检修工艺培训，合理安排项目设置，细化验收标准，并严格执行。

（5）对全公司范围内配电柜、端子箱、仪表柜、电源箱等各类盘柜柜内直埋电缆情况进行排查，制定整改计划并严格落实。

（6）对重要设备进行升级改造，减少中间环节过多造成的风险点，提高可靠性。

二、DCS 预制电缆故障引起凝结水泵跳闸

某电厂 2 号机组为 630MW 超临界机组，控制系统采用艾默生 ovation3.3.1 系统。凝结水系统采用 2×100% 容量的凝结水泵，共设一台变频器，正常运行一台变频运行，另一台工频备用。

（一）事件过程

2021 年 6 月 29 日 9 时 29 分，负荷为 350MW，2B 凝结水泵变频运行，2A 凝结水泵工频备用。凝结水母管压力为 1.6MPa。

9 时 29 分 38 秒，2B 凝结水泵出口电动阀开反馈消失，就地阀门在关闭，凝结水母管压力及除盐装置后凝结水压力之后下降。

9 时 29 分 49 秒，凝结水泵母管压力为 1.13MPa，除盐装置后凝结水压力为 1.11MPa，2s 后，2A 凝结水泵联锁启动运行，变频器切至手动；

9 时 30 分 2 秒，2B 凝结水泵出口电动阀关信号发出。

9 时 30 分 48 秒，2B 凝结水泵跳闸，首出为"2B 凝结水泵出口阀关闭联跳 2B 凝结水泵"。2A 凝结水泵联启，工频运行，凝结水泵母管压力为 3.1MPa。

（二）事件原因检查与分析

（1）2B 凝结水泵跳闸原因。2B 凝结水泵跳闸首出为"2B 凝结水泵出口阀关闭联跳 2B

凝结水泵"。检查逻辑设置为2B凝结水泵运行30s后，凝结水泵出口阀关闭（关反馈与上开反馈消失），延时45s，联跳2B凝结水泵。查阅历史曲线，2B凝结水泵出口阀门开反馈消失，一定时间后，关反馈到位，阀门真实关闭，延时45s后凝结水泵B跳闸，保护正常动作。

（2）凝结水泵出口电动阀关闭原因分析。通过查阅历史曲线及操作员操作记录，未发现自动关指令及手动关指令。排除运行人员手动误关或逻辑中自动关闭条件触发。

2B凝结水泵出口电动阀一直显示在远方控制，未切至就地模式，且无故障信号；就地阀门上有少量的灰，无人为触碰的痕迹。排除阀门就地被人为误动的可能。

检查电动阀停止指令的电缆绝缘，绝缘正常，且未发现电缆在桥架拐弯处有破皮现象，排除电缆瞬时短路或接地造成就地阀门误关。

检查DO卡继电器触点，触点动作良好，通断阻值正常。排除继电器异常导致阀门误关。

凝结水泵出口电动阀关指令（20LCA12AA003XB12）位于DROP7上1.5.1的DO模件上，此模件之前一直处于间接性坏点，目前就地模件灯未报故障，上位机可以查询到该卡位置，但检测不到该位置模件类型。利用控制器诊断工具，本支线上第1块DO卡显示类型无法识别，第2/3块DO卡无显示，见图5-26。

查看组态设置，drop7 1.5.1模件设置"timeout action"选择为Latch，模件信号超时会保持，状态不会翻转。咨询OVA-TION DCS厂家技术人员，存在模件异常时，跟本支线别的卡进行抢地址现象，造成将本支线别的卡对应通道的状态赋给2B凝结水泵出口电动阀关指令通道的情况。因此判断DO模件异常导致信号误发是凝结水泵出口电动阀关闭的原因。

图5-26 控制器诊断，1.5.1模件类型无法识别

该电动阀带中停功能，信号短暂误发不会将阀门完全关闭。对阀门进行中停试验，无法满足中停功能，中停功能失效。

（3）DO模件异常原因分析。2B凝结水泵出口电动阀关指令所在的DO卡为DROP7.1.5.1支线的第二块DO卡，该支线共有3块DO卡，之前已多次出现第二块和第三块DO模件通道间歇性全变为坏质量。更换3块继电器板（包括小卡）和终端头后故障现象消失。2021年2月12日，1.5.1支线的第二块DO模件上所有通道开始间歇性出现坏点，模件P、C灯亮，内部故障灯和外部故障灯均不亮。更换模件和终端后，故障现象仍在，但信号未受影响。由于故障仅限于该支线，因此故障点趋向于连接该支线的ROP板或通信电缆异常造成DO模件异常。由于该控制器涉及AB给水泵汽轮机、油泵，运行时更换ROP板需要做大量措施存在风险，因此决定暂不更换，待机组调停时继续检查处理。

2022年1月23日，2号机组调停。按照之前分析进行以下检查处理：

1）恢复现场3块DO模件小卡，故障出现。在控制器诊断中只能扫到两块DO卡。

2）Drop7重启至备用，观察现象，故障依然存在。

3）检查通信预制电缆（通信数据线）：

a.拔掉分支5/6至分支7/8预制电缆，检查插头状态，插头状态良好，无锈迹、无弯针等；拔掉后5/6分支故障依然存在；重新插回去，故障依然存在。

b. 拔掉 3/4 分支至 5/6 分支预制电缆，检查插头状态，插头状态良好，无锈迹、无弯针等；重新插回去，故障依然存在。

c. 拔掉控制器至 3/4 预制电缆，检查插头状态，插头状态良好，无锈迹、无弯针等；重新插回去，故障依然存在。

预制电缆全部检查完毕，插头处状态良好，由于是目测，所以不能确定预制电缆是否损坏。

4）现场准备好一根通信预制电缆，更换控制器至 3/4 分支预制电缆后，DO 模件故障消失，模件上所有点，点质量由坏点变成好点，控制诊断中，Branch5 分支 3 块 DO 卡均可见，且正常，如图 5-27 所示。再次换回旧线，故障复现，如图 5-28 所示。

图 5-27　更换控制至 3/4 分支数据线

图 5-28　换回原控制器至 3/4 分支数据线

由此判断，控制器至 3/4 分支预制电缆异常。

更换下的数据线，测量各个线芯电阻，阻值见表 5-2。

表 5-2　　　　　　　　　更换下的数据线各线芯电阻测量值

针脚编号	阻值（Ω）	针脚编号	阻值（Ω）	针脚编号	阻值（Ω）
1	0.3	14	0.6	27	0.6
2	0.5	15	0.6	28	1502
3	0.5	16	0.6	29	0.6
4	0.7	17	0.6	30	0.6
5	0.7	18	∞	31	0.6
6	0.6	19	∞	32	0.6
7	0.8	20	0.7	33	0.6
8	0.8	21	0.6	34	0.5
9	0.8	22	0.6	35	0.6
10	0.5	23	0.6	36	0.6
11	0.5	24	0.6	37	∞
12	0.6	25	0.6		
13	0.6	26	0.7		

如图 5-29 所示，Branch5 中所用线芯情况，结合表 5-2 各线芯阻值，控制器至 3/4 分支预制电缆异常，数据线线芯电阻改变（其中 28 针，电阻阻值异常）。

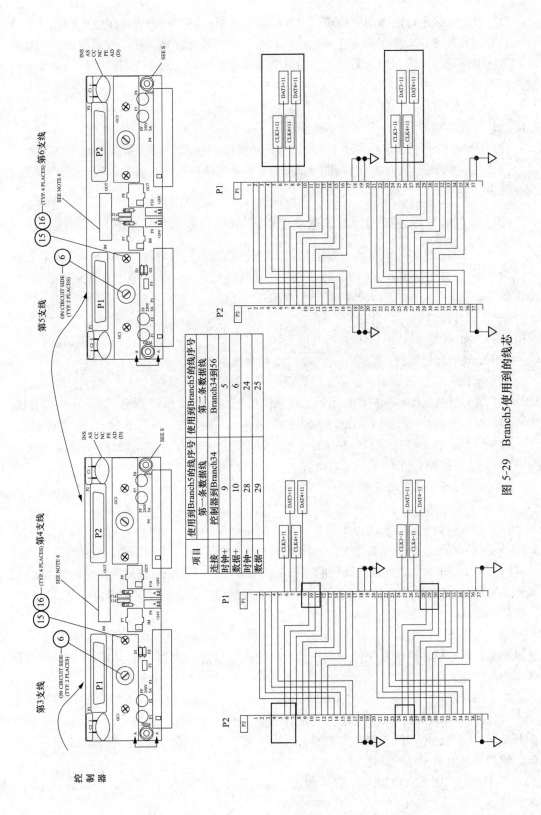

项目	使用到Branch5的线序号		使用到Branch5的线序号	
	第一条数据线Branch34	控制器到Branch34	第一条数据线	Branch34到56
连接	9		5	
时钟+	10		6	
数据+	28		24	
时钟-	29		25	
数据-				

图 5-29　Branch5使用到的线芯

187

（4）凝结水泵出口电动阀中停功能失效的原因分析。进一步排查发现该电动阀在2号机组C修时更换新电动阀后，未正确接线，就地自保持短接线被误接，在进行阀门试验时也未进行中停功能试验，只是测试了阀门开、关试验，因此，未发现阀门中停功能不能满足的异常。

（三）事件处理与防范

（1）更换控制器至3/4分支预制电缆。

（2）梳理带中停功能电动阀清单，检查中停功能是否满足。对重要电动阀增加中停功能。

（3）在C修DCS常规检查项目中增加"DCS通信预制电缆检查"的检查事项，及时发现隐患。

三、转速信号线缆破损导致转速突变引发ACC保护动作机组跳闸

某电厂2号机为600MW火力发电机组，DEH控制系统为日立HIACS 5000M，扫描周期为30ms，通过测量30ms内的脉冲数量来计算转速，每块测速卡上有3路转速信号，为保护主设备，设计为三取大的数值处理方式。

（一）事件过程

2021年1月28日，事件前运行方式：2号机组负荷为413MW，协调方式运行，A、C、D、E、F磨煤机运行，总煤量为192t/h，给水流量为1040t/h。

10时17分1秒59毫秒，2号机组DEH中转速输出信号瞬间波动至3077r/min，触发DEH中ACC（加速度）保护动作，汽轮机阀门指令由77.5%瞬间切至5%，高压调节阀、中压调节阀迅速关闭，机组负荷由413MW快速降至11MW，给水流量由1034t/h快速下降。

10时17分16秒442毫秒，机组给水流量降至163t/h，给水流量低保护动作，最终触发MFT，机组跳闸。

（二）事件原因检查与分析

1. 事件原因检查

（1）信号检查。检查跳闸首出信号，给水流量低保护动作MFT。查阅SOE记录发现MFT动作前汽轮机ACC（加速度保护）保护动作。检查DEH工程师站历史曲线未发现转速异常，但DEH最大转速信号跳机前突变至3077r/min（DEH历史记录精度为1s无法记录转速突变）。热控检修人员就地检查DEH控制柜接线、转速前置器接线以及前轴承箱等处接线均紧固，未发现明显异常。

查看机组SOE记录，10时17分1秒59毫秒，2号机ACC（加速度）保护触发，加速继电器动作，同时调节器快卸指令发出，汽轮机流量指令置为5%，中压调节门、高压调节门均快速关闭。

10时17分1秒91毫秒，加速度继电器动作复位，动作时间仅有0.032s，刚好大于DEH系统的扫描周期30ms，这说明转速异常波动的时间极短，刚好可以被DEH系统检测并输出。因高、中压调节门快速关闭，负荷快速下降，主蒸汽压力上升，给水泵出力下降，锅炉主给水流量迅速降低。

10日17时16分442毫秒，省煤器入口流量低于保护值（493t/h），触发锅炉MFT，机组跳闸。

2号机组加速度保护动作为机组跳闸主要原因，加速度保护动作回路正常，保护属误动。

（2）加速度保护动作分析。2号机组跳闸前转速信号曾发生异常报警，具体经过如下：

1月25日下午，2号机组DEH监控系统出现转速通道故障，经热控人员检查，转速探头1测量值自13时左右开始出现无规律的向下波动的情况，最低波动至2970r/min，因机组在运行，在做了保护措施后对故障转速头1至前置分配器端子的接线进行检查、紧固，未发现明显异常。至26日上午转速探头1未再跳动。

1月26日晚17时左右，2号机组再次出现转速故障报警，且转速探头1测量值上、下波动均存在，最高跳变至3078r/min。

为了保障机组稳定运行，防止转速1信号造成保护误动，经咨询东汽厂家，26日晚，热控人员将转速探头1拆除，转速1信号强制为3000r/min。

1月28日上午10时17分，2号机组DEH转速测量值再次跳变至3077r/min，引起ACC保护动作，导致机组跳闸。因转速1已经强制，故出问题的应该为转速2或转速3。图5-30所示为DEH历史趋势，转速1、2、3均在3000r/min无突变，且无通道异常报警，但转速最大值记录为3077r/min，可以判断转速极短时间内突变后恢复。

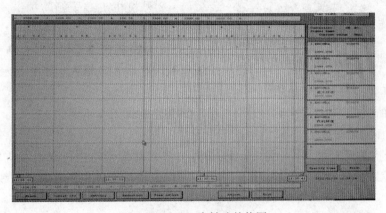

图5-30 DEH中转速趋势图

（3）DEH保护原理分析。该厂DEH系统采用日立H5000M控制系统，扫描周期为30ms，通过测量30ms内的脉冲数量来计算转速。每块测速卡上有3路转速信号，为保护主设备，设计为三取大的数值处理方式。ACC动作条件为转速大于3060r/min且转速变化加速度大于49r/min/s，加速度保护动作，其动作结果是：

1）ICV快关电磁阀带电；

2）"调节器设定"快卸到空载位5%。

DEH系统测速探头采用3个MP-988测速探头，该转速探头为霍尔效应的转速探头。3个测速探头引至机头前置器盒内，信号分别1分3，共9路信号送至DEH，其中1A、1B、2A、2B、3A、3B转速信号分别送入DEH内的两块互为备用的转速卡（型号LYT000A），1C、2C、3C送至BUG模件，作为后备超速保护信号。

霍尔效应转速探头原理为当轴转动时测速齿接近磁铁，探头磁感应强度变高，输出低电平；测速齿远离磁铁时，探头磁感应强度变低，输出高电平，形成脉冲信号输出至转速卡计数。所有影响到探头芯片的磁感应强度测量的因素都可能导致转速测量产生偏差。

（4）现场检查分析。停机后打开前轴承箱检查，转速探头就地安装方向正确，间隙符合要求，初步判断转速信号跳变的原因是转速探头信号受干扰，从整个测速回路看，对可能引起转速突变的原因进行检查：

1）现场存在交变磁场，转速探头附近存在电流干扰。但电气专业测量大轴接地电压为4.8V左右，大轴接地良好。

2）转速信号传输线路由于破损、接地等情况存在线路干扰。事后检查前箱右侧端子箱，发现有电缆龟裂。

3）测量探头由于受到摩擦或者环境温度过高等原因引起本身故障，导致转速测量值突变。事后开汽轮机前箱检查，探头安装方向正确，预置电缆绑扎完好、无破皮。

4）测速模件通道故障引起转速突变。事后查看模件工作状态，无故障指示，工作正常。

2. 事件原因分析

根据上述检查结果，热控人员认为2号机前箱右侧端子箱内电缆存在明显的龟裂破损

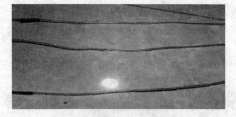

图 5-31　前箱右侧端子箱内电缆破损情况

现象，如图 5-31 所示，导致转速信号电缆抗干扰能力下降，是造成转速信号跳变的主要原因。

3. 暴露问题

（1）2号机机头端子箱防护措施不到位，电缆经过高温区域，电缆易被烫伤老化。

（2）2号机机头端子箱电缆检查处理不彻底，出现龟裂问题后，检修人员工作敏感性、责任心不够，未能扩大检查，彻底处理。

（3）对加速度继电器动作后，逻辑细节不清楚，培训工作不到位。

（三）事件处理与防范

（1）2号机组调停期间，1月29日—2月4日，对端子箱进行改造以防止高温烫伤，对龟裂的电缆进行了更换，重新接线，测量更换后电缆的接地电阻正常，电缆屏蔽层接地电阻正常。

（2）2月7日开机，将示波器并联在转速探头接线处，测量转速探头反馈方波。热控专业每日安排三次对示波器进行巡检及 DEH 系统转速检查。直至2月10日，示波器波形无跳变，信号正常，DEH 最大转速无跳变，转速正常。

（3）详细分析逻辑动作结果，对专业人员进行学习培训，提高业务技术水平。

（4）与东方汽轮机厂联系，沟通优化加速度保护逻辑，增加负荷判据，避免转速受干扰波动造成保护误动。

（5）利用检修机会增加备用的 DEH 转速探头，引至前轴承端子箱，在单一转速异常时可及时更换备用探头，便于检查故障原因。

（6）就地安装示波器，安排每日 3 次巡检，定期检查转速信号电压是否受到干扰，验证信号电缆的抗干扰能力。

四、中压主汽门信号电缆高温烫伤短路导致机组跳闸

某电厂汽轮机为北京龙威公司引进德国西门子技术，由上海汽轮机有限公司制造的亚临界、一次中间再热、单轴四缸四排汽、反动凝汽式汽轮机。锅炉为上海锅炉厂有限公司引进美国燃烧工程公司（CE 公司）技术设计和改造的亚临界压力中间一次再热控制循环炉，采用单炉膛Π形露天布置，后烟井双烟道，四角切向燃烧，对冲正反切布置，再热蒸

汽汽温挡板调节，平衡通风，全钢架悬吊结构，固态排渣，燃用烟煤。机组分散控制系统采用上海福克斯波罗公司 DCS 控制系统。

（一）事件过程

2021 年 17 时 5 分，4 号机组负荷为 200MW，主蒸汽压力为 15.33MPa，主蒸汽温度为 540℃，再热蒸汽温度为 541℃，A、C、D、E 制粉系统运行，AGC 和一次调频均投入，光字牌"B 中联门关闭"发信，运行人员检查现场 B 侧中联门实际未关闭。

17 时 25 分左右，值班人员到达现场，查看现场设备、就地端子箱及机柜接线后，未发现异常。由于中联门信号接入汽轮机 220V 保护跳闸回路，机组运行中没有解除保护或停电处理的手段，值班人员随即向部门汇报故障现象，并与部门讨论故障原因和处理方案。

17 时 57 分，4 号机组光字牌"A 中联门关闭"发信，发出"主汽门关闭"综合信号，汽轮机跳闸，联跳锅炉、电气，锅炉灭火，机组解列。

（二）事件原因检查与分析

1. 事件原因检查

现场检查 4 号机组 1～4 号"中联门关闭"信号，自各阀门处行程开关输出信号至就地端子箱，在端子箱处通过电缆送至 4 号机组 DCS 汽轮机 BH02 机柜（汽轮机 ETS 保护柜），在保护柜内组合产生"主汽门关闭"综合信号，见图 5-32。

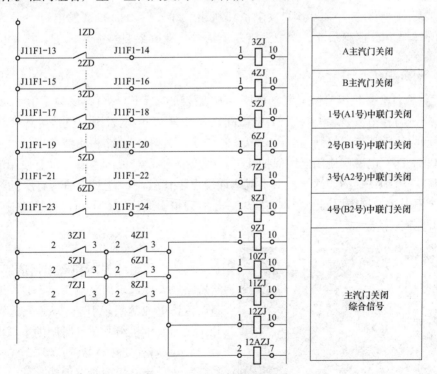

图 5-32　ETS 柜硬接线回路图

此信号分别送炉侧保护回路、汽轮机 SCS 系统及发电机保护回路。现场检查发现，有金属软管保护的送 DCS 电缆在桥架出口及端子箱的中间绑扎处松脱，垂挂在电缆桥架下部的蒸汽管道上，运行中此管道表面温度为 165℃多，与蒸汽管道接触的电缆保护软管及电缆长期受热烘烤，严重老化、脆化，测量电缆线间绝缘下降，发生短路。

2. 事件原因分析

（1）直接原因："中联门关闭信号"送 DCS 的电缆受高温烘烤，电缆线间发生短路，导致误发"主汽门关闭"信号，触发机组跳闸。

（2）间接原因：检修工艺不良，电缆敷设绑扎不按规范，不牢靠，绑扎带长时间受力后断裂，致使电缆下垂，接触高温管道。机组运行期间巡检不到位，未及时发现重要保护信号电缆松脱受高温烘烤。

3. 暴露问题

专业管理不到位，对主要设备、电缆未有效组织必要的检查，未及时发现设备隐患。

（三）事件处理与防范

（1）将"中联门关闭综合信号"端子箱进行移位，信号电缆接入移位端子箱内。

（2）开展检修工艺规范培训，提高检修人员技能。加强检修人员热力系统知识培训，熟悉现场工艺流程、设备，敷设电缆时避开热源。

（3）举一反三，对 4 号及其他机组主要设备、电缆开展全面检查，发现问题定时定人进行整改。

五、AST 电磁阀引线高温破损导致机组跳闸

某电厂建设经营的 2×300MW 发电供热机组，2007 年 9 月投产发电。DCS 为美国艾默生公司的 Ovation 控制系统。锅炉为哈尔滨锅炉厂亚临界自然循环锅炉，汽轮机为上海汽轮机厂。

（一）事件过程

2021 年 6 月 2 号机组检修末期，热控专业机控班进行 ETS 系统试验正常后，对 AST 电磁阀回路进行检查发现：4 只 AST 电磁阀以及 2 只 OPC 电磁阀的就地电缆存在严重隐患，其布局为从就地接线控制箱引出 2 根 6 芯电缆，然后分为 12 根引线分别至以上 6 只电磁阀，引线上部至电磁阀使用电缆保护软管，引线的下部（25cm 左右）没有使用电缆保护软管，裸露在就地铁板的夹缝处，由于就地环境温度比较高，且 EH 油具有腐蚀性，其中裸露的 12 根引线的绝缘层已经严重被腐蚀，且有几根引线已经有不同程度的破损，具体破损情况如图 5-33 所示。

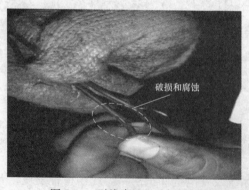

图 5-33　引线腐蚀和破损情况

（二）事件原因检查与分析

由于引线绝缘损坏和破损，造成 AST 回路短路或者接地，使交流 110V 电源熔断器熔断，工作电源跳闸，引起 AST 电磁阀失电打开，从而发生机组非正常跳闸的事件发生。

（三）事件处理与防范

（1）使用 6 根耐高温电缆，使每一根单独的电缆对应每一个单独的电磁阀，重新进行了接线，同时每一个单独的电缆重新更换了电缆保护软管。

（2）机组正常工作时加强对 AST 电磁阀的巡视检查，通过判断电磁阀是否励磁、停机先导压力开关 ASP1 和 ASP2 的状态来判断电磁阀工作情况。

（3）机组启动前、检修期务必做好 AST 及 OPC 电磁阀检查、线圈阻值检查、电缆绝缘电阻测试、就地实际电缆情况检查，并将检查结果记录归档，放到技术监督相应的文件夹内。

（4）机组启动前、检修期进行 AST 电磁阀通道试验，以及 OPC 电磁阀正常工作实验，保证这些电磁阀能够正常工作，并将记录归档，放到技术监督相应的文件夹内。

六、燃油进油快关电磁阀接线进水导致机组跳闸

某厂 2 号机组锅炉为北京巴布科克·威尔科克斯有限公司 W 形火焰超临界系列，采用 W 形火焰燃烧、一次中间再热、平衡通风、固态排渣、全钢构架悬吊结构、露天布置、变压运行直流锅炉，B-MCR 工况主蒸汽参数为 2146t/h、26.25MPa（a）/585℃/583℃。汽轮机采用东方电气集团的 660MW 超临界参数、一次中间再热、单轴、四缸四排汽、双背压、凝汽式、九级回热抽汽的汽轮机，参数为 25MPa（a）/580℃/580℃。DCS 控制系统采用艾默生公司生产的 Ovation 控制系统。

2021 年 2 月 22 日，2 号机组负荷为 601MW，AGC、AVC、CCS、一次调频投入，RB 投入。2 号炉锅炉主控输出为 539.7MW，燃料主控输出为 52.46%，燃料主控投入自动，A/B/C/D/E/F 磨煤机运行，容量风门开度为 51.6%/50.3%/51.7%/47.9%/43.9%/37.4%，其中 F 磨煤机为手动状态控制，其他磨煤机为自动状态控制。

（一）事件过程

2021 年 2 月 22 日 17 时 41 分，监盘人员发现 2 号机组 B2 报警画面中"燃油母管压力低""燃油进油阀关"报警，检查发现燃油进油阀关闭，发"电气故障"报警，进油流量从 10.39t/h 下降至 0t/h，回油流量从 10.39t/h 下降至 0t/h，进油母管压力从 1.3MPa 下降至 0MPa，燃油回油调节阀关至 15% 后自动切为手动方式。单元长派巡检就地检查燃油进油阀电源情况，巡检检查后回复"燃油进油阀电源空气开关跳闸"。

17 时 45 分，热控人员到达现场未对燃油进、回油流量逻辑进行核实，只检查 2 号炉燃油进油阀控制逻辑，发现 2 号炉燃油进油阀电源消失信号发信，同时核实 2 号炉燃油进油阀开/关反馈信号，未涉及联锁保护，但未对燃油进油回油流量测点进行核实。

17 时 47 分，热控人员到 2 号机组电子设备间查看 2 号炉燃油进油阀电源情况，发现其电源开关跳闸，然后用万用表检查该气动阀门电磁阀的电源及电缆绝缘阻值，发现电缆对地绝缘阻值异常（为 0），判断就地电磁阀线圈故障，造成电源跳闸。

17 时 51 分，热控人员回复：燃油气动跳闸阀电源空气开关跳闸。单元长询问需要处理多长时间，是否能尽快将燃油气动跳闸阀打开。热控人员回复：可以，等检查没问题就可以把燃油气动跳闸阀电源空气开关送上，把燃油气动跳闸阀打开。

17 时 54 分，热控人员和运行巡检人员一起来到 2 号炉炉前油系统检查，发现电磁阀线圈接线部位进水短路，就地有烧糊气味。

17 时 57 分，热控人员告知运行巡检人员，可就地打开 2 号炉燃油进油阀，先恢复燃油系统备用，后续办票检查电磁阀线圈及回路问题。

17 时 58 分 55 秒，热控人员就地操作打开 2 号炉燃油进油阀。

17 时 59 分 12 秒，热控人员听见燃油进油管道进油声音大，遂即关闭燃油进油阀。

17 时 59 分 18 秒，2 号机主值将燃料主控切手动。

18 时 0 分 25 秒，2 号炉 MFT 动作，首出"失去全部火焰"。

20 时 32 分，热控人员更换燃油进油阀电磁阀线圈后，运行人员开、关燃油进油阀正常。

（二）事件原因检查与分析

1. 事件原因查找

检修人员和运行巡检人员一起来到 2 号炉炉前油系统检查，发现燃油气动跳闸阀电源空气开关跳闸是电磁阀线圈接线部位进水短路引起。

检查操作记录和历史曲线记录，17 时 58 分 55 秒，热控人员就地操作打开 2 号炉燃油进油阀后，进油流量从 0t/h 上涨至 31.7t/h，回油流量从 0t/h 上涨至 1.59t/h，进、回油流量最大差值达到 30.1t/h，锅炉总燃料量从 256t/h 上涨至 321t/h，燃料主控在自动方式下的输出由 52.4% 开始下降。6s 后，总风量设定值上涨至 2338t/h，总风量反馈值为 2229t/h，总风量偏差大于 100t/h，A/B 送风机和锅炉主控都切为手动，协调退出。59 分 12 秒，关闭燃油进油阀，油压低不满足油枪投运条件，导致油枪不能投入。6s 后，燃料主控下降至 29.6%，A/B/C/D/E/F 磨煤机容量风门开度反馈分别快速降至 31%/30.3%/31.5%/27.5%/23.3%/37.4%。锅炉总燃料量下降至 150t/h。2 号机主值立即将燃料主控切手动，并手动将燃料主控由 30.03% 加至 37.34%。B、A、C、E、F、D 磨煤机相继跳闸，首出均为"失去火焰"。

检查燃料主控逻辑，存在设计漏洞："燃油进油流量与回油流量的差值"计算入"燃料主控"中，未组态油枪投运支数作为是否炉膛投油的判断条件。在本次事件中，进、回油流量差值出现增大时（30t/h），燃料主控输出造成较大影响，送风自动因计算燃料突然大幅度上升自动退出，磨煤机容量风门快速关小，进入炉膛煤量大幅度减小，导致炉内燃烧急剧恶化，造成炉膛失去火焰，锅炉 MFT 跳闸。

2. 事件原因分析

根据上述事件过程和原因查找，运行和热控部门专业人员分析，认为本次事件：

（1）直接原因。是进油快关电磁阀防雨措施不到位，因线圈接线部位进水短路导致电源空气开关跳闸而自动关闭，燃油中断引起。

（2）间接原因。是热控专业设备管理不到位，燃料主控逻辑存在设计漏洞："燃油进油流量与回油流量的差值"计算入"燃料主控"中，未组态油枪投运支数作为是否炉膛投油的判断条件。在本次事件中，进、回油流量差值出现增大时（30t/h），燃料主控输出造成较大影响，送风自动因计算燃料突然大幅度上升自动退出，磨煤机容量风门快速关小，进入炉膛煤量大幅度减小，导致炉内燃烧急剧恶化，造成炉膛失去火焰，锅炉 MFT 跳闸。

3. 暴露问题

（1）现场设备选型不合理，设备防护等级不满足现场环境要求。

（2）现场设备防护措施不到位，未针对现场设备采取有效、安全的防护措施。

（3）热控、运行人员在缺陷处理过程中风险辨识和预控措施不到位。

（4）热控专业未按照逻辑梳理工作要求开展全厂逻辑梳理排查工作，未能发现 2 号机组燃料主控逻辑存在的设计隐患。

（三）事件处理与防范

（1）更换燃油进油快关电磁阀，经试验工作正常。

（2）生技部热控专业对现场室外设备开展防雨检查，增加室外设备防雨措施。

（3）生技部和发电部讨论燃料主控控制逻辑，完善逻辑控制。

（4）生技部编制现场设备风险清单及预控措施，在缺陷处理过程中生技部、发电部根据风险清单开展风险辨识，采取相关预控措施。

（5）开展全厂逻辑梳理，每月形成逻辑梳理排查报告，生技部与发电部讨论确定整改方案。

第五节　独立装置故障分析处理与防范

本节收集了因独立装置异常引发的机组故障 4 起，分别为 TSI 系统振动信号模件故障机组跳闸、给水泵汽轮机 TSI 模件背板故障触发给水泵汽轮机轴向位移保护动作异常停机事件、可燃气体监测系统模件故障导致燃气轮机跳闸事件、振动测点松动导致机组保护动作跳机。

这些重要的独立的装置直接决定了机组的保护可靠性，其重要性程度应等同于重要系统的 DCS、DEH 等系统，应给予足够的重视。

一、TSI 系统振动信号模件故障机组跳闸

某 2×350MW 燃煤机组汽轮机选用哈尔滨汽轮机有限责任公司生产的国产超临界机组，一次再热、三缸两排汽、抽汽凝汽式汽轮机，DCS 为艾默生过程控制有限公司的 O-VATION 3.5.0 控制系统，每台机组 DCS 配置 19 对控制器，于 2014 年 6 月投入使用。

（一）事件过程

2021 年 12 月 18 日 12 时 42 分，2 号机组 AGC 投入、主蒸汽流量为 721t/h，总给水流量为 654t/h，总燃料量为 118t/h，机组真空为 -98.6kPa，二级工业抽汽投入，汽轮机切缸运行，循环水下塔运行。

12 时 43 分，运行人员监盘发现 DCS 中 2 号汽轮机 3X、4X 轴承振动值突升至 376.4μm、374.2μm 且显示坏点，就地进行 3 瓦和 4 瓦听声检查。

12 时 44 分 2 秒，2 号汽轮机跳闸，首出原因为"汽轮机轴承振动大"。

（二）事件原因检查与分析

1. 事件原因检查

（1）逻辑、定值、参数核查：汽轮机轴承振动报警值为 125μm，跳闸值为 250μm。轴承振动保护逻辑为轴承振动任一测点达到跳闸值（取自 TSI 开关量）和轴承振动任两测点达到报警值（DCS 中模拟量逻辑判断）两个条件相与后输出。核查定值和逻辑正确无误。

（2）现场检查：检查 TSI 机柜外部供电及内部电源装置、接线等无异常。检查 3X、4X 振动测点就地前置器、延长电缆及接线等无异常，检查 TSI 机柜侧对应接线无松动，电缆屏蔽及绝缘正常。

（3）TSI 轴承振动模件故障情况及检查：2 号汽轮机 TSI 为艾默生过程控制有限公司 MMS6000 产品，于 2014 年 6 月投入使用。3X、4X 轴承振动监测分别位于同一模件的两个通道，该模件在此前一直运行正常，当日 10 时热控人员巡检时均无异常。查看历史曲线及记录，12 时 26 分 6 秒，DCS 中 3X、4X 轴承振动发出"坏质量"报警，分别显示为 66.383μm 和 24.307μm（见图 5-34）。

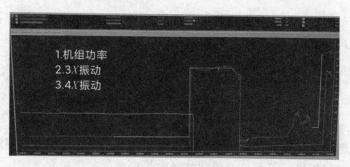

图 5-34　3X、4X 振动曲线

12 时 43 分 10 秒，3X 振动测点恢复为"好质量"，测量值突变至 380.49μm。

12 时 43 分 22 秒，3X 振动测点报"坏质量"，显示值为 376.404μm；4X 振动测点自动恢复为"好质量"，且测量值突变至 374.725μm。

12 时 44 分 2 秒，3X 振动测点又恢复为"好质量"，测量值显示为 387.387μm；4X 振动测点显示为 373.92μm。轴承振动大保护动作。

2. 事件原因分析

（1）直接原因。2 号汽轮机 3X、4X 轴承振动监测分别位于同一模件的两个通道，运行中该模件突发故障并输出异常，导致轴承振动大保护误动作，是本次事件的直接原因。

（2）间接原因。本次停机，热控专业存在对 TSI 模件故障、测点检测异常、保护误动隐患事故预想不足、考虑不周全问题，是本次事件的间接原因。

3. 暴露问题

（1）暴露出在设备可靠性管理方面存在不足，对于设备的健康评估、寿命管理有待进一步加强。

（2）机组停运前，发电部运行人员没有及时发现 3X、4X 方向坏质量报警输出，需要增加重要保护测点的"坏质量"声光报警。

（三）事件处理与防范

（1）将 3X、4X 轴承振动模件更换为新模件，模件状态显示及输出正常。

（2）完善 DCS 轴振保护逻辑：新增振动模拟量"坏质量"记忆功能，测点发生"坏质量"报警后将该点从保护逻辑中退出，需确认后手动复位投入。

（3）严格执行管理制度，继续做好 TSI 等每日巡检工作。

（4）协调艾默生过程控制有限公司，深入查明 TSI 模件故障原因，落实解决方法，在保证保护可靠动作的基础上进一步优化保护配置。

（5）加强设备可靠性管理，全面做好设备健康和寿命评估。

（6）将机组主保护、重要辅机保护测点"坏质量"引入光字报警系统。

（7）加强人员对汽轮机轴承振动等监视，发现故障及时联系专业人员到场确认处理。

二、给水泵汽轮机 TSI 模件背板故障触发给水泵汽轮机轴向位移保护动作异常停机事件

某发电公司 2×1000MW 新建工程一期建设两台超超临界、二次再热、世界首台六缸六排汽、纯凝汽轮发电机组，三大主机均为上海电气集团制造，每台机采用一台 100％容

量汽动给水泵，具有高参数、大容量、新工艺的特性，同步建设铁路专用线，取排海水工程，烟气脱硫脱硝，高效除尘、除灰，污水处理等配套设施。全厂 DCS 采用和利时 HOLLiASMACS6 系统，DEH 采用西门子 T3000 系统，并采用国内先进的"全厂基于现场总线"的控制技术。机组自动控制采用机炉协调控制系统 CCS，协调控制锅炉燃烧、给水及汽轮机 DEH，快速跟踪电网负荷 ADS 指令，响应电网 AGC 及一次调频。两台机组分别于 2020 年 11、12 月投产发电。

给水泵汽轮机保护控制系统采用西门子 T3000 控制系统，给水泵汽轮机 TSI 系统采用艾默生 CSI6500 监视系统，给水泵汽轮机保护控制系统与给水泵汽轮机 TSI 系统的测点传输采用独立电缆连接方式。给水泵汽轮机 TSI 系统中，轴向位移 3 个测点分别采用 3 个独立模件配置，轴振测点 1X、2X 采用单模件双通道配置，轴振测点 3X、4X 采用单模件双通道配置，轴振测点 1Y、2Y 采用单模件双通道配置，轴振测点 3Y、4Y 采用单模件双通道配置。

（一）事件过程

2021 年 2 月 10 日 9 时 30 分，给水泵汽轮机跳闸，触发锅炉 MFT，联跳汽轮机，发电机逆功率保护动作，发电机-变压器组解列。厂用电切换正常；汽轮机超高压、高压、中压主汽门、调节门关闭。

9 时 38 分，给水泵汽轮机转速到 0r/min，投运给水泵汽轮机盘车，转速为 98r/min，偏心为 22μm。9 时 39 分，给水泵汽轮机破坏真空；9 时 50 分，真空到 0kPa，退出给水泵汽轮机轴封。

9 时 55 分，汽轮机真空到 0kPa；10 时 12 分，投运汽轮机盘车，转速为 52r/min，偏心为 49μm。

9 时 55 分，锅炉通风吹扫结束，停运送风机、引风机，锅炉闷炉。

机组停运后，机组各参数正常。

（二）事件原因检查与分析

1. 事件原因检查

（1）机组停运后查看曲线。调取给水泵汽轮机轴向位移大跳闸动作曲线，见图 5-35；从图 5-35 中可见，1 号机组给水泵汽轮机轴位移 1、2、3 同时坏点，触发给水泵汽轮机轴位移保护动作。

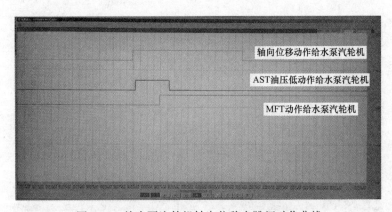

图 5-35 给水泵汽轮机轴向位移大跳闸动作曲线

调取给水泵汽轮机轴位移、推力轴承温度历史曲线，见图 5-36。发现轴向位移测点 1、2、3 于 9 时 30 分同时显示坏质量，持续 16s 后恢复正常点，坏质量发生前轴向位移趋势稳定，推力轴承温度趋势稳定。

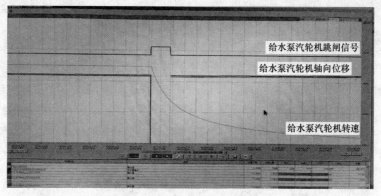

图 5-36　轴向位移测点曲线

同时，调取给水泵汽轮机轴振历史曲线（见图 5-37），发现轴振 1Y、2Y、3X、3Y、4X、4Y 测点于 9 时 30 分同样显示坏质量，持续 16s 后恢复正常，且坏质量发生前趋势也稳定。

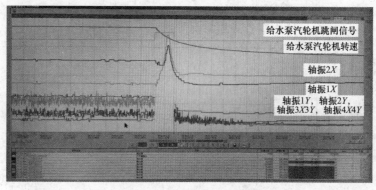

图 5-37　轴振测点曲线

调取偏心历史曲线（见图 5-38），发现偏心测点于 9 时 30 分显示坏质量，持续 59s 后恢复正常。

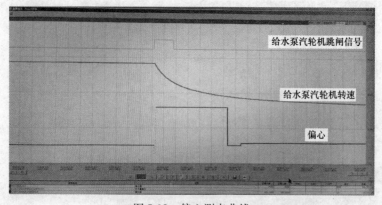

图 5-38　偏心测点曲线

（2）现场排查。调取事件发生时视频监控和查询两票系统，就地和电缆夹层无人员逗留、周边无焊接作业。调取设备运行启停记录，事件发生时无设备启停等操作。

检查电子间 TSI 盘柜内接线、就地端子箱接线，未发现接线松动情况。

进行电磁干扰试验。使用大功率对讲机进行就地端子箱、电子间盘柜电磁干扰试验，轴向位移、轴振等趋势无变化。

进行就地端子排两点接地试验。试验前检查给水泵汽轮机 TSI 测点为单端接线独立电缆，就地端子排及电缆进行接地干扰，试验结果未出现测点坏质量情况。

双路电源切换试验。试验前检查给水泵汽轮机 TSI 系统 A 路电源供电模块输出电压为 24.16V，B 路电源供电模块输出电压为 24.14V。断开 A 路电源，TSI 系统工作正常；恢复 A 路电源后，断开 B 路电源，TSI 系统工作正常。双路电源切换试验过程给水泵汽轮机 TSI 供电系统工作正常，测点未出现坏质量现象。

电源供电模块电压调整试验。停止 A 路电源供电，将 B 路电源电压进行调整：$24.14V \rightarrow 23.98V \rightarrow 22.40V \rightarrow 21.98V \rightarrow 21V$。在电源电压调整试验过程中模件输出功能均正常，测点未出现坏质量现象。

双路电源断电试验。同时断开 A 路和 B 路给水泵汽轮机 TSI 供电电源并立即恢复，给水泵汽轮机 TSI 电源断开后立即变为坏点，电源恢复后测点持续坏点 16s，16s 后测点全部恢复正常。

进行 TSI 模件插拔测试。测试结果如下：

1）轴位移 1：拔模件后测点坏质量并保持当前值 0.2mm，插入时启动自检过程历时 16s，测点恢复正常前变化过程历时 288ms：$0.2mm \rightarrow 0mm \rightarrow 0.2mm$，由坏质量恢复为好质量。

2）轴位移 2：拔模件后测点坏质量并保持当前值 0.16mm，插入时启动自检过程历时 16s，测点恢复正常前变化过程历时 300ms：$0.16mm \rightarrow -0.146mm \rightarrow 0.2mm$，由坏质量恢复为好质量。

3）轴位移 3：拔模件后测点坏质量并保持当前值 0.18mm，插入时启动自检过程历时 16s，测点恢复正常前变化过程历时 250ms：$0.18mm \rightarrow 0mm \rightarrow 0.18mm$，由坏质量恢复为好质量。

4）轴振 1Y：拔模件后测点坏质量，显示值变化过程为 $10.59\mu m \rightarrow -42.31\mu m$，插入时启动自检过程历时 16s，测点恢复过程为 $-42.31\mu m \rightarrow 0\mu m \rightarrow 9\mu m \rightarrow 11.06\mu m$，并由坏质量恢复为好质量。

5）轴振 2Y：拔模件后测点坏质量，显示值变化过程为 $13.79\mu m \rightarrow 16.29\mu m$，插入时启动自检过程历时 16s，测点恢复过程为 $16.29\mu m \rightarrow 12.69\mu m \rightarrow 17.7\mu m$，并由坏质量恢复为好质量。

6）轴振 1X：拔模件后测点坏质量，显示值变化过程为 $14\mu m \rightarrow -42.31\mu m$，插入时启动自检过程历时 16s，测点恢复过程为 $-42.31\mu m \rightarrow 0\mu m \rightarrow 11\mu m$，并由坏质量恢复为好质量。

7）轴振 2X：拔模件后测点坏质量，显示值变化过程为 $13\mu m \rightarrow 16\mu m$，插入时启动自检过程历时 16s，测点恢复过程为 $16\mu m \rightarrow 12\mu m$，并由坏质量恢复为好质量。

测试结果表明，给水泵汽轮机 TSI 模件插拔过程及启动自检正常，测点恢复正常，未出现 TSI 模件异常情况。

（3）组织视频形式分析会。参会的上海汽轮机厂、TSI 厂家、集团科研院等专家一致认为：模件背板模块故障引起模件自启动，导致给水泵汽轮机轴向位移等测点变为坏点，触发给水泵汽轮机保护动作，给水泵汽轮机跳闸。

（4）TSI 厂家到厂检查。对汽轮机、给水泵汽轮机 TSI 系统进行全面检查，确认故障现象。确认轴向位移等测点变为坏点是模件背板模块瞬间断电所致，导致给水泵汽轮机 TSI 模件重启。进一步检查需要将电源转换模块、模件背板模块送回厂家检测后再进行分析。

2. 事件原因分析

在专业人员自查分析的基础上，邀请上海汽轮机厂、TSI 厂家等专家进行了本次跳闸原因专题会，分析造成本次非停的原因如下：

（1）直接原因。给水泵停运触发锅炉 MFT，联跳汽轮机，发电机逆功率保护动作解列。

（2）间接原因。1 号机组给水泵汽轮机 TSI 轴位移测点全部坏质量，控制系统逻辑判断触发轴向位移保护动作，造成 1 号机组给水泵汽轮机保护动作跳闸，给水泵全停触发 MFT。通过对系统进行全面检查，排除了信号干扰、人为误操作等因素后，综合故障现象分析认为，1 号机组给水泵汽轮机 TSI 模件背板模块故障（模件背板模块瞬间断电），是引发本次非停的间接原因。

3. 暴露问题

（1）设备隐患风险评估不足，未能有效评估 1 号机组给水泵汽轮机 TSI 模块异常故障的风险，对 TSI 模块故障造成的后果认识不清，未能有针对性制定防止 TSI 模块故障的管控措施。

（2）专业技术人员经验不足，保护逻辑上未能充分认识到因 1 号机组给水泵汽轮机 TSI 系统模件自检输出坏点而导致给水泵汽轮机跳闸的风险隐患，未能制定有效防范措施，分析问题、解决问题的能力有待提高。

（3）对新设备新技术认识不足，与传统机组相比，本机采用 TSI 测点模拟量传输，在给水泵汽轮机保护控制系统中进行逻辑判断后，参与机组保护，未能充分认识到保护方式改变带来的风险，未能及时发现保护的不完备性。

（三）事件处理与防范

（1）根据重要保护信号独立性原则，在给水泵汽轮机 TSI 机柜内增加两块模件背板，将 3 块轴位移模件分散安装，防止同一块背板出现问题造成 3 个轴向位移测点同时故障，导致保护误动。

（2）更换 1 号机组给水泵汽轮机 TSI 电源及模件模块。暂时将 2 号机组给水泵汽轮机正常的 TSI 模件、电源供电模块拆装到 1 号给水泵汽轮机，拆下的 1 号机组给水泵汽轮机 TSI 背板、电源供电模块返厂检测。

（3）给水泵汽轮机轴位移大保护动作逻辑增加轴位移测点质量判断，取消水泵汽轮机轴位移测点全部坏质量跳给水泵汽轮机逻辑。

（4）加强给水泵汽轮机等重要辅机设备控制及保护装置的隐患排查工作。利用停机时间对系统进行传动试验，确保稳定可靠。

（5）加强对车间班组人员的技术培训工作，提高现场设备的消缺及隐患排查能力。组织车间各班组对现有设备的逻辑保护进行梳理，对存在误动风险隐患的逻辑进行彻底查处修改，提升设备控制逻辑可靠性。

（6）排查 1、2 号机组给水泵汽轮机 TSI 系统信号屏蔽接地以及机柜系统屏蔽接地是否可靠，相关工艺标准是否符合规范标准要求，避免因信号干扰影响机组安全稳定运行。

（7）将 TSI 测点坏质量判断开关量引入给水泵汽轮机控制系统参与保护，当 TSI 系统模件发生自检重启时，将该保护切除。

三、可燃气体监测系统模件故障导致燃气轮机跳闸事件

（一）事件过程

2021 年 1 月 21 日某厂 4 号机组负荷为 310MWAGC 方式运行。14 时 41 分 45 秒，DCS 画面出现报警信号："GASDETECTIONSYSTEM-TRIP（气体检测系统-跳闸）""NGESV-CM-DCLS（燃气紧急遮断阀-关指令）""TURBTRIPALARMGT-TRIP（燃气轮机跳机报警）""STEAMTURBINEPROTLOGIC-TRIP（汽机保护逻辑-跳闸）""SGCGASTURBINE-EM-RGS/D（燃气轮机顺控-紧急停运/退出"。4 号机组负荷至 0MW，发电机解列，燃气轮机跳机，汽轮机跳机，燃气轮机、汽轮机转速下降，高、中、低压旁路运行正常，火灾保护 TRIP 信号未激活，天然气前置模块出口隔离阀保护关闭，天然气前置模块出口天然气放散阀保护开启。

（二）事件原因检查与分析

1. 事件原因检查

（1）信号检查情况。跳机期间历史记录仪数据，4 号机组跳机后，在 14 时 41—56 分期间，操作员站的 ASD 报警界面多次出现"GASDETECTIONSYSTEM-TRIP"信号，时间长达 15min 左右，并出现保护信号"触发"和"返回"的频繁切换，如图 5-39、图 5-40 所示。

图 5-39　跳机期间飞行记录仪数据

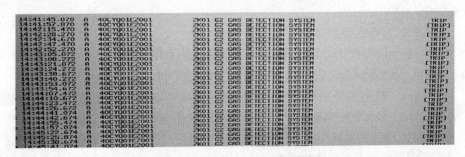

图 5-40　跳机后飞行记录仪数据

燃气轮机罩壳内共 8 个可燃气体探测信号：1 号、2 号为燃料阀组顶部传感器，3 号、4 号、5 号、6 号为燃气轮机顶部钢梁悬挂可燃气体传感器，7 号、8 号为燃气轮机罩壳排

气扩散段可燃气体传感器。14 时 44 分，现场检查火灾保护 MINIMAX 系统中可燃气体监控盘，发现中 2 号、6 号、7 号、8 号可燃气体浓度测量传感器的监测仪表存在报警及数据浓度显示 0%～100% 来回摆动的情况，且不时地会触发报警及跳机信号。14 时 56 分，上述相关信号消失，机柜显示正常（与 DCS 报警显示一致），再未出现类似跳变现象，（见图 5-41)，从监测模件的情况分析，上述跳变无法直接判断是天然气泄漏或通道故障，需要进一步检查。

图 5-41　跳机后火灾保护 MINIMAX 系统状态照片

（2）天然气泄漏检查。

1）静态泄漏检查。14 时 48 分，相关人员进入 4 号燃气轮机罩壳检查，未发现明显天然气气味，罩壳内部黄色天然气泄漏声光报警未报警，使用天然气检漏仪对燃料阀组、环管法兰、燃烧器接口等部位进行检查，未发现任何漏点。

15 时 39 秒，天然气紧急关断阀、扩散阀、预混阀、值班阀均处于正常关闭位置的情况下，将主要阀组、环管法兰采用保鲜膜包裹，由仪控人员强制关闭紧急关断阀后放散阀和开启紧急关断阀，然后缓慢开启前置模块出口隔离阀，对系统进行充压到正常运行天然气压力，检查 4 号燃气轮机罩壳内的天然气管路、压力变送器接头、紧急关断阀前后法兰、燃料控制阀前法兰等部件，检查结果未发现有任何天然气泄漏点。

2）点火泄漏检查。16 时 43 分，启动 4 号燃气轮机至全速空载的运行状态，全面检查 4 号燃气轮机罩壳内的天然气管路、压力变送器、燃料阀组阀后法兰、环管、燃烧器接口、燃气轮机本体等部件，检查结果未发现任何天然气泄漏情况，就地火灾保护 MINIMAX 系统中可燃气体监控盘相关可燃气体泄漏指示正常。17 时 3 秒，停运 4 号燃气轮机，并继续开展排查工作。

（3）MINIMAX 系统检查。

1）检查天然气泄漏保护动作送至 DCS 的三组保护信号接线，接线紧固没有异常。扰动线缆，4 号机组 DCS 侧没有发现信号异常的情况。

2）MINIMAX 机柜内天然气浓度监测传感器的接线端处，使用信号发送器模拟天然气浓度信号，MINIMAX 系统报警信号及 DCS 侧的保护信号均能正常触发。

3）检查 MINIMAX 系统中可燃气体监控盘，当检查其控制卡（带电源模块）过程中，2 号、6 号、7 号、8 号可燃气体浓度测量传感器的监测仪表再次出现 4 号机组跳机后的故障现象，见图 5-42。

4）故障重现过程中，MINIMAX 系统机柜中，除可燃气体监控盘外的其他子系统工作正常，判断 MINIMAX 系统机柜没有失电。

图 5-42　检查过程中抓拍火灾保护 MINIMAX 系统状态照片

检查 MINIMAX 系统中可燃气体监控盘控制卡，两路 24V DC 电源接线紧固，无松动；接地线缆紧固，无松动；接地线缆对地测量电阻为 1Ω，符合系统要求。

5）检查电缆接线端子插座，没有明显晃动。拔除可燃气体监控盘控制卡，检查模件通信针脚，没有发现异常。模件重新安装紧固后，多次进行模件扰动、接线端插头扰动测试，没有发生故障重演现象。

6）使用对讲机及手机对可燃气体浓度测量传感器的监测仪表进行信号干扰测试，没有发生故障现象。

2. 事件原因分析

经过现场排查，4 号燃气轮机罩壳内的天然气管路、阀门、压力变送器、燃气轮机本体等部件没有发现天然气泄漏情况，本次事件并不是天然气实际泄漏引起。

检查 4 号燃气轮机现场 8 个可燃气体传感器，并分别进行了实际动作试验，动作正常；其中燃料阀组上的 1 号、2 号传感器信号采用二取二保护逻辑，燃气轮机罩壳顶部 3 号、4 号、5 号、6 号传感器信号采用四取二保护逻辑，排气扩散段 7 号、8 号传感器信号采用二取二保护逻辑，保护信号冗余配置且动作正常。核对可燃气体传感器年度检定报告，最近检定时间为 2020 年 12 月。本次事件同样可排除由可燃气体传感器及测量回路引起的故障。

检查 4 号燃气轮机火灾保护 MINIMAX 系统中可燃气体监控盘的信号回路、天然气泄漏保护跳机回路、信号线缆接线、无线信号对监测模件的干扰情况，均未发现异常。

检查可燃气体监控盘控制卡的过程中出现了故障重演现象，因此判断该控制卡故障是导致本次 4 号机组跳机事件的直接原因。但是从现场检查结果无法直接判断是该控制卡的电子元器件故障还是模件针脚存在接触不良情况导致故障。

3. 暴露问题

4 号燃气轮机火灾保护 MINIMAX 系统是 2008 年 4 月随机组投产时配置，该系统机柜型号为 FMZ4100，生产厂家为北京美力马（MINMAX）公司，可燃气体监控盘作为其子系统配套使用，截止到当前，该机柜已使用 12 年。每次机组检修，均由北京美力马（MIN-IMAX）公司进行系统的定期功能测试和维护；2017 年仪控专业对可燃气体监控盘的可燃气体浓度测量监测仪表模件进行了更换，但本次事件出现故障的控制卡从未进行过更换。

本次事件也暴露出仪控专业风险辨识不到位，未充分意识到模件寿命对可靠性的影响。对重要模件寿命管理缺乏经验，对系统内出现类似问题举一反三能力不足，隐患排查不够彻底，存在技术管理缺失和重视程度不够的情况。

（三）事件处理与防范

1. 处理过程

（1）更换 4 号机组 MINIMAX 系统可燃气体监控盘控制卡。

（2）MINIMAX 机柜内天然气浓度监测传感器的接线端处，使用信号发送器模拟天然气浓度信号，MINIMAX 系统报警信号及 DCS 侧的保护信号均能正常触发。

（3）测试 4 号机组 MINIMAX 系统的声光报警功能正常，21 时 15 分，报省调，4 号机组复役。

2. 预控措施

（1）发布"燃气轮机罩壳内天然气泄漏保护退出期间应急操作预案"，机组停机阶段开展重要模件安装紧固专项检查。

（2）立即开展对各机组 MINIMAX 系统进行一次全面的排查工作。并举一反三，结合此次事件对其他设备重要模件可靠性开展专项排查。

（3）完善设备健康台账，对关键模件做好寿命管理，制定合理的更换周期。落实重要模件备品采购计划和储备工作。

（4）开展同类型机组相关设备最新设备配置调研，做好设备升级改造的技术准备工作，制定改造计划。

（5）加强仪控人员的专业技能培训，明确 MINIMAX 系统典型故障的检查及处理方式，提高事故情况下判断和处置能力。

四、振动测点松动导致机组保护动作跳机

（一）事件过程

2021 年 1 月 19 日，某热电厂 35kV 热电Ⅰ路 383、35kV 热电Ⅱ路 384 线路运行，1号、2 号、3 号炉带 1 号、2 号机运行，1 号低压减温减压器补充供热。

4 号、5 号给水泵运行，1 号、2 号除盐水泵运行。1 号、2 号、3 号给水泵备用，3 号低压减温减压器备用，3 号除盐泵备用，1 号、2 号中压减温减压器备用。

1 号、2 号、3 号炉负荷为 240t/h，主蒸汽压力为 8.9MPa，温度为 530℃。1 号机负荷为 15MW，2 号机负荷为 9MW。中压抽汽量为 19t/h，低压排汽量为 70t/h。1 号低压减温减压器负荷为 38t/h。

7 时 53 分，2 号发电机后轴承 Y 方向振动瞬间升高到 $300\mu m$，2 号机保护动作跳机（该保护为单点数据采集）。

对该测点进行紧固处理后，2 号机于 9 时 12 分启动，现场检查正常；10 时 17 分，2号机并网带负荷运行。

（二）事件原因检查与分析

1. 事件原因检查

对 2 号发电机后轴承 Y 方向振动瞬间升高原因进行检查，发现 2 号发电机后轴承 Y 方向振动值前期无增大现象，为突然出现，该轴承 X 方向振动值无变化，其他轴承振动值也无变化，现场检查 2 号机后轴承 Y 方向振动测点松动。

2. 事件原因分析

2 号发电机后轴承 Y 方向振动测点运行后松动，误发信号。

（三）事件处理与防范

（1）检修部加强对热控测点的检查、维护。

（2）运行部加强 2 号机组的运行监视，做好事故预想，提高突发事件处理能力。

（3）利用机组临检机会，对热控保护测点进行检查维护。

（4）择机对该保护的逻辑配置进行优化。

第六章

检修维护运行过程故障分析处理与防范

机组从设计到投产运行要经过基建、运行和检修维护等过程。各过程面对的重点不同，对热控系统可靠性的影响也有所不同。总体来说，新建机组主要取决于基建过程中的把控，投产年数不多的机组主要取决于运行中的预控措施落实，而运行多年的机组则主要取决于运行检修维护中的质量控制。

本章对上述三个阶段中的 16 起案例，按检修维护过程、运行操作过程和试验过程进行了分类、分析和提炼。其中检修维护过程案例 13 起，主要问题集中在检修操作的规范性和保护投撤的规范性等方面；运行过程案例 2 起，运行过程中的问题主要集中在运行操作处理不当上。希望借助本章案例的分析、探讨、总结和提炼防范措施，落实于运行、检修、维护工作中，提高事件处理、操作的规范性和预控能力。

第一节　检修维护过程故障分析处理与防范

本节收集了因安装、维护工作失误引发的机组故障 13 起，分别为轴位移探头因环境温度高引起故障导致汽轮机跳闸、维护人员误碰 UPS 控制面板停机按钮导致机组跳闸、探头熔损导致机组轴位移大保护动作而跳闸、给水泵汽轮机停机电磁阀插头螺栓未紧固到位松动导致机组跳闸、更换一次熔断器时导致机组跳闸、接线接触不良导致机组跳闸、电磁阀插头松动导致引风机跳闸而停机、变送器垫片使用不当引起高压加热器解列事件、转速探头间隙安装不当导致给水泵跳闸而停机、检修工作时误碰导致循环水泵跳闸引起凝汽器真空低保护动作、端子接线盒积水导致温度显示异常触发燃气轮机跳闸事件、端子排接线松动电磁阀失电导致燃气轮机跳闸、燃油进油阀检修预控措施不到位导致机组跳闸。

这些案例多是机组安装调试期间发生的事件，案例的分析和总结有助于提高安装调试过程热控系统安装维护的规范性和可靠性。

一、轴位移探头因环境温度高引起故障导致汽轮机跳闸

某电厂现共有 4 台机组，其中 11 号、12 号机组为 330MW 机组，13 号、14 号机组为 1000MW 机组。锅炉为上海锅炉厂有限公司生产，型号为 SG-3040/27.46-M538；汽轮机为上海汽轮机有限公司生产，型号为 N1023-26.25/600/600；发电机为上海汽轮发电机有限公司生产，型号为 THDF 125/67；有功功率为 1000MW。

最近一次检修为 2020 年 9 月 15 日—10 月 16 日，对 14 号机组进行了第 1 次 A 修后第

2 次 C 修。2021 年 2 月 7—25 日调停，此次非计划停运前连续运行时间为 7 天。

（一）事件过程

2021 年 3 月 4 日 9 时 48 分，机组负荷为 845MW，主蒸汽温度为 587℃，主蒸汽压力为 23.4MPa，再热蒸汽温度为 589℃，再热蒸汽压力为 4.41MPa，给水流量为 2490t/h，主蒸汽流量为 2415t/h，14 号机组跳闸，负荷到零，电侧逆功率保护动作正常，主开关 5014、灭磁开关跳闸，锅炉 MFT 首出"汽轮机跳闸"，DEH 跳闸首出"轴位移保护"。

（二）事件原因检查与分析

1. 事件原因检查

检查 2 号轴承座处安装的三支轴位移探头，发现有两支探头内部绝缘损坏。探头防护罩上的散热孔部分堵塞。

检查 2 号瓦轴振和轴瓦温度，DEH 画面目前相关数据显示正常，轴振和轴瓦温度引出电缆无异常。

检查轴位移探头区域压缩空气吹扫散热管及强力排风扇无异常。中压缸前轴封无漏汽现象。

2. 事件原因分析

（1）直接原因：中压缸前部下方保温部分保温棉松脱，对轴位移探头产生热辐射。轴位移探头受高温辐射，内部绝缘损坏，测量信号异常，引起轴位移保护误动作，造成机组跳闸。

（2）间接原因：该机组为西门子 1000MW 机型，轴系较短，轴承座与中压缸轴封间隔较小，导致该处保温厚度受限。轴位移探头安装在 2 号轴承座外测速齿盘端面，紧靠中压缸前部保温。机组运行中该区域温度较高，轴位移探头工作环境较差。机组投产后，在轴位移探头区域增装了压缩空气吹扫散热管及强力排风扇以改善工作环境，但相对环境温度仍较高。

3. 暴露问题

（1）检修管理不到位。没有根据设备的实际情况，针对长期处于高温辐射的设备进行风险评估，在检修中采取有效措施。在 2020 年进行的 C 修中，恢复中压缸轴封处保温时，轴封下方保温不够充实，给机组的安全运行带来了隐患。

（2）防非停措施落实不到位。《火电机组电气热控保护专项治理措施》未能落到实处，对轴位移等重要保护设备的防误动检查治理措施未能做细做实。

（3）设备隐患排查不到位。未能及时发现中压缸前部保温敷设厚度不足、轴位移测点隔热措施不全面等影响设备安全的隐患。

（三）事件处理与防范

1. 事件处理

（1）更换 3 支轴位移探头，连接线换新。

（2）疏通轴位移探头防护罩上堵塞的散热孔，并增铣出 8 个长条形窗口，以增强散热效果。

（3）加厚充实中压缸前部下方保温，在轴位移探头防护罩与中压缸前部保温之间增装 50mm 厚的隔热板（外层铝皮，中间保温棉），以减少对轴位移探头的热辐射。

2. 防范措施

（1）日常运行和计划性检修中加强对中压缸前部保温的检查，及时补充或更换不符合要求的保温材料。

（2）认真学习集团公司控降非停措施，加强设备治理，强化防非停措施落实，全面排查整治设备隐患。

（3）举一反三，制定13、14号机组重要测点区域日常维护巡查专项方案，定期检测并记录该区域环境温度，出现异常，及时采取措施处理。

二、维护人员误碰 UPS 控制面板停机按钮导致机组跳闸

某公司2号机组锅炉为北京巴威锅炉厂生产，型号为 B&WB-3100/28.25-M。汽轮机为上海汽轮机有限公司生产的 1000MW 系列超超临界汽轮发电机组，型号为 N1055/27/600/600（TC4F）。发电机为上海汽轮机有限公司生产的额定容量为 1168.9MVA 发电机，型号为 QFSN-1052-2。2019年9月23日通过 168h 试运。

（一）事件过程

2020年3月19日，故障前2号机组负荷为1032MW，各参数正常，2A、2B、2C、2D、2E、2F 磨煤机运行，2A、2B 汽动给水泵运行，主蒸汽压力为 26.4MPa，主蒸汽温度为 598℃，再热蒸汽温度为 600℃，总风量为 3762t/h，总煤量为 525.8t/h，给水流量为 2796t/h，炉膛压力为 −177kPa。

14时0分9秒，2号机 DCS 发 UPS 故障，A/C/D/F 给煤机故障报警。

14时0分10秒，检查 A/C/D/F 给煤机跳闸。

14时0分48秒，给煤量降至 192t/h。

14时3分18秒，给水流量降至 583t/h，触发给水流量低低保护，MFT 动作，机组跳闸。

14时51分0秒，盘车投入，机组安全停机。

（二）事件原因检查与分析

1. 事件原因检查

专业人员就地检查 UPS1 控制面板有"旁路故障"报警，对 UPS1 参数曲线及故障报警记录进行分析，判断为 UPS1 电源发生了停机重启，UPS1 存在瞬间停电情况。对 UPS 进行切换试验正常。

查看 UPS 配电室监控视频，发现现场维护人员在事发前进入配电室，经询问，当事人于3月19日13占49分，在集控室履行 UPS 配电室借钥匙手续，进入 UPS 配电室进行巡检查看参数，不小心碰到 UPS1 控制盘停机按钮，导致 UPS1 停运后重启。

2. 事件原因分析

（1）直接原因：给煤机控制电源采用两路厂用 UPS 分段供电（220V AC），UPS1 给 A、C、D、F 4台给煤机供电，UPS2 给 B、E、G 3台给煤机供电，如图 6-1 所示。因 UPS1 瞬时失电，导致 A、C、D、F 4台给煤机同时停运。燃料量大幅降低，机组负荷快速下降，两台汽动给水泵供汽压力低，出力不足，触发主给水流量低低保护，MFT 动作。

（2）间接原因：人员不小心碰到 UPS1 控制面板停机按钮导致电源失去，锅炉4台给煤机控制电源失电，导致给煤机跳闸。

3. 暴露问题

（1）风险评估不到位，对 UPS 等重要设备重视不够，未能有效辨识出存在的风险。

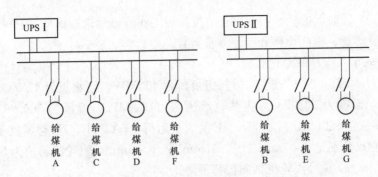

图 6-1 给煤机控制电源配置示意图

（2）维护人员个人技能、作业习惯、风险辨识能力等存在不足，安全教育培训不到位。

（3）技术培训不到位，维护人员对重要设备不了解，风险辨识能力不足，不能准确分析出误碰设备可能产生的后果。

（4）重点区域、重要设备防误碰、误动、误操作（三误）隐患排查不细致，未采取有效的防范措施。

（三）事件处理与防范

（1）开展风险评估和隐患排查，盘点梳理同类型设备，核查完善现场还存在类似事故按钮的防护措施，对存在误碰、误动重要设备建立清单，确定风险等级，现场增加风险提示，增加防误碰装置。

（2）对维护人员进行排查摸底，开展专题讨论学习，组织专项安全培训和技术培训，强化员工安全意识，树立员工规矩意识，培养员工良好的行为习惯，明确设备和操作存在的风险，提高风险辨识能力。

（3）明确重点区域，明确责任人，对关键区域进出细化授权，对重点设备进行操作授权，明确生产人员设备操作权限。

（4）完善防"三误"制度，组织全体生产人员学习培训。

（5）与 UPS 厂家研究在技术上、系统上设置防误碰、误动措施。

（6）与给煤机厂家及研究院共同研究提高给煤机控制电源可靠性的方案。

三、探头熔损导致机组轴位移大保护动作而跳闸

某电厂 7 号机组为 1000MW 等级超超临界机组。汽轮机是由上海汽轮机有限公司引进德国 SIEMENS 公司技术设计制造的组合积木块式 HMN 机型，为超超临界、一次中间再热、单轴、四缸四排汽、双背压、八级回热抽汽、反动式纯凝汽轮机，型号为 N1000-26.25/600/600。发电机是上海汽轮发电机股份有限公司引进德国西门子公司技术生产的水-氢-氢汽轮发电机，发电机型号为 THDF125/67，额定容量为 1112MVA。锅炉是由上海锅炉有限公司生产的超超临界参数变压运行螺旋管圈直流炉，型号是 SG3091/27.46-M541，采用一次再热、单炉膛单切圆燃烧、平衡通风、露天布置、固态排渣、全钢构架、全悬吊结构塔式布置。

7 号机组于 2011 年 11 月 24 日投产，共进行过 1 次检查性大修和 3 次 C 级检修，2013年检查性大修中进行了低压缸揭缸汽封检修。最近一次 C 级检修于 2021 年 2 月 18 日开工，2021 年 3 月 18 日完工报备，2020 年 3 月 29 日并网，至 4 月 12 日已连续运行 14 天。本次

C 修期间进行了 2 号轴承揭轴承箱盖检查定位插板工作（轴承未检修），配合揭轴承箱盖拆装了压缩空气冷却管、轴向位移和转速测量装置。

（一）事件过程

2021 年 4 月 12 日 0 时 43 分，7 号机组负荷为 400MW，给水量为 1237t/h，主蒸汽压力为 12.8MPa，温度为 598.7℃，再热蒸汽压力为 2.2MPa，温度为 565.7℃，真空为－96.9kPa。给煤量为 160t/h，7C、7D、7E 磨煤机运行，7A、7B、7F 磨煤机备用，汽轮机轴向位移 3 个测点分别是 0.01mm、－0.01mm、－0.05mm，汽轮机转速为 3000r/min。

0 时 43 分 26 秒，7 号汽轮机轴向位移下降。

0 时 43 分 49 秒，7 号汽轮机轴向位移大报警（两个小于－0.5mm），3 号转速显示为 0r/min。

0 时 43 分 55 秒，DEH 闭锁信号。

0 时 43 分 57 秒，7 号汽轮机跳闸信号来，发电机解列。检查汽轮机跳闸首出为"轴向位移大"。

0 时 44 分 1 秒，1 号转速显示为 0r/min。

0 时 44 分 12 秒，2 号转速显示为 0r/min，1 号轴位移显示为－2.0mm。

0 时 44 分 16 秒，7A 顶轴油泵联启。

0 时 44 分 21 秒，7B 顶轴油泵联启，顶轴油母管压力维持在 15.5～16.3MPa。

0 时 44 分 42 秒，2 号和 3 号轴位移显示为－1.89mm、－1.91mm。

0 时 47 分 53 秒，就地发现汽轮机中压缸 2 号轴承处冒烟，锅炉手动 MFT，破坏真空停机。

（二）事件原因检查与分析

1. 事件原因检查

（1）机组参数检查。事件后，热工人员立即全面核查停机过程及停机前后汽轮机本体各径向轴承、推力轴承温度、振动、回油温度、润滑油压，排烟风机、油箱负压，轴封压力、温度等参数。

1）机组跳闸前：轴封压力和温度参数正常，主机 2 号轴承绝对振动（瓦振）在 1.1～1.4mm/s 之间，轴承相对振动（轴振）在 22～35μm 之间，2 号轴承温度最高为 88℃，回油温度为 64℃，推力轴承最高温度为 77℃，2 号轴承和推力轴承在机组跳闸前参数比较平稳，振动、温度以及回油温度均未出现异常现象；汽轮机润滑油母管压力为 0.37MPa，油温为 50℃，运行 B 汽轮机交流润滑油泵电流为 98A，汽轮机油箱负压为－1.25kPa，油箱油位为 1514mm，以上参数稳定，未见波动，汽轮机油系统运行正常

2）机组跳闸后：检查汽轮机 1～8 号轴承绝对振动、相对振动和温度均正常，在汽轮机过临界转速时，7 号轴承相对振动最大到 70.5μm，8 号轴承相对振动最大到 180μm，过了临界转速后，恢复到正常值（15～25μm）。分析在机组跳闸惰走时，各轴瓦参数未见明显异常，就地倾听主机惰走时声音，未发现有明显摩擦声；机组跳闸后，当 DCS 上显示转速为 0 后，顶轴油泵电流稳定在 68～70A，分析顶轴油系统运行稳定，未见异常现象。

检查 DEH 画面显示转速为 0r/min，轴向位移为－2.0mm/－1.89mm/－1.91mm（保护值为±1.0mm）；

检查汽轮机正常运行期间的运行、维护、检修巡点检记录正常，测量装置附近区域温

度正常。

（2）现场故障检查。现场检查2号轴承处转速测量装置炉侧3个测点探头橡胶电缆烧断，转速测量装置机侧3个测点无异常；轴向位移测量装置3个测点探头熔损，如图6-2所示。

(a) 转速炉侧3个测点探头电缆烧断

(b) 铁铠电缆无异常

(c) 轴向位移3个测点探头熔损

图6-2 轴向位移3个测点探头熔损、铁铠电缆无异常

现场检查中压缸2号轴承处保温、轴向位移和转速测量装置、套管、轴承座下部零星保温有轻微过火痕迹。

（3）汽机房监控视频回放情况。4月12日0时43分27秒，7号机组汽轮机中压缸2号轴承处见冒烟，短时有零星火；0时44分0秒，零星火自行熄灭。

2. 事件原因分析

（1）直接原因。轴向位移测量装置探头熔损，测量信号异常，引起轴位移保护误动作，造成机组跳闸。

（2）间接原因。

1）机组自投产以来未进行过中压缸大修，转速齿轮在高速旋转时形成吸附作用，将轴承室内油雾吸出，油雾黏附在油挡底部散落的保温棉上，同时在轴向位移和转速测量探头、套管和电缆处聚集。

2）本次C修中因考虑端子箱冷却，把压缩空气冷却管道降低了50mm，改变了油气的散发轨迹，影响了油气的扩散和轴向位移探头的冷却效果。

3）机组轴系较短，轴承座与中压缸前轴封间隔较小，轴向位移、转速探头安装在2号轴承座外测速齿盘端面，紧靠中压缸前部保温，轴向位移、转速探头、电缆等部件工作环境差。

4）机组启停频繁，中压缸前轴封间隙逐年增大，漏汽量偏大。近期机组长周期低负荷运行在350～400MW，自密封状态不稳定，存在轴封漏汽突然增大可能。

5）随着吸附在零星保温上的油雾增多，油雾聚集到一定浓度，受热辐射作用冒烟，短时出现零星火，导致轴向位移测点熔损，转速测点电缆及套管烧损。

3. 暴露问题

（1）人员思想认识和安全责任落实不到位。对降非停措施执行不严格，对轴向位移、转速等重要保护防误动检查治理措施执行不实、不细。

（2）风险辨识管控不到位。对中压缸前轴封间隙增大和自密封运行工况不稳定可能带来的高温热辐射变化风险辨识不全面，对压缩空气冷却管移位带来的影响风险评估不足。

（3）隐患排查治理不到位。对保温棉吸附油雾的隐患排查不到位，没有针对性治理措施。

（4）检修管理不到位。对检修后保温恢复验收把关不严，零星散落保温棉清理不彻底，对承包商管理不到位。

（5）技术管理不到位。对机组本身存在的2号轴承与中压缸之间空间狭窄、环境温度高等不合理设计，技术研究不足，对重要测量元器件长期处于高温环境问题研究不深入，采取的治理措施不彻底，技术培训和技术监督不到位。

（三）事件处理与防范

（1）更换损坏的轴向位移探头与电缆，经试验显示正常。

（2）防范措施。

1）加强机组就地和盘上监视、参数分析，保证机组安全状态。

2）确保安全的情况下，制定探头更换方案，对探头进行更换。

3）制定清理保温、优化压缩空气冷却管、加装外置冷却风机等具体措施，消除隐患，恢复机组运行。

（3）举一反三，对所有机组进行检查并整改。

1）完善压缩空气吹扫措施，加装强力风机，提升冷却效果；

2）制定机组大修调整轴封间隙至设计值的措施。轴向位移、转速测量装置探头加装防护罩，与中压缸前部保温之间增装隔热板，以减少对轴位移探头的热辐射；

3）全面清理零星散落保温，彻底消除隐患。高、中压缸端部轴封保温整改，优化保温包覆，治理超温点；

4）针对2号轴承区域实施特巡，缩短定期测温时间和细化标准；

5）制定低负荷工况轴封自密封条件下运行调整的优化措施；

6）加装2号轴承区域摄像头，实时监控。

（4）加强风险管控和隐患排查治理，强化技术监督、检修管理，提高设备可靠性。

四、给水泵汽轮机停机电磁阀插头螺栓未紧固到位松动导致机组跳闸

某电厂6号锅炉为上海锅炉有限公司生产，型号为SG-2060/29.3-M6021，超超临界

变压运行螺旋管圈直流炉，单炉膛、一次再热、采用四角切圆燃烧方式、平衡通风、锅炉采用紧身封闭、固态排渣、全钢构架、全悬吊结构Ⅱ形锅炉。汽轮机为哈尔滨汽轮机有限责任公司生产的高效超超临界、一次中间再热、三缸两排汽、直接空冷汽轮机，型号为NZK660-28/600/620。6 号机组汽动给水泵、空气预热器、送风机、引风机、一次风机为单系列配置。给水泵汽轮机为杭州汽轮机股份有限公司生产，型号为 WK63/71；汽动给水泵为苏尔寿，型号为 HPT400-420-6S。

（一）事件过程

2021 年 7 月 14 日 16 时 1 分，6 号机组负荷为 650MW，主蒸汽压力为 27.32MPa，给水流量为 2020t/h，主蒸汽温度为 595℃，再热器压力为 5.4MPa，再热蒸汽温度为 618℃。汽动给水泵、空气预热器运行，引风机、送风机、一次风机均运行正常，磨煤机 A/B/C/D/E 运行，F 磨煤机备用。

16 时 1 分 34 秒 764 毫秒，给水泵汽轮机停机电磁阀 2225 失电动作。

16 时 1 分 35 秒 38 毫秒，给水泵汽轮机停机电磁阀 2225 带电复位。期间电磁阀失电274 毫秒。

16 时 1 分 36 秒，给水泵汽轮机速关油压低信号触发（动作值为 0.15MPa），给水泵汽轮机主汽门（速关阀）关闭，给水泵汽轮机跳闸。

16 时 1 分 53 秒，锅炉给水流量低首出，锅炉 MFT。

（二）事件原因检查与分析

1. 事件原因检查

停机后检查 6 号机组给水泵汽轮机停机电磁阀，为德国 HERION 公司生产的型号为S6 V10 G271 210 6 OV 的设备，系统图编号为 2222、2223、2224、2225，任意两个电磁阀动作均导致给水泵汽轮机速关油泄压，给水泵汽轮机主汽门关闭。

就地检查发现，给水泵汽轮机停机电磁阀 2225 插头松动，如图 6-3 所示。

模拟跳机时工况，挂闸进行静态试验，分别断电 4 个停机电磁阀速关阀均未关闭（由于此时电磁阀已经重新断电后再得电，阀芯卡涩电磁阀在活动后恢复正常，多次试验

2225电磁阀插头松动

图 6-3　电磁阀 2225 插头松动

均无法复现事故工况）；在拔下 2225 电磁阀插头后，分别断开 2222、2223、2224 电磁阀电源，给水泵汽轮机速关油压低跳闸。

2. 事件原因分析

（1）直接原因。给水泵汽轮机停机电磁阀 2225 插头松动失电，另外三个电磁阀中的一个阀芯存在卡涩，速关油压降低，给水泵汽轮机主汽门关闭，给水流量低保护动作，锅炉MFT，机组跳闸。

（2）间接原因。基建期 6 号机组给水泵汽轮机停机电磁阀 2225 插头螺栓未紧固到位，设备点检不到位，未及时发现插头松动，未及时紧固。

系统分析能力不足。未及时发现保安油系统设计中缺少保安油中间点压力及速关油的

压力监测，人员点检中无法及时准确判断电磁阀是否存在卡涩情况。

3. 暴露问题

（1）设备隐患排查不深入。对单系列给水泵可靠性管理重视不够，未认真吸取以往接线松动事件教训，未系统开展插头松动专项隐患排查工作，未能及时发现电磁阀插头松动隐患。

（2）专业管理深度不足。专业人员对系统需求能力和技术分析能力不足，未及时发现保安油系统中，缺少保安油压和速关油压测点，无法定期开展停机电磁阀活动试验，以便及时发现停机电磁阀卡涩问题。

（3）设备故障模式失效分析欠缺。未从设备故障模式失效分析的结果完善定期工作和设备点检标准，也未根据部件重要性细致地开展设备点检，未及时发现接头固定螺栓松动。

（4）培训管理不到位。培训方案未能全覆盖，培训范围存在缺失问题，专业人员对速关油系统设备工作原理掌握不深入，技术水平不足。

（三）事件处理与防范

（1）插紧给水泵汽轮机停机电磁阀 2225 插头，更换 2225 的固定螺钉；更换卡涩电磁阀，经试验正常。

（2）对 5 号机组汽动给水泵电磁阀接线松动情况进行排查并进行紧固。

（3）对 6 台机组热控、电气接线情况进行全面排查，并建立负面清单及修订点巡检标准。

（4）对给水泵汽轮机、汽轮机所有电磁阀固定螺钉、接线进行检查并紧固。

（5）增加给水泵汽轮机速关油压和速关组合件泄油压力远传测点并修订巡点检标准。

（6）加强给水泵汽轮机油质监督，确保控制油颗粒度不大于 NAS6 级。

（7）利用计划检修机会对给水泵汽轮机速关组合件进行返厂检测清洗。

（8）加强人员技能培训，针对给水泵汽轮机油系统设备结构和控制原理进行专项培训，结合本次事件及近年来发生的插头、接线松动事件，组织专业人员进行警示教育和技术培训。

（9）对三期机组缺少的测点进行统计，逐项进行失效分析，制定整改措施及计划。

（10）制定给水泵汽轮机保安油系统电磁阀试验标准，并按照要求逐个进行停电试验。

（11）定期开展安全生产大讨论活动，深入反思剖析重要主辅机隐患排查、风险评估上存在的短板和漏洞，提高人员安全风险辨识能力。

五、更换一次熔断器时导致机组跳闸

某电厂 7 号机组额定容量为 1030MW，发电机出口共有 3 组 TV，其中 1TV 二次回路主要带两套 DEH、DCS 机组功率测点及 AVC、发电机-变压器组保护 A 柜等设备。DEH 采用西门子 T3000 控制系统。

（一）事件过程

2021 年 3 月 26 日 18 时 30 分，机组负荷为 838MW，AGC 运行，送风量为 2260t/h，B、C、D、E、F 制粉系统运行，炉膛负压为 $-80Pa$，主蒸汽压力为 28.09MPa，一级再热器压力为 8.6MPa，二级再热器压力为 3.0MPa，给水流量为 2113t/h。

3 月 26 日 18 时 30 分，7 号发电机-变压器组故障录波器报警信号发出，DCS 画面显示 7 号发电机 B 相电压为 25.6~26.3kV，较其他两相偏低（A 相为 27kV，C 相为 26.8kV）。继电保护技术人员就地检查发电机-变压器故障录波器"发电机定子 $3U_0$ 上限报警"信号发出，就地测量发电机 1TV-B 相二次电压为 55.7V，A、C 相电压为 57.7V，检修人员用红外成像仪测量发现 1TV-B 相一次熔断器中部温度较其他两相偏高 3℃ 左右，初步判断 1TV-B 相熔断器内部存在异常情况。

为防止因熔断器熔断导致发电机保护误动，电厂立即向调度申请当天夜间低谷时段开展消缺工作。3 月 27 日凌晨，经调度同意，7 号机组开始低谷消缺。

3 月 27 日 2 时 5 分，解除 AGC、AVC，退出发电机-变压器组 A 柜保护，机组运行方式由协调方式改为 TF 模式。

2 时 38 分，断开 1TV 二次开关，将 1TV-B 相小车拖出，测量一次熔断器阻值偏大，更换一次熔断器后将 TV 小车推入工作位置。

2 时 52 分 30 秒，合上 1TV 二次开关，DEH 系统中测量功率由 0 变为 97MW，DEH 系统开始输出调节门关小指令，1、2 号中压调节门逐渐关闭。

2 时 53 分 10 秒，锅炉 MFT，汽轮机跳闸，发电机机解列，首出"再热器保护动作"。

（二）事件原因检查与分析

1. 事件原因检查

停机后，电气人员对三相熔断器进行测试，测试结果：A 相为 108Ω，B 相为无穷大，C 相为 108Ω，判断 B 相熔断器已熔断。更换新的熔断器测量为 108Ω 后，对 B 相 TV 进行检测，绕组直阻（2.48kΩ）、绕组对地绝缘（大于 5000MΩ）均正常，判断 TV 正常。对三组 TV 未更换的一次熔断器全部进行检测，电阻均为 108Ω，无异常。

查阅更换记录，上次更换时间为 2020 年 9 月 24 日，利用机组检修时更换，当时测试记录：A 相为 108Ω，B 相为 108Ω，C 相为 108Ω。

（1）造成锅炉 MFT 的原因：1、2 号中压调节门关闭且低压旁路门全关，触发"蒸汽堵塞"条件，引起再热器保护动作。

（2）造成 1、2 号中压调节门关闭的原因：西门子 T3000 控制系统为防止 DEH 故障引起调节门全开，造成汽轮机超速，调节门总开度指令从应力控制、功率控制和 TF 控制三路指令中选取小值。当运行方式切为 TF 模式（当时 DEH 模式）时，DEH 逻辑自动在原功率回路输出指令（80%）的基础上增加一个上限为 8% 的增幅，使功率回路指令大于压力回路指令（80%），压力调节回路起作用，同时功率控制回路一直处于跟踪状态。更换发电机出口 TV 一次熔断器时，由于 TV 退出，因失去电压信号，功率控制回路测量功率为 0MW，而此时功率控制回路指令跟踪测量功率处于投入状态，投入 TV 二次开关瞬间，DEH 功率控制回路中测量功率由 0MW 开始突升，测量的汽轮机功率上升速率远远大于正常运行的设定范围，功率控制回路输出指令迅速减小并低于压力控制回路指令，控制方式由压力控制回路切换至功率控制回路，此时负荷指令为 0MW，而测量功率为 97MW，DEH 系统功率控制系统判断汽轮机功率变化过快，为保护汽轮机，DEH 发出中压调节门逐步关闭指令，造成 1、2 号中压调节门关闭。

2. 事件原因分析

（1）直接原因：1TV-B 相一次熔断器故障，检修 1TV-B 相小车，更换一次熔断器，将 TV 小车推入工作位置后，导致功率参数突变引起。

（2）间接原因：控制逻辑掌握不全面，预控措施存在漏洞未能及时发现。

3. 暴露问题

（1）风险防控意识不到位、防控能力不足。虽在检修工作前相关专业对 DEH 控制系统风险点进行了辨识并采取了防范措施，但对汽轮机厂提供的控制逻辑风险分析不足，未能辨识出 DEH 控制系统全部风险点。

（2）隐患排查治理不到位，特别是对相邻专业造成影响的隐患治理力度不足，对 1TV 带两个功率变送器的隐患在特殊情况下未采取有效预控措施。

（3）技术培训不到位，专业技术人员对西门子 T3000 系统不能熟练掌握、对 DEH 系统逻辑认知不足，没有意识到可能存在的风险。

（三）事件处理与防范

（1）提高风险防控意识，举一反三梳理重大风险操作项目，在操作前后进行充分辨识和预控。

（2）加强培训，掌握 DEH、DCS 相关逻辑及应急情况处理方案。

（3）加大隐患排查治理力度，发电机功率变送器更换为智能变送器。举一反三对其他测量控制系统特别是跨专业的系统进行排查，对存在的隐患制定落实整改方案。

（4）加强备品备件管理，做好从采购、验收、存储到使用的全过程质量管控。

六、接线接触不良导致机组跳闸

某燃气轮机二套机组为"一拖一"F 级改进型的燃气-蒸汽联合循环热电联产机组，机组包括一台干式低 NO_x 燃气轮机、一台燃气轮机发电机、一台汽轮机、一台汽轮机发电机、一台无补燃三压再热余热锅炉及其相关的辅助设备。

（一）事件过程

2021 年 6 月 30 日，二套机组总负荷为 313MW，燃气轮机负荷为 204MW，汽轮机负荷为 109MW，AGC 投入，供热运行。各参数稳定，无异常报警。

18 时 0 分 14 秒，二套机组正常运行过程中突然跳闸，检查无跳闸首出信号，TCS 历史事件记录显示 GT FUEL REQUEST（燃气轮机燃料请求）信号触发，导致跳闸。立即组织机组安全停机。

18 时 30 分，燃气轮机盘车自动投入正常；19 时 5 分，汽轮机盘车自动投入正常。

7 月 1 日 5 时，经过现场全面排查，对发现的故障点和错误接线进行处理后，进行试验验证均正常，联系调度准备启动条件。

10 时 23 分，二套燃气轮机发电机按调度令并网运行。

（二）事件原因检查与分析

1. 事件原因检查

经过现场全面排查，发现燃气轮机东方自控成套保护柜跳机回路三取二继电器回路接线（TP62205）与牛鼻子虚接导致接触不良，如图 6-4 所示。

进一步检查分析发现该冗余回路未按设计图纸接线，实际为单线接法，对该回路所有继电器重点排查并整改为冗余设计接线方式，如图 6-5 所示。通过燃气轮机 3000r/min 仿真试验进一步验证故障原因，还原跳机故障现象与机组实际跳闸时一致，对发现的故障点和错误接线进行处理。

2. 事件原因分析

（1）直接原因。经过与东方汽轮机有限公司、三菱重工东方燃气轮机（广州）公司一起进行故障分析，一致认为：原东方集团控股有限公司成套燃气轮机保护 2 号控制柜内部接线端子（TP62205）牛鼻子虚接导致接触不良，是造成本次事件的直接原因。

图 6-4　线鼻子虚接

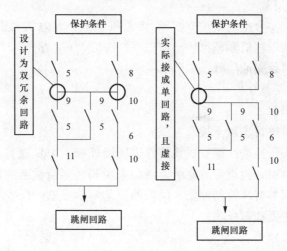

图 6-5　设计和实际的保护条件对比

（2）间接原因。厂家成套设备供货控制柜接线方式，未按冗余设计图施工。

3. 暴露问题

（1）成套供货保护柜接线工艺质量差，端子牛鼻子虚接导致接触不良，导致运行过程中触发保护动作。

（2）该装置为东方电气自动控制工程有限公司成套供货保护柜，供货方未严格按图纸施工，将双冗余回路接成单回路，属于隐蔽工程，降低设备可靠性。

（3）热控维护人员经验不足，深层次设备隐患排查不到位，未能及时发现设备隐患。

（三）事件处理与防范

（1）利用机组调停机会，加强对机组保护柜相关端子排、热控模件、继电器、电磁阀等进行防松动检查和定期检验，及时发现并消除相关潜在风险。

（2）结合东方电气自动控制工程有限公司燃气轮机保护设计图纸，组织开展成套保护柜内相关冗余回路及接线可靠性分析及专项排查整改。

（3）要求燃气轮机成套保护柜厂家到厂协助开展隐患排查治理工作。

（4）加强热控维护人员燃气轮机联锁保护技能培训，提高维护技术水平。

七、电磁阀插头松动导致引风机跳闸而停机

某电厂 2×670MW 超超临界机组，锅炉是上海锅炉厂生产的超超临界参数、一次再热、平衡通风、半露天布置、固态排渣、全钢构架、全悬吊结构、四角切圆燃烧、Π形变压直流锅炉，引风机、送风机、一次风机采用单辅机布置。引风机采用汽轮机驱动，容量为 100％。

（一）事件过程

2021 年 11 月 6 日，1 号机组负荷为 517MW，协调控制方式，主蒸汽压力为 24.4MPa，主蒸汽温度为 590℃，再热蒸汽压力为 3.9MPa，再热蒸汽温度为 606℃，汽动引风机、送风机、一次风机运行，B、C、D、E、F 磨煤机运行，给煤量为 203t/h，给水流量为 1501t/h，汽动引风机油系统 B 控制油泵运行，A 泵备用，控制油压力为 1.326MPa，机组运行正常。

18 时 31 分 44 秒，1 号机组锅炉 MFT，汽轮机跳闸，发电机-变压器组出口 201 开关跳闸，厂用电切换成功，辅机联锁保护动作正常。锅炉 MFT 首出为"引风机全停"，引风机汽轮机跳闸首出为"保安油压低"。

（二）事件原因检查与分析

1. 事件原因检查

停机后，专业人员进行了以下检查与试验：

（1）汽轮机专业人员检查。保安油系统管道阀门外部，未发现有漏油情况。打开引风机汽轮机前轴承箱观察窗，检查危急遮断器油门未脱扣，多位试验阀正常；对引风机汽轮机进行挂闸试验，挂闸后就地控制油压、保安油压均显示正常，保安油正常建立，油压为 1.15MPa，引风机汽轮机挂闸成功。

（2）热控专业人员检查。

1）查阅 DCS 的历史记录和 SOE 事件记录，引风机汽轮机跳闸首出为保安油压力低于 0.3MPa，压力开关 1/2/3 同时动作，且未发现引风机汽轮机 DEH 保护动作输出。

2）拆回保安油压力低压力开关进行校验，动作定值正确；绝缘电阻表 250V 挡测量压力开关信号电缆对地和线间绝缘均为无穷大，检查 3 个压力开关信号分别布置在 DEH 机柜不同列的不同模件上，排除压力开关误动和模件故障原因。

3）对 A/B 停机电磁阀控制回路进行检查，DEH 停机指令继电器为艾默生 DO 模件自带 24V DC 继电器，设计为使用动合触点失电跳闸，检查继电器内部元件的外观均正常，触点处接触良好，多次进行带电失电未发生触点抖动现象。中间继电器为 OMRON 的 220V AC 继电器，设计为使用动断触点带电跳闸，检查各继电器内部元件的外观均正常，测量各继电器动断触点的接触电阻均为 25mΩ 左右，检查继电器卡扣已锁紧、底座接线无松动部位。

4）检查 A/B 停机电磁阀电源电缆，使用绝缘电阻表 250V 挡测量电磁阀控制电缆对地和线间绝缘均为无穷大。检查 A/B 停机电磁阀电源插头，发现 A 停机电磁阀电源插头有松动、接触不良现象，停机电磁阀设计为失电跳闸，判断由于机组运行期间，汽轮机前轴承箱振动导致停机电磁阀电源插头松动，造成瞬间失电，保安油压泄放，引风机汽轮机

跳闸。

2. 事件原因分析

(1) 直接原因。机组运行期间，汽轮机前轴承箱振动导致 A 停机电磁阀电源插头松动，接触不良，造成瞬间失电，保安油压泄放，引风机汽轮机跳闸。

(2) 间接原因。防止停机电磁阀电源插头松动措施不力，检修维护和监督过程，对停机电磁阀插头可能松动隐患未引起足够重视。

3. 暴露问题

(1) 设备主人责任心不强。日常巡回检查不到位，机组检修过程中对停机电磁阀插头接线检查不细致、全面。

(2) 风险分析不到位。停机电磁阀出厂设计为两个电磁阀并联设置，任一失电即跳机，可靠性差，设计上存在很大的安全隐患。机组的汽动引风机为 100％ 容量的单列辅机布置方式，汽动引风机跳闸会导致机组跳闸，没有充分认识到该停机电磁阀的设计会带来极大的安全风险。

(3) 技术监督管理不到位。未针对停机电磁阀制定检修及停机期间进行检查、检测、试验的管理规定。

(三) 事件处理与防范

1. 事件处理

根据 A 停机电磁阀电源插头松动情况，将 A、B 两个停机电磁线圈及阀体全部更换，电源接线进行紧固，对引风机汽轮机进行挂闸，在 DEH 机柜和就地电磁阀插头处分别测量电压均为 217V AC，电压正常，试验主汽门和调节门开关正常后，机组重新启动。

2. 事件预控措施

(1) 严格执行设备巡检管理标准，对机组所有保护联锁电磁阀进行定期测温，检查带电状态指示正常；加强就地及开机盘各油压表计监视。

(2) 利用低谷调峰或停机时期，将 2 号机组引风机切至电动引风机，对引风机汽轮机跳闸电磁阀回路进行全面排查。

(3) 加强汽轮机油质化验监督管理，利用停机机会对润滑油及控制油系统管路、控制滑阀、油路切换阀、喷油试验阀、手动停机阀、复位阀进行全面检查清洗。

(4) 利用停机机会，对所有汽轮机的停机电磁阀控制回路进行检查，对电源进线、机柜端子排、电磁阀插头、继电器底座、DCS 模件进行接线紧固。

(5) 对 1、2 号机组引风机汽轮机跳闸电磁阀油路和控制回路的优化改造进行收资调研，由 2 个电磁阀并联控制改为 4 个电磁阀串并联控制，在确定设计图纸和改造方案后，利用停机检修机会对两台机组的引风机汽轮机跳闸电磁阀进行改造。

(6) 严格落实技术监督管理规定，制定针对停机电磁阀检修、停机期间的检查、检测、试验项目及验收工作标准。

八、变送器垫片使用不当引起高压加热器解列事件

某电厂 3 号机组为 660MW 超超临界机组，采用三级高压加热器回热系统。其中每个高压加热器有 3 个液位用于高压加热器液位的调节和保护。其中液位测点 2、3 采用罗斯蒙特导波雷达液位计，液位 1 采用 E＋H 导波雷达液位计，其仪表与取样桶之间均采用法兰

连接的方式。

（一）事件过程

2021年10月18日14时18分，3号机组负荷为663MW，AGC模式投入，主蒸汽压力为26.4MPa，A、B、C、D、E 5台制粉系统运行。机组运行稳定，各项参数均在合理范围内。

14时20分，3号机组1号高压加热器液位1/2/3分别从41/46/49mm快速下降至−285/−98/−83mm，随后1号高压加热器液位测点1保持在−280mm左右，1号高压加热器液位测点2/3快速升至625/558mm，3号机组高压加热器解列信号发出，触发机组高压加热器RB。

14时24分，3号机组负荷降至545MW，机组恢复稳定运行。

15时1分，处理后重新投入3号机组高压加热器系统恢复机组稳定运行。

（二）事件原因检查与分析

1. 事件原因检查

运行人员就地检查，3号机组1号高压加热器液位测点1导播雷达法兰处漏气，液位测点2、3运行正常。值长下令立即隔离3号机组1号高压加热器液位1测点取样一次门，并通知热控人员到现场检查。

图 6-6　普通金属缠绕型石墨垫片和内外金属加强型石墨垫片对比

检查3号机组1号高压加热器液位测点1变送器为E＋H生产的导播雷达液位计，1号高压加热器液位测点2、3为罗斯蒙特厂家生产的导播雷达液位计。从法兰处看，法兰处石墨垫片已损坏，只剩余部分残留在法兰处，如图6-6所示。确认为热控的导播雷达液位计法兰垫片损坏造成的高压加热器水位异常。

2. 事件原因分析

（1）直接原因。3号机组1号高压加热器液位测点1法兰垫片损坏漏气，造成1号高压加热器液位大幅波动，超过高压加热器解列定值450mm，造成3号机组高压加热器解列并处触发机组RB。

（2）间接原因。3号就高压加热器液位测点改造过程中，厂家配备的法兰垫片不符合标准。对于压力和温度波动较大的换热器、反应器、管道、阀门、泵进出口法兰应使用金属缠绕型石墨垫片，而对于中等以上压力、温度超过300℃者，应考虑使用带内环、外环或内外环的金属加强型垫片。由于1号高压加热器压力、温度均较高，且在升降负荷过程中波动较大，法兰为凹凸型法兰应选用内外金属加强型石墨垫片，而E＋H厂家提供垫片为普通的金属缠绕型石墨垫片，两种垫片如图6-6所示。

3. 暴露问题

（1）检修人员对于设备安装方面的知识经验不够丰富，未能对厂家供货进行严格要求；

（2）隐患排查不到位，未能辨识汽水管道法兰垫片因使用年限过长而导致漏汽的风险。

（三）事件处理与防范

1. 事件处理

（1）经与运行人员协商确定，暂时隔离3号机组1号高压加热器液位测点1和距离液位1较近的液位测点2（高温蒸汽泄漏，冲刷到液位2，隔离检查电缆有无损伤、二次表内有无水汽），正常投入 1 号高压加热器液位测点 3。

（2）将 3 号组 1 号高压加热器液位测点 1、2 隔离并更换内外金属加强型石墨垫片后，15 时 1 分重新投入 3 号机组高压加热器系统。

2. 预控措施

（1）利用机组检修期间对所有高温汽水管道测点法兰垫片进行检查，更换不符合要求的垫片，并做好记录。

（2）在检修期间规范所有设备垫片的使用，严格按照相关标准执行并做好统计，确保垫片使用材质符合要求，记录可查。

九、转速探头间隙安装不当导致给泵跳闸而停机

某电厂建设 2×1000MW 等级超超临界燃煤发电机组，1 号机组汽轮机为哈尔滨汽轮机有限责任公司设计制造的 N1052-28/600/620 型超超临界、一次中间再热、四缸、四排汽、单轴、双背压、反动凝汽式汽轮机。机组配有单台给水泵，给水泵汽轮机为东方汽轮机厂制造的 G40-1.0-2 型单缸、末级双分流、单轴、双驱、冲动式、下排汽凝汽式、外切换型给水泵汽轮机。最近一次检修为 2021 年 10 月 21 日开始 C 级检修，检修时间为 31 天，2021 年 11 月 20 日报备，11 月 21 日 21 时锅炉点火。

（一）事件过程

2021 年 11 月 22 日 17 点 12 分，1 号机负荷为 490MW，机组在 CCS 方式下运行，主蒸汽压力为 13.8MPa，主蒸汽温度为 593.7℃，再热蒸汽压力为 2.43MPa，再热蒸汽温度为 613℃，1B、1C、1E、1F 制粉系统运行，总煤量为 224t/h，给水流量为 1475t/h。给水泵汽轮机由四抽供汽，转速为 3237r/min，供汽压力为 0.46MPa，供汽温度为 381℃，真空为 2.68kPa，轴封压力为 42.21kPa，轴封温度为 141℃

17 时 12 分 12 秒，1 号机组 MFT 跳闸，MFT 首出为"给水泵跳闸"，检查汽轮机跳闸、发电机解列动作正常，厂用电切换正常，各辅机保护联动正常，汽轮机、给水泵汽轮机转速到零，投入盘车运行正常。

（二）事件原因检查与分析

1. 事件原因检查

经查 1 号机组 MEH 历史趋势，如图 6-7 所示，17 时 12 分 10 秒，给水泵汽轮机第 1 转速测点由 3234r/min 降至 138r/min、第 2 转速测点由 3234r/min 突降至 1882r/min，第 3 转速测点保持正常 3234r/min，给水泵汽轮机转速 1、2 转速故障，测点三取二引起转速故障保护动作（转速故障保护逻辑为转速两两偏差大于 50r/min，给水泵汽轮机组跳闸），导致给水泵汽轮机跳闸，引发锅炉 MFT，联锁机组跳闸。

检查给水泵汽轮机转速探头阻值在 50Ω 左右，低于正常值 490Ω，初步判断为转速探头故障。将给水泵汽轮机前箱揭开后对转速探头进行检查，发现 MEH 转速 3 支探头和 MTSI 3 支转速探头均出现了不同程度的磨损，如图 6-8 所示。

转速探头与测速齿轮碰磨原因，经检查分析认为：

（1）给水泵汽轮机转速测量支架及安装位置刚度不足变形。给水泵汽轮机转速测量支架安装在轴承箱内凸出的 100mm×100mm 厚度约 20mm 的钢板上。由于前箱向前膨胀，移动过程对测量支架整体刚度造成影响，刚度变化可能引起变形或共振。

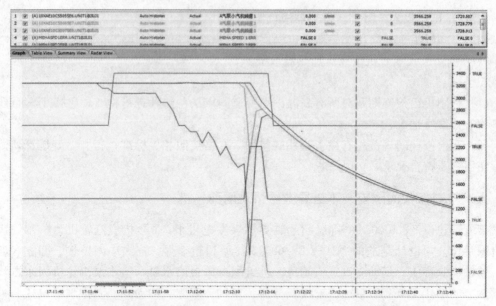

图 6-7　给水泵转速趋势图

图 6-8　MEH 转速探头磨损图

（2）给水泵汽轮机转子热态时弯曲值较大。此次给水泵汽轮机热态抢修采取手动间断盘车方式，过程中测量热态时转子端部直径方向晃动大，晃动值为 0.10mm（冷态标准值为 0.04mm，最大允许值为 0.06mm，由于转子处于热态，晃动值超出标准），排除给水泵汽轮机转子热态弯曲造成探头与测速齿轮距离变小导致碰磨的可能性。

（3）给水泵汽轮机前箱膨胀不畅。由于给水泵汽轮机缸体受热向减速机方向膨胀，推动前箱向前移动，可能造成前箱靠近给水泵汽轮机缸体侧抬起，1 号轴承及转子被抬高，使转子前端测速齿轮盘与探头碰磨。检查给水泵汽轮机冲转及正常运行时轴承振动及转子轴向位移数据，过程中各项参数均在标准范围内，无超标记录；测量前箱热态向前膨胀值为 5mm（理论值为 4.735mm），处于正常范围，排除了前箱在启动过程中膨胀不均、卡涩以及膨胀不到位的可能性。

（4）机组启动操作，给水泵跳闸前，给水泵汽轮机转速、进汽轴承温度、轴承振动以及轴向位移、偏心稳定，CCS 状态下自动加负荷，调节平稳，运行监视参数稳定，机组启动操作调整正常。

2. 事件原因分析

（1）直接原因。MEH 转速探头磨损，测量数据失真，触发转速故障保护逻辑（转速两两偏差大于 50r/min），给水泵汽轮机组跳闸。

（2）间接原因。给水泵汽轮机转速探头与测速齿轮间距偏小，致使转速探头与测速齿轮发生碰磨。冷态到热态间隙逐渐变小的原因，是给水泵汽轮机转速测量支架及安装位置刚度不足变形所致。

3. 暴露问题

（1）设备风险分析辨识不全面。热控人员对给水泵汽轮机的转速探头安装间距偏小导致碰磨风险认识不足，控非停措施不完善。

（2）隐患排查不到位。对单系列重要辅机设备隐患排查不彻底，对逻辑优化调研深度不够，对存在机组非停风险评估不足，未能及时发现给水泵汽轮机的转速探头与测速齿轮热膨胀导致间距变小的隐患。

（3）检修文件包执行不严谨。1 号机 C 修中，给水泵汽轮机检修文件包修前测速探头与测速齿轮间隙记录不严谨，未记录实际值，只描写处于标准范围内。

（4）热控人员技能水平不足。热控专业技术培训不到位，对给水泵汽轮机转速探头膨胀机理不掌握，设备风险管控不足。

（5）专业间的协作融合度不够。跨专业的设备盲点融合不够，专业间技术沟通交流需加强，跨专业间的风险提示不足。

（三）事件处理与防范

1. 事件处理

在查明具体情况后，及时组织抢修人员对给水泵汽轮机 MEH 转速探头和 MTSI 转速探头进行更换。增大安装间隙，按照标准 0.8～1.2mm 由 1.0mm 调整到 1.2mm。

启动给水泵过程中，测量给水泵汽轮机从冲转到带载，从盘车状态至不同负荷下定期测量偏心电压变化值为 −11.37V 至 −4.3V 不断变小，最终稳定在 −4.3V，数值绝对值越小代表探头与测速齿轮的距离越近，说明给水泵汽轮机从冷态到热态过程间隙逐渐变小。

2. 防范措施

（1）试验确定测速探头与测速齿轮安装间隙标准，完善检修规程与文件包。利用检修机会，对给水泵汽轮机转速探头间隙进行调整，增大安装间隙，依据试验结果调整给水泵汽轮机转速探头与测速齿轮间隙。

（2）对测速支架及安装位置进行加固。利用检修机会，对给水泵汽轮机测速支架及安装位置进行加固，防止测速支架变形。

（3）研究改变测速探头安装位置。研究利用侧面备用孔，避开支架顶部容易碰磨区域。

（4）进一步组织开展热控保护逻辑隐患排查工作。对热控重要测点取样位置、安装环境、信号传输、DCS 模件分布、保护逻辑设置的合理性和正确性进行盘查、梳理，对标找差距，提升热控设备的可靠性。

（5）增加偏心探头间隙电压并引入 DCS。下次检修将偏心探头间隙电压引入 DCS，用于监视测速探头与测速齿轮之间的间隙变化，积累运行数据经验。

（6）数据测量验证转速探头支架与轴承之间间隙变小的原因。后续机组停机检修时收集给水泵汽轮机转速探头间隙、偏心电压等相关数据，进一步验证转速探头支架与轴承之间间隙变小的原因。

（7）强化检修过程管理。严格执行检修文件包与程序卡，做好质量验收关，数据记录应严谨，验收签证到位。

十、检修工作时误碰导致循环水泵跳闸引起凝汽器真空低保护动作

某电厂2号机组负荷为296MW，电气运行方式：2号高压厂用变压器带2号机组6kV工作ⅡA段、6kV工作ⅡB段，01号启动备用变压器接带6kV备用A、B段，6kV工作ⅡB段通过600B开关接带6kV公用B段，6kV公用B段通过6联公01开关带6kV公用A段，6kV公用A段通过600A开关接带1号机6kV工作ⅠA段，厂区公用B变压器带400V厂区公用PC A、B段；脱硫B变压器带400V脱硫PC A、B段；厂前区B变压器带400V厂前区PC A、B段。

厂区公用A、B段所带负荷：燃油泵房MCC电源，循环水泵房MCC电源，灰库MCC电源，气化风机房MCC电源，分选装置电源，煤场沉淀池排污泵，煤管班轨道衡，冲洗泵房MCC电源，推煤机库MCC电源，1号、2号、3号冲洗水泵电源。

（一）事件过程

2021年4月7日17时20分07秒，2号机组真空−93.9kPa，2A循泵跳闸（公用段失压，2A循泵变频控制器电源切为UPS供电，供电时间24分钟），2A循泵出口蝶阀联关，循环水母管压力快速降至0MPa；

17时20分09秒2B循泵联启，出口蝶阀开启过程中真空快速下降。手动减负荷290MW至260MW。

17时20分33秒真空快速降至−80.99kPa，凝汽器真空低保护动作，2号机组跳闸。

（二）事件原因检查与分析

1. 事件原因检查

经排查，在1号机电子间继电器柜接线紧固整理工作过程中，检修公司人员误动公用系统继电器，造成2B循泵开关跳闸，400V公用段高\低压开关跳闸失电（2A循泵变频控制器电源切为UPS接带），2B循泵恢复过程中，2A循泵变频控制器UPS供电失败跳闸，凝汽器真空低保护动作，2号机组跳闸。

2. 事件原因分析

（1）直接原因：检修人员紧固1号机电子间继电器柜接线时，误动公用系统继电器接线。

（2）间接原因：热控专业安排工作不合理，安全风险辨识不足和风险管控不到位；未区分公用系统和1号机组停运设备，造成人为误动公用系统继电器。

运行人员对工作内容不了解，时间紧急处理能力不足。

3. 暴露问题

（1）运行人员事件处理能力不足。

（2）热控人员培训不足，检修工作监督不到位。

（3）工作票许可人接票不负责，工作内容不清晰即许可，安全措施把关不严，安全措施执行不到位；工作许可人与工作负责人开工前未到现场共同确认安全措施。

（三）事件处理与防范

（1）班前会对当日工作详细分析风险点，制定预防措施，实施现场作业全过程跟踪管理，1号、2号机电子间及工程师站安装视频监控，实时录像并长期保存。

（2）1号、2号机电子间盘柜标识重新梳理，明确区分。在公用柜前后进行警示隔离，

柜门张贴警示标志，并对公用柜盘柜标识更换，1 号机组检修期间将公用柜用醒目颜色进行隔离标示。

（3）修编电子间工程师站管理规定，对电子间、工程师站进出权限重新进行梳理，取消检修公司进入电子间权限，若因工作进入必须有专工陪同，设置电子间风险识别卡，所有外来人员进入均需学习并签字确认。

（4）重新梳理热控专业工作票标准票库，完善工作票 JSA 分析，讨论制定详细的安全措施，并组织专工和检修人员培训学习。

（5）针对运行人员电气人员储备不足，制定针对电气人员培训、能力提升计划，开展事故预想及事故推演工作，将全厂电气母线段可能发生的事故进行分析梳理，每个值轮流推演，实现对电气事故处理全覆盖，提高运行人员的应急分析判断及处置能力。

（6）针对热控人员培训不足问题，落实技术管理责任，严格落实培训计划，夯实技术基础管理；采取"师带徒"、基础知识培训、技能竞赛等措施，提高运行人员基本技能水平。同时加强"三基"工作，重点做好值长培训，组织班组开展竞赛活动，促进值长管理能力提升。

（7）针对工作许可人安全措施把关不严，安全措施执行不到位问题，进一步加强管理：

1）严格履行两票管理规定，杜绝人员违章，从审票、布置安全措施、工作票（操作票）执行等各环节严格把关。

2）严禁无票作业或擅自扩大工作范围，执行工作许可人和负责人开工前确认安全措施规定。

3）严格落实两票责任，层层把关，开工前认真开展作业场所危险因素识别，保证工作票的安全措施完善并正确实施。

十一、接线盒积水导致温度显示异常触发燃气轮机跳闸事件

（一）事件过程

2021 年 8 月 13 日 18 时 42 分 11 秒，某厂 11 号机组高温再热器出口温度元件 1 显示为 572.6℃，高温再热器出口温度元件 2 显示为 599.8℃，高温再热器出口温度元件 3 为 562.1℃，三选后高温再热器出口温度显示值为 599.8℃，高温再热器出口温度高高高保护动作，触发燃气轮机全速空载（FSNL），机组解列。如图 6-9 所示。

（二）事件原因检查与分析

1. 事件原因检查

（1）停机后，现场检查，发现就地温度元件采用了塑料布包扎防水，时间久塑料布老化，8 月 13 日 17 时左右厂区开始降暴雨（小时雨量为 28.6mm），在当天暴雨天气下，由于热电偶进线端没有做好完全密封，雨水从接线端子处进水，最终导致元件接线盒内部积水，测量元件对地绝缘下降，地电位窜入，导致高温再热器出口温度 1、2 显示异常。

（2）高温再热器出口温度控制和保护逻辑：该三选模块为三取中输出，任一点超过控制死区偏差时，输出为剩余两点的平均值，当高温再热器出口温度三点元件都没有坏点且两两偏差超过控制死区时，为避免金属超温，输出为大值，故温度超限。

2. 事件原因分析

（1）直接原因：高温再热器测温元件 1 和元件 2 接线盒进水，测量元件对地绝缘下降，地电位窜入后导致温度显示升高。

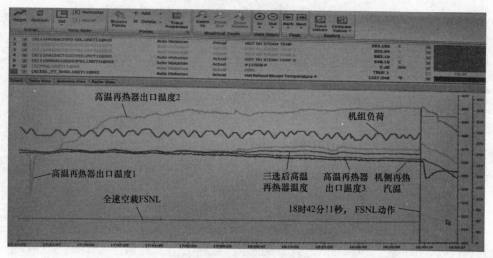

图 6-9　事件中主要温度及全速空载（FSNL）动作变化趋势

（2）间接原因：检修、维护不规范，热电偶进线端没有做好密封工作；监督管理不力，没有重视塑料密封圈的老化问题和接线盒密封缺陷。

3. 暴露问题

（1）设备隐患排查不到位，未做好热控测量设备在强降雨下的防雨措施，在防汛防台多次检查中，没有对高温再热器出口温度元件防雨布包扎情况进行仔细检查。

（2）机组跳闸已采用三选二保护逻辑，在历次保护逻辑梳理中，对燃气轮机中非跳闸的 RB 和全速空载保护逻辑采用三取中逻辑的隐患认识不足。

（三）事件处理与防范

（1）更换高温再热器出口温度三支测温元件，做好热电偶进线端处防暴雨密封工作。

（2）优化高温再热器出口温度高高高触发机组全速空载保护逻辑，将保护逻辑由三取中模块改为三选二逻辑。

（3）完善热控主重要测量设备的防暴雨措施，并举一反三对热控就地设备进行再检查和整改。

（4）完善高温再热器出口温度高高触发 RB 以及高温再热器出口温度高高高触发机组全速空载保护逻辑，将保护逻辑由三取中模块改为三选二逻辑，同时举一反三，将主蒸汽温度和再热冷端温度的 RB、全速空载保护也由三取中改为三选二逻辑。

（5）梳理燃气轮机 DCS 主保护逻辑，重点研究燃气轮机余热锅炉主蒸汽温度、再热蒸汽温度和再热冷段温度保护触发燃气轮机全速空载保护逻辑的特点和现有保护设置的合理性，完善 DCS 主保护逻辑，优化控制逻辑，改善调节性能，避免元件故障下引起主保护直接动作。

十二、端子排接线松动电磁阀失电导致燃气轮机跳闸

（一）事件过程

2021 年 9 月 23 日，某电厂 1 号燃气轮机机组运行正常，运行人员正常监盘无操作，各项参数显示无异常。

11 时 58 分，1 号燃气轮机跳闸油压力低报警。紧接着 1 号发电机开关保护动作跳闸。

12 时 5 分，电气主值完成 2 号发电机解列操作。

12时20分，1号燃气轮机转速到零，投上盘车。

12时27分，1号汽气轮机转速到零，投上盘车。

（二）事件原因检查与分析

1.事件原因检查

现场检查20FG电磁阀无异常，但电磁阀接线不紧固，分析1号燃气轮机出现跳闸油压力低报警，将导致气体燃料速比阀动作，天然气气源被切断。

经试验，到就地使20FG电磁阀带电后，跳闸油系统泄油口及时关闭，建立跳闸油压正常，跳闸油压为0.34MPa，压力开关动作正常。对气体燃料速比阀进行静态试验，动作正常。故判断为1号燃气轮机跳闸是由于跳闸控制油压力低导致天然气速比阀动作。

2.事件原因分析

（1）直接原因：20FG电磁阀因接线松动而误动，导致跳闸油泄压，出现跳闸油压力低跳闸报警，跳闸油压低的信号送至Mark-V主保护系统，导致气体燃料速比截止阀关闭，发电机逆功率动作跳闸。

（2）间接原因：定期维护工作不力，未能利用停机机会，定期紧固重要回路接线。

3.暴露问题

设备运行时间长，部分设备出现接线松动现象。

（三）事件处理与防范

（1）检查20FG电磁阀设备端子排接线，紧固该电磁阀对应的接线端子。

（2）加强对电子电气设备定期保养检查，安排电仪检修人员紧固各端子排接线；更换连续运行16年的老旧20FG电磁阀。

十三、检修后未及时投运装置导致机组跳闸

（一）事件过程

2021年4月12日，某电厂5号机负荷为676MW，各主、辅机运行正常，空侧密封油泵A运行、B备用。空侧密封油泵A出口压力为1.3MPa（正常运行为0.8MPa），偏高。

4月12日0时18分，监盘发现5号机油氢差压存在缓慢下降趋势，就地检查5号机空侧密封油泵运行正常，5号发电机空侧密封油进油压力为0.54MPa，氢气压力为0.5MPa，期间油氢差压最低下降至30kPa，判断5号机空侧密封油差压调节阀动作不正常，就地关小3号阀后，观察油氢差压缓慢上升至33kPa。联系检修就地调整5号机空侧密封油差压调节阀A及3号阀后，观察5号机发电机油氢差压逐步稳定在43kPa左右。

5时30分左右，油氢差压发生波动；7时11分，油氢差压小于20kPa，空侧备用密封油泵自启动；5s后，仍油氢差压小于20kPa，直流事故油泵启动；15s后，仍油氢差压小于20kPa，发电机跳闸。

机组跳闸后，空侧密封油泵单泵运行，出口压力（1.3MPa）偏高。对系统进行排查，发现空侧密封油过滤器差压报警装置取样阀关闭。打开取样阀，差压装置报警，随即切换空侧密封油过滤器，空侧密封油泵出口压力恢复正常，降至0.8MPa。

当日15时50分，5号机组启动并网。

（二）事件原因检查与分析

1.事件原因检查

检查油氢差压低保护配置及逻辑：空侧密封油压应高于氢压50kPa，小于20kPa时空

侧备用密封油泵自启动；5s 后仍小于 20kPa 时直流事故油泵启动；15s 后仍小于 20kPa 时发电机跳闸。

检查密封油系统：机组空侧密封油泵为螺杆泵，正常运行方式为一运一备，保持出口压力为 0.8MPa。机组启动后，4 月 12 日发现空侧密封油泵出口压力有升高现象，经多方技术人员共同现场排查，油氢差压有下降趋势误判断为差压调节阀故障，生技、运行、检修等人员开展调整工作至 4 月 13 日凌晨，下降现象未见好转。

4 月 13 日中午，现场检查发现空侧密封油过滤器差压报警装置滤网出口取样阀未打开，导致滤网脏污（就地无滤网前后压力表）长时间未报警，引起空侧密封油泵出口憋压，压力增大至 1.3MPa，空侧密封油过滤器后油量减少，使得密封油系统油氢差压无法维持。

发现问题后立即将滤网出口取样阀打开后，报警装置立刻红底，差压报警出现。随即切换滤网，空侧密封油泵出口压力恢复正常。

2. 事件原因分析

（1）直接原因：密封油空侧过滤器脏污未及时发现，油量节流致使油氢差压无法维持导致保护动作，5 号机组跳闸。

（2）间接原因：检修后程序执行不规范，未及时打开空侧密封油过滤器差压报警装置滤网出口取样阀，导致装置未能投入运行，

3. 暴露问题

（1）空侧密封油过滤器差压报警装置出口取样阀未打开，未及时发现。

（2）检修后系统恢复过程中操作卡执行不到位。

（3）机组启动后，空侧密封油系统参数异常，技术人员未能及时排查出故障根本原因，暴露出技术人员对系统异常分析能力不足。

（三）事件处理与防范

（1）打开空侧密封油过滤器差压报警装置取样阀，系统恢复严格执行操作卡，认真核对阀门状态。

（2）加强过滤器相关检查工作，空侧密封油等过滤器应定期开展切换工作。

（3）完善检修指导书，加强人员培训，严格执行检修维护操作步骤。

第二节　运行过程操作不当故障分析处理与防范

本节收集了因运行操作不当引起机组故障 2 起，分别为锅炉掉焦导致全炉膛灭火 MFT、给煤机断煤应急处置不当导致锅炉给水流量低保护动作。

运行操作是保障机组安全的主要部分，一方面，安全可靠的热控系统为运行操作保驾护航；另一方面，运行规范可靠的操作也能及时避免事故的扩大化。该 2 案例希望能提高机组运行的规范性和可靠性。

一、锅炉掉焦导致全炉膛灭火 MFT

某厂 2×660MW 超超临界燃煤机组于 2017 年底投产，锅炉为北京巴威超超临界参数变压运行直流炉、单炉膛、前后墙对冲燃烧、平衡通风、紧身封闭布置、固态排渣、全悬吊结构Π形，火焰检测为 ABB Uvisor 外窥视火焰检测系统，控制系统为艾默生过程控制有限公司 OVATION。

（一）事件过程

2021 年 3 月 29 日 9 时 59 分，1 号机组负荷为 319MW，机组协调方式运行，主蒸汽压力为 14MPa，主蒸汽温度为 589℃，炉膛负压为 −179Pa，总燃料量为 166t/h，1A、1B、1C、1E 磨煤机运行（配煤方式为 1A、1B、1D、1E、1F 市场混煤，1C 矿发煤），每层燃烧器 6 个煤火检信号均正常。

9 时 59 分 48 秒，锅炉开始 A 层炉膛吹灰器（A04-A07、A11-A14）吹灰。

10 时 0 分 52 秒，炉膛负压由 −101Pa 开始升高。

10 时 1 分 14 秒，捞渣机油压从 8.5MPa 开始升高，3s 后炉膛负压升至 513Pa。

10 时 2 分 19 秒，炉膛负压降至 −136Pa 并稳定。期间 B 层燃烧器火检信号模拟量出现不同幅度的减弱，其他煤层火焰检测信号模拟量未发生变化。

10 时 8 分 19 秒，炉膛负压由 −179Pa 开始升高；26 秒，炉膛负压最高升至 528Pa；42 秒；炉膛负压最低降至 −252Pa。

10 时 8 分 31 秒，B 层燃烧器 B6 火焰检测信号消失，1s 后 B3、B5 火焰检测信号消失，再 1s 后 B4 火焰检测信号消失，延时 2s 后 1B 磨煤机跳闸。

10 时 8 分 32 秒，A 层燃烧器 A5 火焰检测信号消失；35 秒，A3、A4 火焰检测信号消失；36 秒，A1 火焰检测信号消失，延时 2s 后 1A 磨煤机跳闸。

10 时 8 分 35 秒，E 层燃烧器 E1 火焰检测信号消失；37 秒，E2 火焰检测信号消失；39 秒，E3 火焰检测信号消失；41 秒，E6 火焰检测信号消失。

10 时 8 分 36 秒，C 层燃烧器 C1 火焰检测信号消失；41 秒，C6 火焰检测信号消失；42 秒，C2、C3 火焰检测信号消失。

10 时 8 分 42 秒，A、B、C、E 层煤燃烧器有火（4/6）信号全部消失，触发全炉膛灭火信号，锅炉 MFT，燃烧器火焰检测及 MFT 趋势见图 6-10。

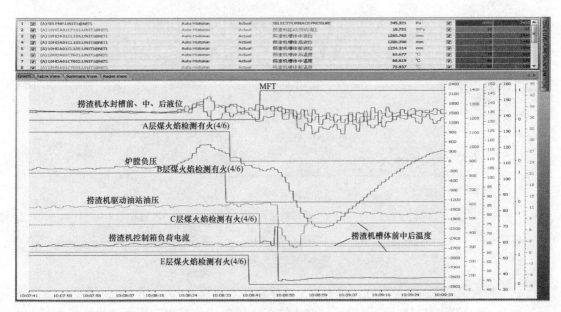

图 6-10　燃烧器火焰检测及 MFT 趋势图

10 时 8 分 44 秒，秒捞渣机驱动油压达到 13.4MPa；次日 20 时 48 分，1 号机组并网发电。

（二）事件原因检查与分析

1. 事件原因检查

（1）炉膛压力波动原因查找分析。通过调阅历史曲线，如图 6-11、图 6-12 所示可以看出锅炉开始吹灰 1min 后，捞渣机槽体前中后液位升高，捞渣机驱动油压逐渐升高，炉膛负压开始升高。

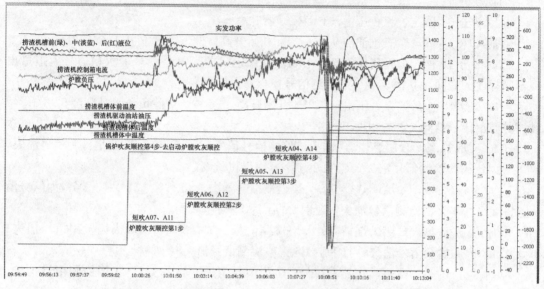

图 6-11　捞渣机驱动油压、水封槽液位及炉膛负压趋势图

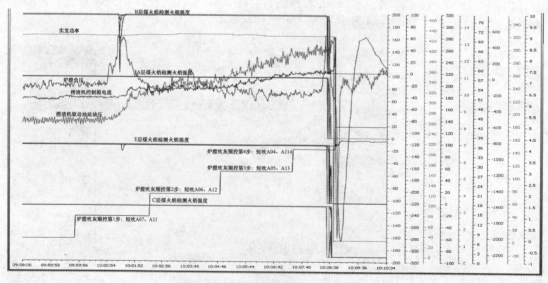

图 6-12　煤火焰检测火焰强度趋势图

就地检查捞渣机刮板渣量大，且有大量渣水溢出，见图 6-13。当时负荷稳定且燃料量保持不变，判断当时炉膛掉焦严重，高温焦块落入捞渣机水封槽，瞬间产生大量水蒸气，甚至破坏捞渣机水封，导致漏风进入炉膛，致使炉膛压力升高。通过捞渣机控制箱电流和捞渣机驱动油站油压持续升高，也可判断出当时持续的焦块掉落导致捞渣机出力不断升高。

图 6-13　MFT 后捞渣机渣溢及积渣情况

（2）煤火焰检测信号跳变原因查找分析。针对炉膛掉焦后各运行煤层火焰检测信号跳变问题，检查燃烧器火焰检测探头参数设置，如表 6-1 所示，当煤火焰检测有火焰参数选择信号（磨煤机入口插板门开状态）时，见 F1B 列参数：火焰强度引入值为 12%，退出值为 10%；火焰频率引入值为 5，退出值为 5，无火延时时间为 2s。

表 6-1　　　　　　　　　　　　　　　FAU810 分析单元参数设置

序号	参数			CHAN1 煤火焰检测		CHAN2 油火焰检测	
				F1A 无参数选择	F1B 有参数选择	F2A 无参数选择	F2B 有参数选择
1	TRIP POINTS 跳闸点	INTENSITY 强度	引入（上升沿）	60%	12%	60%	20%
			DROP OUT 退出＝（下降沿）	60%	10%	60%	15%
		FREQUENCY 频率	PULL IN 引入（上升沿）	50	5	50	10
			DROP OUT 退出＝（下降沿）	50	5	50	5
2	QUAL NOAMA LIZATION 质量标准化	INTENSITY 强度		20%	10%	20%	10%
		FREQUENCY 频率		20	5	20	5
3	FREQ SENSITIV 频率灵敏度			55	5	55	10
4	SMOOTHING 平滑（滤波）	INTENSITY 强度		NONE	5s	NONE	5s
		FREQUENCY 频率		2s	8s	2s	8s
5	DELAY DROPOUT 无火延时			0.2s	2s	0.2s	2s
6	FLAME PICKUP 有火延时			2s	1s	2s	1s

检查二次风箱燃烧器，发现风箱内部积灰较多，且外窥视火焰检测套筒只延伸至风箱约 1/2 处，并未贯穿二次风箱，存在二次风压波动扬灰或者炉膛冒正压导致燃烧器喷口煤粉回流遮挡火焰检测探头的可能。

综合判断分析有两种可能导致火焰检测信号跳变：

1）炉膛上部大量掉焦时，可能会将燃烧器火焰瞬间切断，造成燃烧不稳，引起局部灭火，并遮挡火焰检测探头，导致锅炉灭火保护动作。

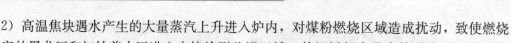

2）高温焦块遇水产生的大量蒸汽上升进入炉内，对煤粉燃烧区域造成扰动，致使燃烧不稳定的黑龙区和初始着火区进入火焰检测监视区域，其闪烁频率及火焰强度难以达到火焰检测阈值，引起火焰检测信号波动。

2. 事件原因分析

（1）直接原因：1号炉燃烧特性不佳导致炉膛结焦。机组快速升降负荷（8时16分—8时45分，机组负荷由366MW升至591MW；9时0分—9时30分，机组负荷由591MW快速降至320MW）。当投入吹灰器对炉膛进行蒸汽吹灰时造成炉膛局部温度下降。在水冷壁表面积聚的熔融状态灰渣，在温度下降时转变为固态焦块，其附着力随之降低。降到一定程度发生掉焦，造成捞渣机大量水蒸气上升，1A、1B、1C、1E磨煤机火焰检测在10s内全部丧失，触发全炉膛灭火锅炉MFT保护动作。

（2）间接原因：煤种掺烧配比不合理。因矿发煤紧张，28日15时0分，变更了配煤方式（原配煤方式：1A、1B、1C、1E矿发煤，1D、1F市场混煤），将1A、1B、1E磨煤机更改为市场混煤（热值为17991kJ，灰分为28%～31%，灰熔点在1160～1250℃之间），1C磨为上海庙榆树井矿煤（热值为18003kJ，灰熔点为1240℃）。由于市场混煤煤泥掺配比例大（30%～40%），煤泥灰分大，燃用煤种灰分增加导致锅炉积灰结焦速度增大，煤发热量降低使得同样负荷条件下锅炉燃煤量增加，且锅炉A层正在吹灰，造成炉膛内扬灰大，对火焰检测丧失造成叠加影响。

3. 暴露问题

（1）1号锅炉较2号锅炉燃烧特性差。同样的配煤、配风情况下，1号炉飞灰、炉渣含碳量较大，SCR入口CO含量高，进行了燃烧调整试验但效果并不明显。

（2）燃煤掺配方式不够合理。在矿发煤紧张的情况下临时调整两台锅炉配煤方式，但未考虑两台锅炉燃烧特性存在差异性，大幅增加1号炉下层磨煤机市场混煤的掺烧量，对新的掺烧配煤方式对锅炉的安全影响缺失验证。

（3）人员经验不足，风险辨识不到位。未充分意识到机组快速升降负荷后锅炉塌焦产生的较大风险，且在发现锅炉掉焦后未及时采取运行调整措施的情况下仍进行锅炉吹灰操作，加剧了锅炉塌焦及扬灰的发生。

（4）技术管理不到位。针对近期煤质劣化锅炉易结焦的情况，未从锅炉受热面壁温、排烟温度等参数变化开展针对性的技术分析，未及时对操作人员进行相应的技术指导。

（5）DCS逻辑中火焰检测信号失去延时时间设置不完善，无法有效避免短时间大量煤灰及水蒸气进入火焰检测观火孔后对火焰检测测量造成的影响。

（三）事件处理与防范

（1）在1号、2号炉燃烧特性存在偏差情况未彻底解决前，1号锅炉不进行低热值、低灰熔点煤种掺配，后续进行1号锅炉燃烧调整试验。

（2）由于1号、2号炉燃烧特性的差异，在燃烧调整试验前组织配煤时区分对待，及时了解市场混煤煤泥含量，对于1号炉配烧高灰熔点、低灰分、煤泥掺配比例较低的煤种，并适当增加1号炉二次风量，降低1号炉结焦风险。

（3）组织人员进行锅炉严重结焦的事故演练，针对防止锅炉结焦及结焦后的事故处理进行专题培训。

（4）在煤质异常情况下，及时开展锅炉燃烧监测、技术分析和现场指导；组织讨论优化锅炉低负荷吹灰逻辑，完善集控运行规程及各种工况下的锅炉吹灰管理规定。

（5）原火焰检测卡处火焰检测有火信号有 2s 延时，在此基础上将 DCS 逻辑中燃烧器 6 个煤火焰检测有火信号判断中各增加 1s 断电延时，同时在各煤层有火（4/6）信号增加 2s 断电延时，再去触发全炉膛灭火 MFT。

（6）调研配置同类型燃烧器的使用情况，讨论延长火焰检测探头套管的可行性，防止二次风箱内扬灰导致火焰检测信号跳变。

二、给煤机断煤应急处置不当导致锅炉给水流量低保护动作

（一）事件过程

2021 年 8 月 22 日，事件前 1 号机组负荷为 185MW，CCS 方式（协调模式），给水流量为 558t/h，总煤量为 97.9t/h，1A、1B、1C 磨煤机运行，1D、1E 磨煤机备用，1A、1B、1C 给煤机煤量分别为 32.34t/h、32.57t/h、32.99t/h，主蒸汽温度为 570℃，再热蒸汽温度为 559.8℃，过热度为 30℃，两台汽动给水泵运行（无电动给水泵），1A 给水泵汽轮机转速为 3890r/min，1A 给水泵汽轮机调节阀开度为 42.3%，1B 给水泵汽轮机转速为 3890r/min，1B 给水泵汽轮机调节阀开度为 42.8%。

1 时 1 分 5 秒，1B 给煤机断煤，立即投入振打装置，1A、1C 给煤机煤量增至 37.44t/h、37.99t/h。15s 后 1B 给煤机经振打（空气炮）后间歇下煤，1A、1C 给煤机煤量降至 30t/h。

1 时 2 分 2 秒，1B 给煤机振打无效，1B 给煤机彻底断煤；18 秒，手动退出 CCS，切至 TF 方式（汽轮机跟随模式）运行，1A、1C 给煤机煤量手动增至 33.9t/h、34.7t/h，快投 AB 层油枪，准备启动 1D 磨煤机。之后的处理过程中，给水流量波动。

1 时 5 分 2 秒，锅炉 MFT，跳闸首出为"锅炉给水流量低"（≤300t/h 延时 20s）。

（二）事件原因检查与分析

1. 事件原因检查

专业人员查看历史曲线与操作记录：

1 时 3 分 30 秒，增投 CD 层油枪，两层油枪油量共 4.7t/h，此时总煤量为 72.6t/h，折合总燃料量为 82t/h（1t 燃油折合 2t 燃煤），如图 6-14 所示。

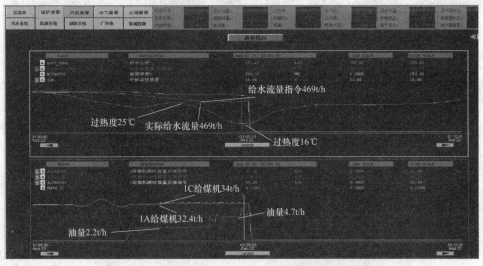

图 6-14　给煤机煤量、机组负荷、给水流量、过热度等参数

1时4分7秒，运行人员发现给水流量下降较快，将给水主控由自动切到手动，给水流量指令由461t/h增加至471t/h，此时实际给水流量为440t/h，给水流量指令与实际值偏差21t，如图6-15所示。

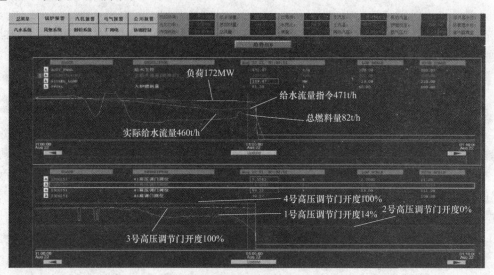

图6-15　机组负荷、给水流量、总燃烧量、高压调节门开度等参数

如图6-16所示，给水泵汽轮机转速公共指令（给水流量PID）在B磨断煤后下降较快，经速率限制2r/s（刹车）后的A/B给水泵汽轮机转速指令同步下降。虽然运行人员手动增加给水流量指令10t/h，给水泵汽轮机转速公共指令也开始上升，但A/B给水泵汽轮机转速指令仍在下降，直到1时4分14秒，两者指令达到一致。随后，A/B给水泵汽轮机转速指令开始上升，由于刹车作用，上升的速度没有给水泵汽轮机转速公共指令快。

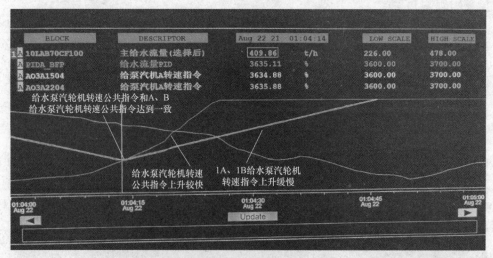

图6-16　给水泵汽轮机转速公共指令、A/B给水泵汽轮机转速指令、给水流量参数

1时4分25秒，锅炉给水流量下降至383t/h，1B汽动给水泵入口流量已降至175.98t/h，运行人员手动开启1B汽动给水泵再循环调节门，至1时4分47秒，1B汽动给水泵再循环调节门开度为90%，1B汽动给水泵入口流量上升至227.94t/h，锅炉给水流量降至266t/h。12s后，1A汽动给水泵入口流量为209t/h，运行人员手动开启1A汽动给

水泵再循环调节门，至 1 时 4 分 49 秒，1A 汽动给水泵再循环调节门开度为 40％，1A 汽动给水泵入口流量上升至 250.23t/h，锅炉给水流量降至 262t/h。此期间，给水流量、汽动给水泵入口流量、汽动给水泵再循环调节门开度等参数变化见图 6-17，给水流量、给水泵汽轮机调节阀指令、给水泵汽轮机转速等参数变化见图 6-18。

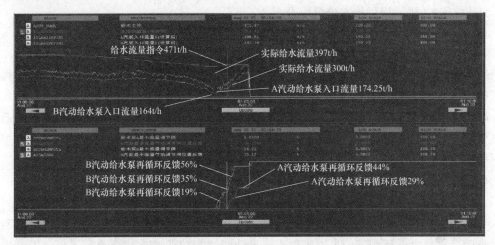

图 6-17 给水流量、汽泵入口流量、汽泵再循环调门开度等参数

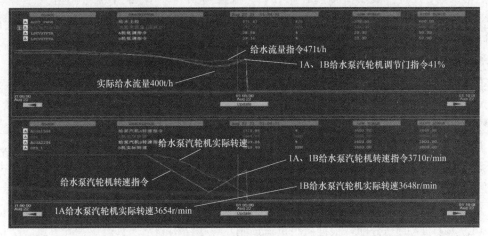

图 6-18 给水流量、给水泵汽轮机调节阀指令、给水泵汽轮机转速等参数

备注：热控保护逻辑最新版：汽动给水泵入口流量小于 175t/h，且再循环调节门开度小于 5％延时 15s 汽动给水泵跳闸。

1 时 4 分 35 秒，1A 给水泵汽轮机进汽调节门开度为 36.2％，给水泵汽轮机转速为 3680r/mim，1A 汽动给水泵入口流量为 195t/h，至 1 时 5 分 1 秒，1A 进汽给水泵汽轮机调节门开度增加至 40.04％，给水泵汽轮机转速为 3632r/min，1A 汽动给水泵入口流量为 280.48t/h。（给水泵汽轮机进汽压力和温度分别为 0.47MPa、323.5℃，未发生变化，此阶段 1A 给水泵汽轮机调节门虽然开大约 4％，但因再循环调节门开大后汽动给水泵入口流量大幅增加，汽动给水泵组转速实际下降）。

1 时 4 分 35 秒，1B 给水泵汽轮机进汽调节门开度为 37.1％，给水泵汽轮机转速为 3676r/min，1B 汽动给水泵入口流量为 190t/h，至 1 时 5 分 1 秒，1B 给水泵汽轮机进汽调节门开度增加至 40.92%，给水泵汽轮机转速为 3627r/min，1B 汽动给水泵入口流量为 274.48t/h。（给水泵汽轮机进汽压力和温度分别为 0.47MPa、323.5℃，未发生变化，此阶段 1B 给水泵汽轮机调节门虽然开大约 4%，但因再循环调节门开大后汽动给水泵入口流量大幅增加，汽动给水泵组转速实际下降）

1 时 4 分 42 秒，锅炉给水流量降至 300t/h 以下。

1 时 5 分 2 秒，锅炉 MFT，跳闸首出为"锅炉给水流量低"（≤300t/h 延时 20s）。

2. 事件原因分析

综合上述过程，专业人员分析认为本次事件，是 1 号机组负荷 185MW，三套制粉系统运行，1B 给煤机断煤，锅炉总燃料量大幅快速下降，其中：

（1）直接原因。锅炉给水流量因 1B 给煤机断煤快速下降后，当班运行人员对汽动给水泵再循环调节门开启后的影响认识不足，在较短时间内先后手动开启 1A、1B 汽动给水泵再循环调节门至 40%、90%（幅度过大），造成给水流量进一步快速下降至 300t/h（保护动作值），导致了保护动作停炉。

（2）间接原因。本次事件发生在后夜 1 时 0 分刚接班后，整个事件过程持续时间仅 4min，运行人员指挥协调不力，应急处理能力不足；此外公司最新版热控保护逻辑说明书中对汽动给水泵再循环调节门可以实现连续自动调节的功能逻辑交待缺失（当前置泵出口流量小于 200t/h 时，最小流量阀开始开启；流量达到 80t/h，最小流量阀全开。斜率为 0.833 即流量降低 1t，对应阀门指令增加 0.833%），导致运行人员将汽动给水泵再循环调节门切至手动操作，也是此次事件的间接原因之一。

3. 暴露问题

（1）8 月，1 号、2 机组入炉燃煤掺配不合理，给煤机频繁断煤。

（2）部分运行人员技术水平有待提高，对汽动给水泵流量特性没有充分理解和认识，事故发生时现场指挥混乱，班组应急处理经验不足。

（3）公司热控保护逻辑说明书不完整。最新版热控保护逻辑说明书中对汽动给水泵再循环调节门可以实现自动调节的功能逻辑没有完整交代，运行人员不熟知，导致慌乱中进行切手动操作。

（三）事件处理与防范

（1）每日 17 时 0 分前，根据机组负荷预测及煤场结构制定次日燃煤掺配方案，严格执行，落实监督考核，减少给煤机断煤现象发生。

（2）利用单机运行期间组织开展主机集控人员典型事故处理仿真培训，开展仿真技能竞赛，提高运行人员事故处理能力。

（3）热控专业牵头，各专业主管参与公司热控保护定值、联锁、自动逻辑进行全面梳理、校核，补充完善后形成公司最新版热控保护逻辑说明下发，之后组织生产部门各专业运行人员认真开展学习，将热控保护逻辑说明书内容纳入规程考试范围。

第三节　试验操作不当引发机组故障案例分析

本节收集了因检修试验操作不当引起机组故障 1 起，为汽轮机安全通道试验中安全油压低跳闸。希望通过对该案例的分析进一步明确试验过程中的危险源，完善试验安全措施。

汽轮机安全通道试验中安全油压低跳闸事件

某电厂锅炉型号为 2031.7/25.52-1 型，锅炉为超临界参数、平衡通风、一次再热、Ⅱ形、一次强制循环、底处螺旋水冷壁＋高处垂直水冷壁、全钢架悬吊结构、干式排渣、无防雨罩露天布置的燃煤锅炉。汽轮机为超临界参数、一次中间再热、单轴、四缸四排气、湿冷汽轮机，TMCR 为 660MW。DCS 采用艾默生公司生产的 Ovation 控制系统，DEH 采用 GE 公司的 MARKVIE 产品。

（一）事件过程

2021 年 12 月 13 日上午，2 号机组负荷为 660MW，汽轮机安全油压力为 4.18MPa，2A/2B/2C/2D/2E 磨煤机运行，煤量为 237t/h，给水量为 1958t/h，主蒸汽、再热蒸汽压力 24.2/4.7MPa，主蒸汽、再热蒸汽温为 562/556℃，2 号机组准备执行定期工作："2 号机安全保护通道试验"。

按照操作票内容分别通知电控、热控检查 2 号机安全保护通道试验相关逻辑以及就地相关设备是否可靠备用，是否具备试验条件。电控告：2 号机安全保护通道试验相关逻辑无异常。热控告：2 号机安全保护通道试验就地设备无异常，具备试验条件。

9 时 57 分 12 秒，开始控制油跳闸电磁阀试验：选中 N_SIL 安全通道试验项。

9 时 57 分 22 秒，试验开始，进行 ETD1 通道试验。

9 时 57 分 23 秒，汽轮机跳闸，首出"安全油压低"。

（二）事件原因检查与分析

1. 事件原因检查

（1）跳闸电磁阀跳闸过程历史曲线。调取 DCS 的 SOE 记录，在锅炉 MFT 前汽轮机安全油泵 B 启动；调取 DEH 历史曲线（见图 6-19），当 N_SIL 侧 ETD1 通道试验开始后，ETD1 动作、顺序阀在非运行位信号同时来（运行位：机组运行时，顺序阀正常工作状态；非运行位：包括试验位、跳闸位、充油位），此时同时安全油压力开始下降，然后 ETD2、ETD3、汽轮机跳闸通道动作信号同时满足。

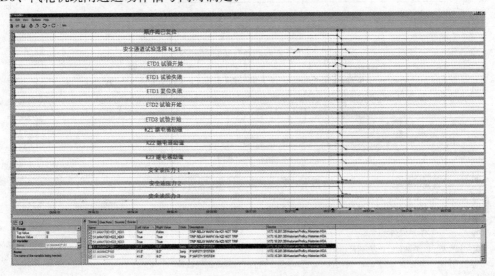

图 6-19　DEH 系统跳闸电磁阀跳闸过程历史曲线

热控检查就地设备状况，见图 6-20，均未见异常。

(a) 保安电磁阀

(b) 就地接线盒

(c) 顺序阀

图 6-20　跳闸电磁阀及接线盒

注：因 DEH 控制系统仅能反馈运行位、非运行位两种信号，无法判别顺序阀具体位置，所以以运行位及非运行位加以区分顺序阀位置；文中图片"复位"即运行位。

（2）跳闸电磁阀试验。图 6-21 所示为 DEH 跳闸电磁阀和顺序阀油路设计图。为检验 DEH 安全通道试验程序正常，进行通道试验。

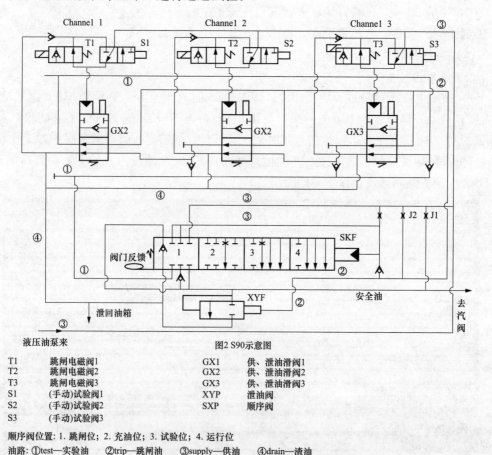

T1	跳闸电磁阀1	GX1	供、泄油滑阀1
T2	跳闸电磁阀2	GX2	供、泄油滑阀2
T3	跳闸电磁阀3	GX3	供、泄油滑阀3
S1	(手动)试验阀1	XYP	泄油阀
S2	(手动)试验阀2	SXP	顺序阀
S3	(手动)试验阀3		

顺序阀位置：1. 跳闸位；2. 充油位；3. 试验位；4. 运行位

油路：①test—实验油　②trip—跳闸油　③supply—供油　④drain—渣油

图 6-21　DEH 跳闸电磁阀和顺序阀油路设计图

1）11时7分24秒，汽轮机开始挂闸；32s后，安全油压力为4.18MPa，4个主汽门都已全开，但顺序阀在非运行位。

11时14分43秒，就地检查、按压3个保安电磁阀阀芯后，顺序阀恢复运行位。

a. 11时21分44秒，投入N_SIL安全通道试验。

48秒，试验开始，进行ETD1通道试验，K21跳闸继电器失磁，顺序阀动作；55秒，ETD1通道试验结束，顺序阀恢复运行位。

11时21分59秒，进行ETD2通道试验，K22跳闸继电器失磁，顺序阀动作；22分5秒，ETD2通道试验结束，顺序阀恢复运行位。

11时22分9秒，进行ETD3通道试验，K23跳闸继电器失磁，顺序阀动作；16秒，ETD3通道试验结束，顺序阀恢复运行位。

11时22分21秒，安全通道试验成功，N_SIL安全通道试验自动退出。

11时22分49秒，再次投入N_SIL安全通道试验，依次进行ETD1、ETD2、ETD3通道试验；23分26秒，试验成功报警，N_SIL安全通道试验自动退出，试验曲线见图6-22。

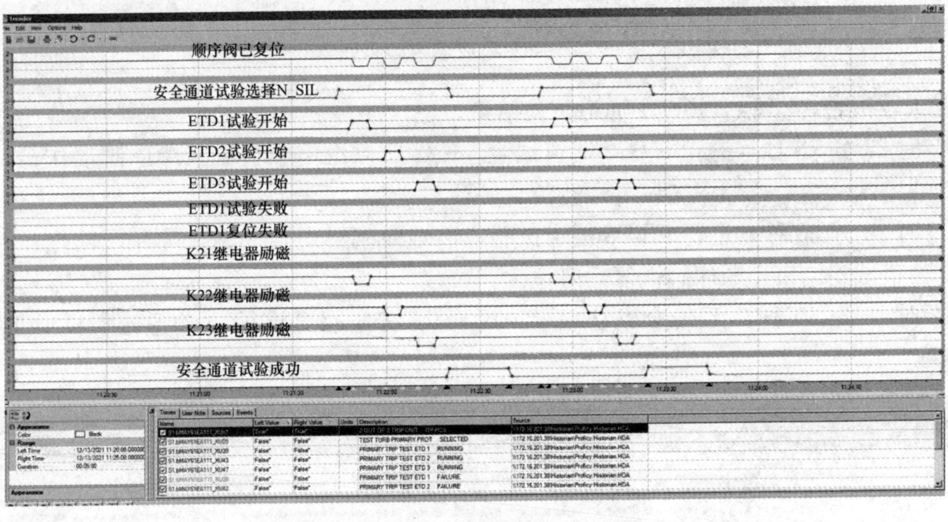

图6-22 N_SIL通道试验历史曲线

由此判断，N_SIL安全通道控制回路、电磁阀及顺序阀均动作正常，试验成功。

b. 11时25分43秒，投入SIL安全通道试验。11时25分47秒，试验开始，进行ETD1通道试验，K21跳闸继电器失磁，顺序阀动作；53秒，ETD1通道试验结束，顺序阀恢复运行位。

11时25分57秒，进行ETD2通道试验，K22跳闸继电器失磁，顺序阀动作；26分4秒，ETD2通道试验结束，顺序阀恢复运行位。

11时26分8秒，进行ETD3通道试验，K23跳闸继电器失磁，顺序阀动作；14秒，ETD3通道试验结束，顺序阀恢复运行位。

11时26分19秒，试验成功，SIL安全通道试验自动退出，控制系统报跳闸试验成功。

试验曲线见图6-23所示，由此判断SIL安全通道控制回路、电磁阀及顺序阀动作正常。

c. 12时22分9秒，投入N_SIL安全通道试验。12时22分13秒，试验开始，进行ETD1通道试验，强制K21跳闸继电器励磁，顺序阀保持在运行位；22秒，ETD1通道跳

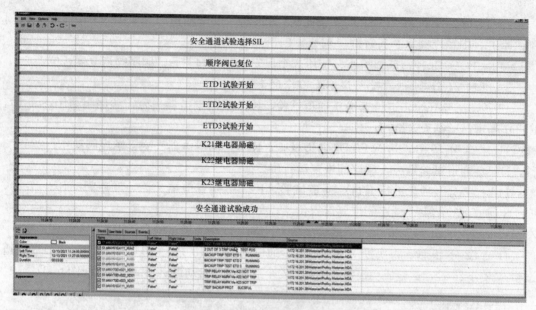

图 6-23　SIL 通道试验历史曲线

闸试验失败报警；23 秒，ETD1 通道试验结束。

　　12 时 22 分 28 秒，进行 ETD2 通道试验，K22 跳闸继电器失磁，顺序阀动作；34 秒，ETD2 通道试验结束，顺序阀恢复运行位。

　　12 时 22 分 38 秒，进行 ETD3 通道试验，K23 跳闸继电器失磁，顺序阀动作；44 秒，ETD3 通道试验结束，顺序阀恢复运行位。

　　12 时 22 分 50 秒，无试验成功报警，N_SIL 安全通道试验自动退出，试验曲线见图 6-24。

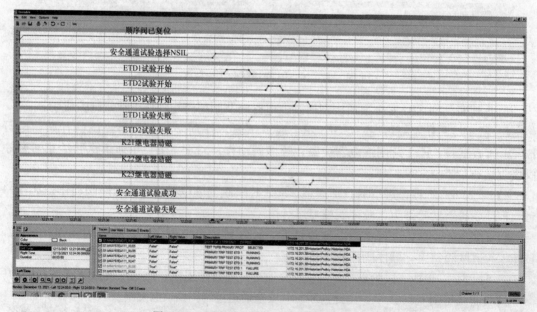

图 6-24　强制"顺序阀在非运行位"通道试验

由此判断，N_SIL 安全通道在一通道跳闸继电器无法断电或失磁且顺序阀保持在运行位时，跳闸试验跳过一通道继续进行跳闸试验，但试验结束后控制系统不报试验成功信号。

2）14 时 24 分 58 秒再次试验，首先在 DEH 中强制"顺序阀在运行位"，在操作画面上安全通道试验不投入，取消强制"顺序阀在运行位"条件。

a. 14 时 25 分 57 秒，投入 N_SIL 安全通道试验。14 时 26 分 4 秒，试验开始，进行 ETD1 通道试验，强制顺序阀在非运行位；10 秒，ETD1 通道试验结束，此时顺序阀依旧在非运行位；19 秒，ETD1 通道试验复位失败报警；20 秒，无试验成功报警，N_SIL 安全通道试验自动退出；试验曲线见图 6-25。

图 6-25　N_SIL 安全通道试验复位失败历史记录

由此判断，N_SIL 安全通道试验前，顺序阀不在运行位状态无法继续进行试验。试验中在顺序阀位置不在运行位状态时，跳闸试验中止，控制系统不报试验成功信号。

b. 14 时 30 分 2 秒，投入 N_SIL 安全通道试验。10 秒，试验开始，进行 ETD1 通道试验，K21 跳闸继电器失磁，顺序阀在非运行位；16 秒，ETD1 通道试验结束，顺序阀在运行位。

14 时 30 分 20 秒，进行 ETD2 通道试验，K22 跳闸继电器失磁，顺序阀在非运行位；26 秒，ETD2 通道试验结束，顺序阀在运行位。

14 时 30 分 30 秒，进行 ETD3 通道试验，K23 跳闸继电器失磁，顺序阀在非运行位；37 秒，ETD3 通道试验结束，顺序阀在运行位。

14 时 30 分 41 秒，试验成功，N_SIL 安全通道试验自动退出；试验曲线见图 6-26。

14 时 36 分 0 秒，汽轮机挂闸，然后冲转、并网。

综上，N_SIL 安全通道试验正常进行，机组正常并网。

为进一步查找原因，对电磁阀失电时的油路情况进行分析。

当一个跳闸电磁阀导通时如图 6-27 所示，对应的滑阀导通，顺序阀在试验位置。在节流孔作用下，泄油量有限，不影响机组运行。

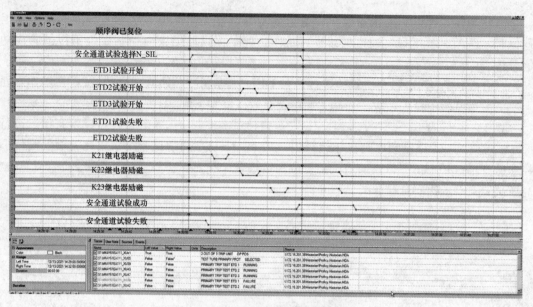

图 6-26　N_SIL 安全通道试验正常历史

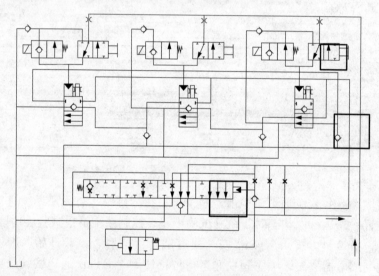

图 6-27　一个电磁阀失电油路图

当两个跳闸电磁阀导通时如图 6-28 所示，对应的滑阀导通，顺序阀在充油位置。但两个滑阀导通，泄油阀接通泄油，汽轮机跳闸。泄油阀利用左右两侧的油压维持错油门通断，当两个电磁阀导通时右侧油压降低，左侧油压高于右侧。因此，错油门在油压作用下导通，安全油快速泄压。

当 3 个跳闸电磁阀导通时如图 6-29 所示，对应的全部滑阀导通，顺序阀在跳闸位置。安全油通过顺序阀泄油孔快速泄油，汽轮机跳闸。

当机组发出挂闸指令后，顺序阀在充油位置。安全油通过顺序阀节流孔为汽轮机各进汽门油动机充油，如图 6-30 所示。

当完成挂闸指令后，顺序阀在运行位置。安全油通过顺序阀过油通道为汽轮机各进汽门油动机注油并维持油压，如图 6-31 所示。

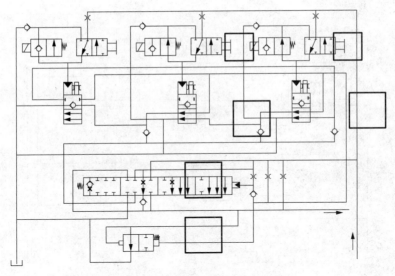

图 6-28　两个电磁阀失电油路图

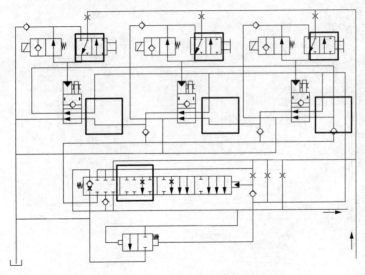

图 6-29　3 个电磁阀失电油路图

通过在 1 号机的上述模拟试验和分析油路图可知：若任一电磁阀动作泄油或任一通道滑阀动作泄油或任一手动试验阀动作泄油，均会卸掉试验油，导致顺序阀不在运行位。但在机组跳闸前试验准备时，顺序阀在运行位，故可基本排除阀位异常或油路中存在大量内漏可能性。

跳闸后第一次试验时，2 号汽轮机挂闸后顺序阀不在运行位，经按压 1 号、3 号电磁阀阀芯后正常。结合机组跳闸前试验过程，认为 3 号电磁阀有可能存在卡涩，第一次试验后卡涩被冲开的可能性较大，故第二次、第三次油压试验正常。

综上所述，结合图 6-32 DEH 柜跳闸继电器电气原理图分析，推测机组跳闸原因为 3 号电磁阀可能存在卡涩、不到位现象，但泄漏量不足以造成顺序阀位置改变，故满足试验逻辑条件。但在试验过程中，1 号电磁阀动作泄压后，总泄油量达到了顺序阀和泄压阀动作量，造成机组跳闸。

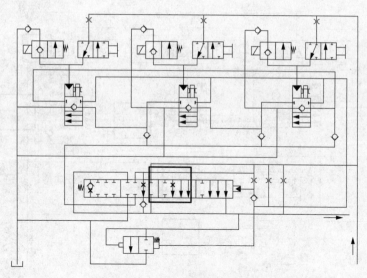

图 6-30　机组挂闸过程油路图

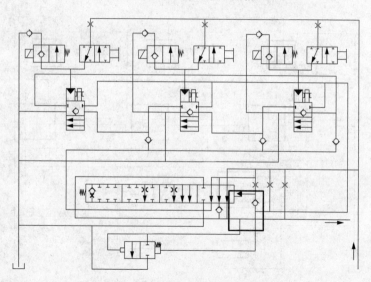

图 6-31　机组正常运行时油路

（3）DEH 试验逻辑。

1）安全通道（以 N_SIL 为例，SIL 侧相同）试验允许逻辑是下述条件均满足：

a. 无安全通道试验，且安全通道试验已完成；

b. 三取二跳闸单元（顺序阀）在运行位；

c. 主和备 IPR 均未跳闸（空点，常 1）。

2）安全通道试验启动程序：

a. 程序启动；

b. 发出 ETD1 通道试验开始指令，k21 跳闸继电器失电；顺序阀保持在运行位延时 9s 发出试验失败报警，顺序阀在非运行位或试验失败则进行下一步；

c. 发出 ETD1 通道试验结束指令；顺序阀在非运行位延时 9s 发出试验复位失败报警，结束指令发出 4s 后顺序阀在运行位状态进行下一步，失败则退出试验；

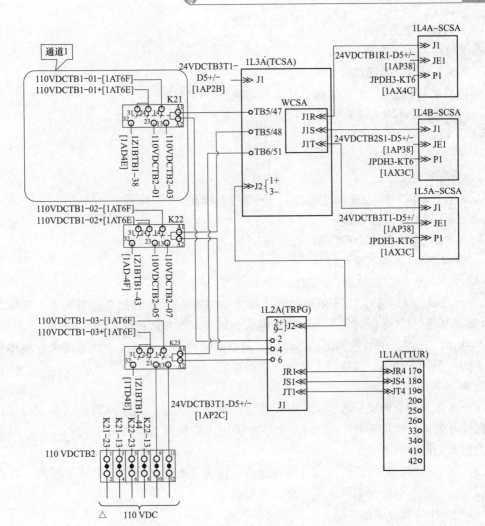

图 6-32 DEH 柜跳闸继电器电气原理图

d. 下步程序启动；

e. 发出 ETD2 通道试验开始指令，k22 跳闸继电器失电；顺序阀保持在运行位延时 9s 发出试验失败报警，顺序阀在非运行位或试验失败则进行下一步；

f. 发出 ETD2 通道试验结束指令；顺序阀未复位延时 9s 发出试验复位失败报警，结束指令发出 4s 后顺序阀在运行位状态进行下一步，失败则退出试验；

g. 下步程序启动；

h. 发出 ETD3 通道试验开始指令，k23 跳闸继电器失电；顺序阀保持在运行位延时 9s 发出试验失败报警，顺序阀在非运行位或试验失败则进行下一步；

i. 发出 ETD3 通道试验结束指令；顺序阀未复位延时 9s 发出试验复位失败报警，结束指令发出 4s 后顺序阀在运行位状态进行下一步，失败则退出试验；

j. 程序结束。

3）安全通道（以 NSIL 为例）试验成功的标志是下述条件均满足（脉冲 2s）：

a. ETD1 通道未失败；

b. ETD2 通道未失败；

c. ETD3 通道未失败；

d. NSIL 通道试验已选择；

e. 所有 ETD 通道试验允许是下述条件均满足后取非。

a）主和备 IPR 均未跳闸（空点）；

b）三取二跳闸单元（顺序阀）在运行位；

c）安全通道试验已完成；

d）手动退出按钮。

f. 安全通道试验链已结束的标志是下述条件均满足。

a）试验启动程序已完成；

b）三取二跳闸单元（顺序阀）在运行位；

c）所有 ETD 通道试验允许。

（4）1 号机组做模拟试验，控制模块动作情况。

1）模拟试验 1。通过 DCS 单独对电磁阀 1、电磁阀 2、电磁阀 3 强制失电，观察顺序阀的状态。试验结果：任何 1 个电磁阀失电后，顺序阀在非运行位状态。

2）模拟试验 2。手动控制试验手动阀，观察跳闸模块动作情况。试验结果：就地操作试验手柄，手柄未动作，试验阀未动作，手动试验停止。

2. 事件原因分析

（1）直接原因。做安全通道试验时，通道 1 电磁阀失磁，顺序阀阀位离开运行位，顺序阀阀位开关量反馈从 1 变 0。此时安全油系统压力应保持运行压力 40MPa，但此时安全油压力失去，汽轮机跳闸。

（2）间接原因。根据安全油设计结构分析，认为 2 电磁阀或 3 电磁阀可能阀芯存在偶发卡涩情况，进而造成安全油试验油路轻微漏油。

（三）事件处理与防范

（1）跳闸电磁阀油路检查，查找可能的原因。需相关专业进一步咨询厂家建议及意见。并建议将电磁阀模块定期送至厂家维护保养。

（2）油质化验分析情况：检查本年度 10—12 月 2 号机控制油油质化验结果，均合格。

（3）DEH 控制逻辑排查：对控制逻辑进行排查，并在 1 号、2 号机组进行试验，未见异常。

（4）检查 1 号、2 号机控制油试验模块进行电磁阀、控制电气回路排查，各电磁阀动作正常、控制电源电压正常。

（5）运行需优化定期试验步骤，在定期试验开始前确认设备状态、机组工况。类似切换工作尽量安排在机组低负荷情况下进行。

第七章

发电厂热控系统可靠性管理与事故预控

发电厂热控系统的可靠性直接影响着整个机组的安全稳定运行，随着专业预控工作的不断深入，热控系统可靠性有了较大的提高。但受硬件老化、环境变化、煤质变化、工况变化等多因素影响，热控原因造成的机组异常或跳闸事件仍时有发生，如第二～六章的2021年故障案例很多都具有典型性，那些由于设计时硬件配置与控制逻辑上不合理、基建施工与调试过程不规范，检修与维护策划不完善、管理执行与质量验收把关不严、运行环境与日常巡检过程要求不满足，规程要求的理解与执行不到位等原因，带来热控设备与系统中隐存的后天缺陷（设备自身故障定为先天缺陷），造成机组非停事件的案例，其中很多故障本都是可避免的。因此，深入地开展发电机组热控系统隐患排查，尽早发现潜在缺陷并及时治理，实施可靠性预控是永恒的主题。

本章总结了前述章节故障案例的统计分析结论，摘录了一些专业人员发表的论文中提出的经验与教训，结合专业跟踪研究和在已出版的2016—2020年发电厂热控系统故障分析处理与预控措施Ⅰ～Ⅲ的基础上，进一步补充了减少发电厂因热控专业原因引起机组运行故障的措施，供检修维护中参考实施，提升机组热控系统的可靠性。

为了保证机组长周期安全可靠运行，需要汲取其他单位发生的非停事件经验教训，结合主辅设备厂家提供的热控保护系统可靠性设计要求和热控保护系统可靠性相关的标准要求，根据机组实际运行情况不断进行优化完善，逐步提高热控保护系统的可靠性

第一节　控制系统故障预防与对策

热控系统的可靠性提升，是一项综合性、系统性工作。不仅要关心考核事件案例，也应关注那些可能引起跳闸的设备异常、潜在隐患和有可能整体提高电厂的运行优化及可靠性的案例。需要进行改造升级的系统应果断地及时改造，不需要改造升级或近期计划无法安排升级改造的设备，应认真规划日常维护计划，参考往年其他兄弟电厂的案例、经验，提前实施相应的预控防范措施，以减少热控系统故障发生的概率，保证机组的安全可靠运行。

一、电源系统可靠性预控

电源系统好比人体中的血液，为控制系统日夜不停地连续运行提供源泉，同时要经受环境条件变化、供电和负载冲击等考验。运行中往往不能检修或只能从事简单的维护，这一切都使得电源系统的可靠性十分重要。

影响电源系统可靠性的因素来自多方面，如电源系统供电配置及切换装置性能、电源系统设计、电源装置硬件质量、电源系统连接和检修维护等，都可能引起电源系统工作异常而导致控制系统运行故障。本节在《发电厂热控故障分析处理与预控措施（2019年专辑）》第七章第一节内容基础上，进一步提出以下预控措施。

1. 电源的配置

电源配置的可靠性需要人员继续关注，2018年某机组控制系统因失电导致机组跳闸，经查该机组电源设计为一路保安和一路 UPS，但均来自同一段保安段电源，当该段保安电源故障时直接导致了 DCS、DEH、ETS、TSI 等系统失电。因此，除 DCS、DEH 控制系统外，独立配置的重要控制子系统［如 ETS、TSI、给水泵汽轮机紧急跳闸系统（METS）、给水泵汽轮机控制系统（MEH）、火焰检测器、FSS、循环水泵等远程控制站及 I/O 站电源、循环水泵控制蝶阀、燃气轮机火灾保护系统、燃气轮机调压站控制系统等］电源，不但要保证来自两路互为冗余且不会对系统产生干扰的可靠电源（二路 UPS 电源或一路 UPS 一路保安段电源），而且要保证二路电源来自非同一段电源，防止因共用的保安段电源故障、UPS 装置切换故障或二路电源间的切换开关故障时，导致控制系统两路电源失去。

应保证就地两个冗余的跳闸电磁阀电源直接来自相互独立的二路电源供电，就地远程柜电源直接来自 DCS 总电源柜的二路电源（二路 UPS 或保安段电源＋UPS），否则存在误跳闸的隐患，如某厂 METS 设计 2 路 220V 交流电源经接触器切换后同时为 2 个跳闸电磁阀供电，2 个跳闸电磁阀任一个带电，给水泵汽轮机跳闸，此设计存在切换装置故障后两路电磁阀均失电的隐患；另一电厂循环水控制柜电源设计为 UPS 和 MCC 电源供电，运行中由于循环水控制柜 UPS 电源装置接地故障，同时造成 MCC 段失电，当从 UPS 切至 MCC 电源时两个控制器短时失电重新启动，导致循环水出力不足，真空低保护动作停机。

对于保护连锁回路失电控制的设备，如 AST 电磁阀、磨煤机出口闸阀、抽气止回门、循环水泵出口蝶阀等若采用交流电磁阀控制，应保证电源的切换时间满足快速电磁阀的切换要求。类似磨煤机系统和给煤机控制系统的电源应该成组匹配，不同磨组之间的控制电源等应该分开配置，例如 A 磨煤机的动力电源与 A 给煤机的电源应一致，A 磨煤机的润滑油泵和液压油泵只有单套时应与 A 磨煤机的动力电源同段，应防止某一电源失去，多台磨煤机组跳闸；磨煤机出口闸阀如采用交流电磁阀等控制，应将闸阀电磁阀的电源分开配置，不可配置在同一电源切换装置；给煤机控制器及就地控制回路电源不可取自同一 UPS 电源或同一段电源上。

此外，应在运行操作员站设置重要电源的监视画面和报警信息，主重要设备的电源报警应设置为一级报警，以便问题能及时发现和处理。

2. UPS 可靠性要求

UPS 供电主要技术指标应满足厂家和 DL/T 774《火力发电厂热工自动化系统检修运行维护规程》规程要求，并具有防雷击、过电流、过电压、输入浪涌保护功能和故障切换报警显示，且各电源电压宜进入故障录波装置和相邻机组的 DCS 以供监视。UPS 的二次侧不经批准不得随意接入新的负载。

机组 C 级检修时应进行 UPS 电源切换试验，机组 A 级检修时应进行全部电源系统切换试验，并通过录波器记录，确认工作电源及备用电源的切换时间和直流维持时间满足要求。

自备 UPS 的蓄电池应定期进行充放电试验或更换，自备 UPS 试验应满足 DL/T 774 要求。

3. UPS 切换试验

目前 UPS 装置回路切换试验，《防止电力生产事故的二十五项重点要求（2023 版）》（国能发安全〔2023〕22 号）提出仅通过断电切换的方法进行，虽然基建机组和运行机组的实际切换试验过程大多数也是通过断开电源进行，但近几年已发生电源切换过程控制器重启的案例证明，这一修改不妥当。因为没有明确提出试验时电压的要求，运行中出现电源切换很可能发生在低电压时，正常电压下的断电切换成功，不等于电压低发生切换时控制系统能正常工作。DCS 控制系统对供给的电源一般要求范围不超过±10%，实际上要求电源切换在电压不低过 15% 的情况，控制系统与设备仍能保持正常工作，因此检修期间需做好冗余电源的切换试验工作，规范电源切换试验方法、明确质量验收标准。

（1）UPS 和热控各系统的电源切换试验，应按照 DL/T 774 或 DL/T 261 规程要求进行，试验过程中用示波器记录切换时间应不大于 5ms，并确保控制器不被初始化，系统切换时各项参数和状态应为无扰切换。

（2）在电源回路中接入调压器，调整输入主路电源电压，在允许的工作电压范围内，控制系统工作正常；当电压低至切换装置设置的低电压时，应能够自动切换至备用电源回路，然后再对备用电源回路进行调压，保证双向切换电压定值准确，切换过程动作可靠无扰。

（3）保证切换装置切换电压高于控制器正常工作电压一定范围，避免电压低时，控制器早于电源切换装置动作前重启或扰动。

4. UPS 硬件劣化

UPS 装置、双路电源切换装置和各控制系统电源模块均为电子硬件设备，这些部件可称之为发热部件，发热部件中的某些元器件的工作动态电流和工作温度要高于其他电子硬件设备。随着运行时间的延续所有电子硬件设备都将发生劣化情况，但发热部件的劣化会加速，整个硬件的可靠性取决于寿命最短的元器件，因此发热部件的寿命通常要短于其他电子硬件设备。控制系统硬件劣化情况检验，目前没有具体的方法和标准，都是通过硬件故障后更换，这给机组的安全稳定运行带来了不确定性，在此建议：

（1）应建立电源部件定期电压测试制度，确保热工控制系统电源满足硬件设备厂家的技术指标要求，并不低于 DL/T 5455《火力发电厂热工电源及气源系统设计技术规程》和 DL/T 774 要求。同时还应测试两路电源静电电压小于 70V，防止电源切换过程中静电电压对网络交换机、控制器等造成损坏。

（2）建立电源记录台账，通过台账溯源比较数据的变化，提前发现电源设备的性能变化。

（3）建立电源故障统计台账，通过故障率逐年增加情况分析判断，同时结合电源记录台账溯源比较数据的变化，实施电源模件在故障发生前定期更换。

（4）已发生的电源案例由电容故障引起的占比较大，由于电容的失效很多时候还不能从电源技术特性中发现，但是会造成运行时抗干扰能力下降，影响系统的稳定工作，因此，对于涉及机组主保护控制系统的电源模块应记录电源的使用年限，建议在 5～8 年内定期更换。

（5）热工控制系统在上电前，应对两路冗余电源电压进行检查，保证电压在允许范围内。

5. 落实巡检、维护责任制

有些故障影响扩大，如巡检、维护到位本可避免。如 6 月 23 日 4 时 10 分 27 秒，某电厂 9 号机组跳闸，ETS 保护动作，首出显示 DEH 故障，DEH 报警画面显示 DEH 110%超速。SOE 记录为 DEH 故障停机、ETS 动作，汽轮机跳闸。检查发现 DEH 系统双路 24V 直流电源模块故障，引起系统内所有 24V 模件、继电器均失电，3 块 SDP 转速卡异常，AST 110%超速信号误发，导致 DEH 故障信号发出，ETS 动作，汽轮机跳闸（后更换 24V DC 电源模块和背板电源连接插头后，恢复正常）。双路电源模块同时故障的概率较低，此案例反映了巡检或维护不到位或缺乏巡检或维护。

应建立电源测试数据台账，将电源系统巡检列入日常维护内容，巡检时关注电源的变化，可利用红外测温方法加强电源模件、接线端子等的巡检，机组停机时对测试电源数据进行溯源比较，发现数据有劣化趋势，及时更换模块。

二、采用 PLC 构成 ETS 系统安全隐患排查及预控

目前，还有一部分保护系统采用 PLC 控制器，随着运行时间的延伸，其性能逐步劣化，故障率增加，加上设计不完善，系统中存在一些隐患威胁着运行可靠性，需要热控专业重视，以下某电厂案例值得电厂热控专业借鉴。

1. 问题及原因分析处理

某电厂 ETS 系统 PLC 采用施耐德 Quantumn140 系列，CPU 模件采用 53414B（已停产），编程平台为 Concept。4 月 2 日 10 时 50 分，巡视检查发现 1 号机 ETS 系统 2 号 PLC 控制组件工作状态异常：电源模块工作指示灯正常长亮，CPU 控制器电源指示灯正常长亮，通信指示灯正常闪烁，运行指示灯"RUN"不亮（正常应长亮），各输入、输出扩展模块工作状态指示灯"Active"不亮（正常应长亮）。

专业人员分析，确定 1 号机 ETS 系统 2 号 PLC 控制组件已退出运行。处理 1 号机 ETS 系统 2 号 PLC，必须重新启动 CPU 控制器及相关输入、输出扩展模块，后续工作存在无法预知的风险，并且启动后要进行该控制组件各通道信号的校验测试，机组运行期间不具备测试条件，由于临近机组检修期，所以研究决定暂时维持现状不做处理，待机组停机后进行处理，同时专业制定危险点防范措施：

（1）热控专业加强设备巡视检查，若该 PLC 控制组件故障退出运行，会造成机组停机，并且在两套 PLC 系统没恢复前无法启机。

（2）热控专业根据现场实际情况制定 1 号机 ETS 系统 1 号 PLC 控制组件故障情况下的紧急处理方案。

（3）运行人员做好事故预想，如果 1 号 PLC 故障，热控人员已经准备好备件立即处理（处理时间为 2h），机组投入连续盘车 4h 以上。

2. 隐患排查及完善建议

ETS 系统由两台相互独立的 PLC 控制组件冗余组成，当其中一台发生故障退出运行时，不会影响另一台正常工作，虽能保证机组继续运行，但 ETS 系统的可靠性已降低 50%，同时两套独立的 PLC 控制组件没有远程监视功能，PLC 组件故障不能及时发现，也存在安全隐患。因此，该电厂专业人员针对该事件，结合技术监督及《防止电力生产事

故的二十五项重点要求（2023版）》（国能发安全〔2023〕22号），对现有ETS系统进行隐患排查后，发现以下安全隐患：

（1）4个轴向位移保护信号均由同一块DI卡输入，当该模件故障后，将使该项保护失灵，产生拒动或误动。原则上应该分别进入ETS系统不同的4块DI卡输入。

（2）ETS系统PLC装置中轴向位移保护采用"两或一与"方式（先或后于），其中进行"或"运算的两个信号均取自TSI中同一块测量模件中，当任一TSI卡测量模件故障后，将使保护产生拒动。原则上应该取自TSI不同的测量卡分别进入ETS系统不同的4块DI卡输入。

（3）某厂润滑油压低信号1、3接入PLC的同一块DI卡中，2、4接入PLC的另外同一块DI卡中，当任一块DI模件故障时，润滑油压低保护将失灵，产生拒动。同理，EH油压低保护、真空低保护均如此。原则上应该分别进入ETS系统不同的4块DI卡输入。

（4）ETS试验电磁阀组取样为单一取样，以润滑油压为例，润滑油试验电磁阀组仅有一根取样管路，经试验电磁阀组后分出两路分别给润滑油压1、3和2、4压力开关，当该取样管路渗漏或取样阀门误关时将导致机组保护误动。同理，EH油压低保护、真空低保护均如此。原则上两路压力开关应该分别取样。

（5）以润滑油压低保护在线试验控制逻辑为例：目前一通道在线试验控制逻辑中，没有润滑油压低压力开关2或压力开关4的闭锁控制，若该两个开关中有动作状态存在，此时，再对润滑油压低一通道进行在线试验（试验结果使压力开关1和压力开关3动作），则将使ETS保护动作命令发出，机组发生误跳闸。同理，EH油压低保护、真空低保护均如此。

（6）由于TSI超速三取二逻辑输出由一个开关量点送至ETS的PLC输入卡中，当该开关量点故障或断开时或PLC输入模件故障时，将使TSI中的三取二和ETS中的全部失去冗余作用，致使保护出现拒动作。应取消TSI机柜内TSI超速三取二逻辑，将三路TSI超速信号分别送至ETS中不同的输入模件，在PLC中逻辑组态为三取二方式保护动作。

（7）由于DEH电超速保护信号三取二逻辑输出由一个开关量点送至ETS的PLC中，当该开关量点故障或断开时，将使DEH中的三取二和ETS中的全部失去冗余作用，致使保护出现拒动作。应取消DEH机柜内DEH超速三取二逻辑，将三路超速信号分别送至ETS中不同的输入模件，在PLC中逻辑组态为三取二方式保护动作。

（8）ETS为双PLC系统，两个PLC装置同时扫描输入信号，程序执行后同时输出，当其中一个PLC装置发生死机时，AST电磁阀在机组运行中不能失电，ETS保护则进行了100%的拒动状态。严重影响机组的安全。

（9）由于4个跳闸DO指令（用于控制AST电磁阀）均取自同一块PLC DO模件，当该DO模件故障时，该套PLC的ETS保护功能将失去，AST电磁阀在机组运行中不能失电，ETS保护则进行了100%的拒动状态。严重影响机组的安全。

（10）ETS为双PLC系统，两个PLC装置同时扫描输入信号，程序运行后同时输出，当某一DI模件故障时，由该模件引入的保护跳闸条件将失灵，当该跳闸条件满足时，在该套PLC中的该项保护则不会发出动作命令。即使另一套PLC中该项跳闸条件满足能够正确发出保护动作命令，但由于两套PLC输出的跳闸命令按并联方式作用于AST电磁，并且为反逻辑作用方式，只有当两个PLC输出的跳闸命令全部动作时，两个闭合的DO输出触点全部打开，AST 电磁阀才能失电动作停机。因此，只有一套 PLC 动作时，AST 电磁阀将不能失电，因此，保护将发生拒动。

（11）ETS 控制柜内用于保护输入信号投切的开关为微动拨动开关，固化在一分二输入信号端子板上，并通过插接预制电缆将一路输入信号分为两路分别送至两套 PLC 的 DI 卡，由于微动开关的拨动不受任何限制，也无明显的投入/退出指示，存在误拨动或人为拨动导致保护退出。另外，一分二输入信号端子板与 PLC 的连接采用插头和预制电缆的方式，由于长时间运行，插头焊点存在氧化接触不良的现象。应拆除原一分二输入信号端子板，更换为带有信号保护指示的板卡，板卡与 PLC 采用螺钉压接线方式连接。另外，在 ETS 柜内增加安装能提供向外传输保护投切状态干触点信号的钥匙型保护投切开关，一路输入信号分为两路分别送至两套 PLC 的 DI。投入状态信号由 PLC DO 模块输出后，通过端子排输出到 DCS 机柜，在 DCS 中组态保护投切记录和画面上显示，可直观地知道每项保护的投退状态和投退时间。

（12）发电机故障联动汽轮机跳闸信号等重要动作信号（包括发电机故障信号、锅炉 MFT 信号），输入到 ETS 中只有一路。不满足《防止电力生产事故的二十五项重点要求（2023）版》（国能发安全〔2023〕22 号），对于重要保护的信号要采取三取二冗余控制方式，易造成保护拒动或误动。

（13）ETS 系统双路 220V AC 电源无快速切换装置，只是使用了继电器切换回路，存在切换时间长（实际测量切换时间大于 50ms）、回路不可靠等问题，在电源切换的过程中引起 PLC 的重新启动，存在误动的隐患。

建议各电厂也进行类似排查，及时将排查发现的相关安全隐患汇总，并制定相应的改造计划，利用机组检修机会进行优化改造，以确保重要保护系统安全、可靠运行。

三、DCS 软件和逻辑完善

1. 配置合理的冗余设备

发电机组在建设初期已经配置了大量的冗余设备，如电源、人机接口站、控制器、路由器、通信网络、部分参与保护的信号测点。但近两年的控制系统故障案例中，仍有机组在投入生产运行后，由于部分保护测点没有全程冗余配置，而因测点或信号电缆的问题造成了机组非停。

冗余测量、冗余转换、冗余判断、冗余控制等是提升热控设备可靠性的基本方法。因此，除了重视取源部件的分散安装、取压管路与信号电缆的独立布置，以避免测量源头的信号干扰外，应不断总结提炼内部和外部的控制系统运行经验与教训，深入核查控制系统逻辑，确保涉及机组运行安全的保护、联锁、重要测量指标及重要控制回路的测量与控制信号均为全程可靠冗余配置。对于采用越限判断、补偿计算的控制算法，应避免采用选择模块算法对信号进行处理，而应对模拟量信号分别进行独立运算，防止选择算法模块异常时，误发高、低越限报警信号。

DCS 控制系统中，控制器应按照热力系统进行分别配置，避免给水系统、风烟系统、制粉系统等控制对象集中布置于同一对控制器中，以防止由于控制器离线、死机造成系统失控，使机组失去有效控制。

2. 梳理优化 DCS 备用设备启动联锁逻辑设置

由于设计考虑不周，备用设备启动联锁逻辑不合理。如某机组 2A 引风机润滑油压力突降，压力低低 1、2、3 开关动作后延时 10s 跳闸 2A 引风机，之后 5s 后 2A 引风机 B 润滑油泵才联锁启动，逻辑设计不合理导致机组 RB 误动作。

某机组允许条件设置不合适导致空气预热器主辅电动机联锁异常。A 空气预热器辅助电动机跳闸，主电机未联启，空气预热器 RB 动作。检查发现 A 空气预热器辅助电动机跳闸时，因空气预热器内温度到达报警值，造成空气预热器火灾与转子停转热电偶故障信号发出，主电动机启允许条件并不满足，导致主电动机连锁启指令未发出。又由于 DCS 无温度模拟量信号显示，只能通过曲线推测实际温度值偏高。

某机组在进行引风机 RB 试验时，11 月 10 日 12 时 13 分，机组运行负荷为 95MW，主蒸汽压力为 8.5MPa。运行人员手动停止 A 引风机变频器，风机实际已经停止，但未触发 RB 动作，炉膛负压迅速增大，最大达＋1512Pa，经运行人员手动干预调整正常。原因是 RB 触发逻辑中，只是使用了电动机 6kV 开关分合状态作为风机运行停止的判断，缺乏对风机变频器状态的识别。因此，应加强对 RB 逻辑的完善检查，完整地进行静态试验。在逻辑中应增加变频工况下变频器停运作为风机停止的判断条件，将综合信号作为触发 RB 的条件。

7 月 17 日 19 时 24 分，某机组运行人员发现循环水泵 D 跳闸，其跳闸首出系"循环水泵运行且出口门全关"保护动作所导致，进一步检查发现出口门电动头内部有积水，清理积水并进行烘干处理后阀门运行正常。分析故障原因是循环水泵出口门电动头内部进水，另逻辑不合理，跳闸保护逻辑未进行二取二判断，仅使用了关位信号，加上该信号未进行延时判断。应增加逻辑判断，对关信号采取阀门模拟量反馈小于 5％与上关到位信号，并将处理后的信号进行延时 1 秒的判断，避免信号误发。

因此应利用空余时间，安排专业人员分析梳理、核对备用设备启动联锁逻辑，删除不必要的允许条件，在保证安全可靠的前提下尽可能简化逻辑，确保逻辑合理准确。

3. 逻辑时序及功能块设置应符合 DCS 组态规范要求

设计、优化逻辑时，如未考虑到逻辑的时序问题，也将会埋下机组保护误动的隐患。如：

(1) 某机组基建中 DCS 设计存在时序缺陷，当主油箱液位 3 测点信号发生跳变时，三取二逻辑 MSL3SEL2 封装块内部数据流计算顺序错误，误发信号导致机组跳闸。查找原因的试验过程，发现当信号从坏质量恢复到好点时，若同时触发保护动作对象，数据流异常会造成坏质量闭锁功能失效，从而导致保护误动。进一步检查分析，发现当 DCS 封装块中存在中间变量时，数据流排序功能并不能保证序号分配完全正确，需进行人工复查和试验确认。事后修改了汽轮机主油箱油位低保护逻辑，增加延时模块，防止出现时序问题或油位测点测量异常导致信号误发。同时，对 MSL3SEL2 封装块及相关类型的封装块采取防误动措施，重新梳理内部数据流问题后，经试验可确保数据流排列正确。

(2) 某机组吹灰系统蒸汽减压调节阀压力设定值，根据运行人员讨论后要求修改逻辑，当空气预热器吹灰时将压力目标值设定为 1.5MPa，当短吹吹灰时将压力目标值设定为 1.2MPa。投运后发现程控时可达到运行要求，但无法人为修改设定值。原因是热控人员对 DCS 组态逻辑块运算时序问题没有充分了解，当吹灰系统处于程控时，设定值一直由吹灰条件选出，条件设置应为脉冲信号。当触发吹灰条件时，将新的设定值传递到运行人员输入接口。逻辑页的运算顺序是由逻辑块的序号决定的，故运行人员设定接口逻辑需早于设定值传递的逻辑，按照逻辑顺序流的顺序人为设定的值不能被修改，从而造成自动状态下设定值无法输入。

因此，设计、优化逻辑时，应分析这些逻辑的功能与时序的关系，合理组态，保证逻辑时序及功能块设置符合 DCS 组态规范要求。

4. 合理设置控制逻辑的三选中模块或三信号输入优选模块预置值及控制参数

由于 MARK VIe 三选中模块对输入信号的品质，时刻进行质量可靠性评估计算，当其中或全部输入信号不可信时，将输出预先设置的计算方案或预先设置的数值，如果这个预先设置的数值不合理，将成为设备运行的一个隐患。某机组首次采用 MARK VIe 系统改造，对热井水位计算预先设定的参数值不合理，当热井水位跳变时，模块输出水位值为 0，造成 2B 凝结水泵跳泵，同时闭锁了 2A 凝结水泵启动。

某机组控制系统，低压缸前连通管蒸汽压力采用的模拟量三取中算法的判断坏值回路存在问题：当三取中模块取值后，进入后续的大（小）选模块与定值进行比较，当大（小）选模块判断输入为坏值时，直接输出定值零，当仪表管路被冻信号坏质量导致压力测量失真时，导致了凝汽器压力保护动作。

某机组采用 OVATION 控制系统，某日厂区开始降暴雨，由于热电偶进线端没有做好完全密封，雨水从接线端子处进水，最终导致元件接线盒内部积水，导致高温再热器出口温度 1、2 显示异常，三点之间偏差较大，高温再热器出口温度控制和保护逻辑采用三选模块为三取中输出，任一点超过控制死区偏差时，输出为剩余两点的平均值，当高温再热器出口温度三点元件都没有坏点且两两偏差超过控制死区时，为避免金属超温，输出为大值，导致了高温再热器出口温度高保护误动。

因此，热控人员应对输入信号进行梳理，确认设置选择输出信号或根据预先设置的数值输出信号正确；同时优化逻辑，消除输入信号品质下降或信号异常时输出错误信号。此类问题容易在 DCS 控制系统改造更换系统过程中产生，应给予足够的重视。

5. 逻辑优化前充分论证，确保修改方案与试验验收周全

基建或改造项目的修改方案和质检点内容，都应事前充分讨论，如不能保证修改方案完善、质检点内容设置周全，迟早会影响机组的安全运行。某机组日立公司 H5000M 系统的 DEH 和 ETS 改造后，全部功能纳入 OVATION DCS 一体化控制。由于 MFT 保护条件中的主蒸汽温度低保护设定值整定错误，主蒸汽温度低保护定值严重偏离了东方汽轮机厂提供的设计值，当调节级压力为 13.03MPa 时，主蒸汽温度保护设定值达到最大值 550℃，该动作值偏离原始设计值＋41.2℃。且在后续试验过程中也没能发现存在的隐患。在机组运行中，由于水煤比（过热度）调节品质差，主蒸汽温度大幅下降，触发主蒸汽温度低保护动作，机组跳闸。这个事件发生前，方案中虽也要求对软、硬联锁保护逻辑、回路及定值进行传动试验，但试验检查内容不周全，未明确折线函数的检查内容。在主保护试验中没有针对折线函数进行逐点检验，使组态中的错误未能通过试验发现。

因此，逻辑优化时，应加强对优化修改方案和优化后试验内容的完整性检查研讨，完善并严格执行保护定值逻辑修改审批流程，明确执行人、监护人以及执行内容；完善热控联锁保护试验卡，规范试验步骤。

6. 深入单点保护信号可靠性排查与论证

单点信号作为保护联锁动作条件时，外部环境的干扰和系统内部的异常都会导致对应保护误动概率增加，除前述故障案例中发生的多起单点信号误发导致机组跳闸外，另有更

多的是导致设备运行异常，如：

1月10日18时18分，某机组因汽动给水泵前置泵入口流量瞬间到0后15s后变坏点，汽结水泵再循环在流量到0后15s内开启到41％但未达到60％，导致最小流量阀保护动作，1号汽动给水泵跳闸，负荷由250MW下降至149MW，电动给水泵联启正常。检查原因是汽动给水泵前置泵入口流量变送器故障。

1月12日20时1分，某锅炉1号给煤机，因下插板执行器全关反馈信号导致跳闸，检查原因为执行器内部电缆由于振动导致与执行器壳体发生碰磨，绝缘层破损导致。

另据报道某岛电厂因供天然气管道上的总阀门问题，导致6部燃气机组全数跳闸，造成全岛无预警大规模停电事件，追究原因是供天然气管道上的总阀门及保护信号均为"单点"。

因此，单点信号作为重要设备与控制系统动作条件，一旦异常会导致十分严重的设备事故甚至是社会安全责任事故，由此可见单点保护的持续完善，对提高机组可靠性非常重要。需要继续进行保护与重要控制系统中的单点信号排查，且加深对单点保护的认识深度，不仅仅排查直接参与保护逻辑的单点信号，还应查找热力系统中那些隐藏着的单一重要设备或逻辑，如循环水泵备用联启逻辑中采用的母管压力低联启逻辑中母管压力取点为单点、真空泵分离器液位低液位开关联启补水电磁阀（如果分离器液位实际低而液位开关未动作补水，分离器将与实际大气相通，导致凝汽器真空低保护动作）。那些二点信号采取"或门"判断逻辑（如电气送过来的机组大联锁中的"电跳机"两个开关量保护信号采用"或门"逻辑），共用冗余设备采用一对控制器（如全厂公用DCS中6台空气压缩机的控制逻辑集中在一对控制器中，控制器或对应机柜异常，可能导致所有空气压缩机失去监控或全厂仪用气失去），也应列入"单点"且为重点管控范围。应组织可靠性论证，存在误发信号导致设备误动安全隐患的保护与控制系统，采取必要的防范措施。

7. 压缩空气系统可靠性问题预防

仪用压缩空气系统是现场重要的辅助系统，相关气动调整门、抽汽止回门，部分精密仪表等均需要仪用压缩空气方可正常工作，如压缩空气内含有水、油、尘等均会导致相关设备工作异常，甚至机组被迫停机。因此，专业管理上如疏忽对仪用压缩空气品质的监督，则将会对控制系统的安全运行构成严重安全隐患：如某电厂2018年12月7日14时40分，运行值班员监盘发现2号机2号、3号高压加热器正常疏水门开关不动，两台阀门阀位反馈自动全关至0％，远控失灵，现场检查发现气动阀整整门实际全关，调节器液晶屏无显示并且内部进水严重，检查气源压缩空气过滤瓶内积水，且附近（2号机6.3m、12.6m高压加热器附近）气动疏水门过滤减压阀过滤瓶内全是水，2号机低压轴封母管减温水气动门也因调节器气源进水控制失灵，判断为仪用压缩空气内进水。进一步检查2号机仪用压缩空气为仪用压缩空气系统末端，2号机0m压缩空气管道最低点排空阀（开启排水）及该排空阀附近凝结水精处理系统气动阀门电磁阀控制箱、气动门气缸均有漏水现象。人为断开相关阀门气源管路，过滤减压阀开始排水，放水过程中发现2号机0m精处理处仪用压缩空气母管内有大量积水，进一步检查发现精处理处有一根水管与仪用压缩空气管道相连接，检查该管道有一气动阀门内漏导致大量凝结水进入压缩空气管道内，从而导致压缩空气大量带水，手动关严该阀门，并对2号机进水的气动调整门、疏水门、2号机仪用压缩空气储气罐及压缩空气管道进行放水，清理压缩空气管道、各进水气动门气缸内积水，并更换2号、3号高压加热器正常疏水阀门定位器后，设备恢复正常。

该事件是由于精处理管道上的一气动阀门内漏导致大量凝结水进入仪用压缩空气系统，导致 2 台气动调整门定位器进水损坏引起，影响范围涉及 3 台气动调整门和 20 余台气动门，威胁着机组设备安全运行。但系统设计存在严重的安全隐患（系统管道接引错误，凝结水系统与压缩空气系统之间仅有一气动门及止回门，没有有效的手动截止门），机组维护检修中未发现，5 月份专业针对厂用、仪用压缩空气系统开展过隐患排查过程也未发现，这说明了专业人员对系统设备间的相互影响了解不深入，分析排查不到位，需要专业管理上加强专业培训和对仪用压缩空气控制可靠性、气源品质的监督，消除类似隐患与缺陷，以保证相关设备和仪表安全稳定运行。

8. 及时进行设备改造

由于随着运行时间的延续，电子产品性能会下降，如不及时进行性能检测跟踪和更换，将会导致设备故障发生。如 2 月 20 日 22 时 28 分，运行人员停止 1 号炉 2 号引风机；在 22 时 29 分，运行人员发现 1 号炉上层给粉 2、3 号火焰检测信号显示有火，其他层火焰检测显示火焰检测信号不稳定，但不具备炉内无火条件时，1 号炉灭火保护装置（独立装置）中"全炉膛灭火"指示灯亮，同时 MFT 动作指示灯闪烁。热控人员检查 DCS 中已触发"全炉膛灭火"SOE 信号，其他信号均未触发。经热控人员就地确认给粉机、排粉机未跳闸，燃油速断阀、DCS 中 MFT 动作 SOE 和 MFT 光字牌声光报警未触发。据以上状况判断 MFT 动作信号实际未输出。22 时 35 分，经值长同意复位灭火保护装置。

事件发生后，热控专业检查火焰检测装置及回路均正常，确定在不具备 MFT 触发条件的情况下，MFT 误发全炉膛火焰丧失 SOE 信号和 MFT 面板动作指示信号，而 MFT 实际未输出。分析原因为此灭火保护装置已使用 16 年，过于老旧，内部电路板卡设备运行不稳定，导致条件不满足时触发 SOE 输出。后经外委专业单位对该装置综合分析试验返回后，将两套装置整合为一套可靠的装置，试验合格后安装使用。同时，计划 2019 年 DCS 技改时，将灭火保护装置逻辑及信号接线全部引入 DCS。

电厂机组跳闸案例统计分析表明，设备寿命需引起关注。当测量与控制装置运行接近 2 个检修周期年后，应加强质量跟踪检测，如故障率升高，应及时与厂家一起讨论后续的升级改造方案，应鼓励专业人员开展 DCS 模件和设备劣化统计与分析工作。

第二节　环境与现场设备故障预防与对策

现场设备运行环境相对较差，现场设备的灵敏度、准确性以及可靠性直接决定了机组运行的质量和安全。2021 年收集的 33 起现场设备故障（14 起执行设备、6 起测量仪表与部件、3 起管路、6 起因线缆、4 起因独立装置）引起机组跳闸或降负荷的事件中，有一半以上可预防，近两年发生的故障案例也很类似，不少故障是重复发生且大多故障具有相似性，应引起专业人员的重视，以下结合 2019 年以前的案例和 2020 年的案例分析提出一些预控意见，供专业人员参考。

一、做好现场设备安全防护预控

1. 调速汽门 LVDT 支架断裂事件预防

调速汽门 LVDT 连杆断裂事件每年都有发生，如 3 月 2 日 17 时 28 分，某热电厂运行人员将 1 号机调节门切至顺序阀控制；18 时 34 分，1 号机调速汽门指令由 56.5% 降至 52.5%，2 号调速汽门指令由 35.6% 降至 33.3%，负荷由 69.4MW 降至 39.3MW；18 时 35 分 5 秒，运行人员手动增加综合指令；18 时 35 分 24 秒，负荷恢复至 70.1MW。针对负荷下降原因，经热控人员就地检查发现 LVDT 连杆断裂，热控人员逐渐强制关闭 1 号机 1 号调速汽门，进行在线更换。

LVDT 连杆断裂原因，经分析是 1 号机 1 号调速汽门开度在 20% 以上时，由于汽流激荡引起阀体护套震荡，连接在该护套上的 LVDT 连杆长时间受应力导致强度降低而断裂。这事件暴露了热控人员日常巡视检查不到位，未考虑到护套震荡和 LVDT 连杆在受应力作用下易产生裂痕的重大隐患。为预防此类事件的发生，专业应从以下方面进行改进与防范。

（1）新设计 LVDT 连杆时适当考虑尺寸设计，选择更可靠的材质和外委加工，同时可增大连杆与门体固定支架之间的间隙，避免或减少动静摩擦，以此降低连杆断裂的危险。

（2）加强日常巡视检查，对重点部位制定隐患设备巡视检查卡，定期检查所有调速气门连杆，及时发现潜在隐患并处理。

（3）通过举一反三，对现场其他可能产生摩擦的重点部位进行全方面排查，以防止类似事件再次发生。

2. 规范仪表的检修、投运、校准等规范及方法，防止仪表报警失灵事件发生

检修工作中缺乏安全意识，不能按规程要求规范检修，不能严格执行操作票流程，检修工作结束后未能及时做好扫尾工作等，都将留下事故隐患。

某厂 4 号机组为 660MW 超超临界机组。2021 年 4 月 17 日和 18 日午，化学试验人员多次对机润滑油油质进行化验均发现 4 号机组机润滑油油样中水含量超标。热控人员立即针对该异常事件原因进行查找、分析和试验验证，最终确认是氢水差压低压旁路阀关闭不到位（氢水差压低压旁路阀手轮缺失，操作不便引起），造成了氢水差压低差压开关正负压侧介质出现了来回串流的情况：在定子冷却水压力高于氢气压力时，定子冷却水从氢水差压开关的负压侧取样管经旁路阀，再经氢水差压开关的正压侧取样管进入氢侧回油管路，造成定子冷却水通过密封油系统混入机润滑油系统，造成机润滑油含水，机润滑油箱油位从 1554mm 升高到 1737mm。另一方面，由于氢压取自发电机密封油空侧回油管上部，当发电机内氢气压力升高后，就会出现反方向串流，即密封油通过氢水差压开关的正压侧取样管经旁路阀，再经氢水差压开关的负压侧取样管流入定子冷却水系统，从而导致定子冷却水系统进油。

某电厂检修后空侧密封油过滤器差压报警装置出口取样阀未打开，导致滤网脏污（就地无滤网前后压力表）长时间未报警，引起空侧密封油泵出口憋压，空侧密封油过滤器后油量减少，使得密封油系统油氢差压无法维持，空侧备用密封油泵自启动，5s 后仍油氢差压小于 20kPa，直流事故油泵启动，15s 后仍油氢差压小于 20kPa，发电机跳闸，导致机组跳闸。

类似的事件时有发生，反映了人员责任心不强、安全措施执行不力、检修不规范，同组工作人员未能有效核对。要减少检修不规范造成的类似事件，应该做好以下防范工作：

（1）强检修人员安全教育，提高责任心，严格两票制度管理，工作前应做好风险分析和防范措施，工作结束后及时恢复，并由工作负责人或工作组成员确认。

（2）严格落实对现场设备的巡视检查制度，发现设备异常及时联系、及时处理，不定

期对现场各项检查记录进行抽查。

（3）定期组织对现场仪表进行检查，确保仪表及设备工作正常，报警可靠输出。

3. 执行机构故障预控措施

执行机构随着使用年限增加，电子元器件的老化导致电动执行机构故障率增加，主要的故障类型有控制板卡故障、风机变频器故障、风机动叶拐臂脱落等，这些就地执行机构、行程开关的异常，有些是执行机构本身的故障引起，有些则与设备安装检修维护不当有关。这些故障造成就地设备异常，严重的直接导致机组非停。如某厂一次风机设备由于厂家设计不合理，拉杆固定螺栓无防松装置，在设备安装时缺少必要的质量验收，运行中螺栓松动、脱落导致拉叉脱开，动叶在弹簧力的作用下自行全开至 100%，最终导致炉膛负压低低跳闸。某厂因执行机构及与动调连接安全销未开口引起连杆脱落导致机组跳闸、油路油质变差，引起调节门卡涩，导致机组跳闸，通过对相关案例的分析、探讨、研究，提出以下预防措施：

（1）把好设备选型关，重要部位选用高品质执行机构。目前市场上执行机构产品较多，质量参差不齐，如某厂控制电磁阀因存在质量问题，短时间运行后就出现线圈烧毁现象导致燃气机组跳闸，因此应对就地执行机构的电源板、控制板、电磁阀质量进行监督管理（包括备件），选用高品质与主设备相匹配的产品，备品更换后应现场进行功能测试验收，避免因制造质量差给设备带来安全隐患，降低因执行机构故障给机组安全经济运行带来的威胁。

（2）加强设备的维护管理，将执行机构拉杆固定螺栓和防松装置的可靠性检查，列入检修管理，杜绝此类故障的发生。同时，将主重要电磁阀纳入定期检查工作，进行定期在线活动性试验以防止电磁阀卡涩，在控制回路中增加电磁阀回路电源监视，以便及时发现电源异常问题。定期检查、维护长期处于备用状态的设备（如旁路系统控制比例阀、给水泵汽轮机高压调节阀等）。

（3）进一步优化完善逻辑，提高设备可靠性。从本书所列的执行机构故障案例分析，除了执行机构自身存在的问题外，控制逻辑存在的问题也是导致机组设备异常发生的一个重要诱因之一，因此需优化完善控制逻辑：

1）增加主重要阀门"指令与反馈偏差大"的报警信号，便于运行人员及时发现问题。增加"指令与反馈偏差大"切除 CCS 的逻辑，防止因调节门卡涩造成负荷大幅度波动。

2）为提高风机运行的安全稳定性，增加风机变频切工频功能，实现在事故状态下的自动切换。

3）对一些采用单回路控制的电磁阀，除保证电磁阀质量外，建议整改为双回路双电磁阀控制，也可改为四电磁阀串并联的结构，例如，燃气轮机控制系统的调压站紧急切断阀、燃气辅助截止阀、燃气模块放空阀、天然气安全关断阀、天然气安全关断阀后放空阀、燃气轮机防喘阀等建议采用双电磁阀控制，给泵汽轮机再循环调节阀的快开电磁阀等可考虑改为双电磁阀控制。主汽门、调节门等的跳闸电磁阀、燃气轮机控制系统的主重要电磁阀应定期测量线圈电阻值，并做好记录，通过比对发现不合格的线圈应及时更换；燃气轮机控制系统启机前应对主重要电磁阀开展动作试验，分析阀门开关时间的变化情况。

4）某厂未及时发现厂商提供的调节门特性曲线及逻辑定值与机组实际运行工况的差异。DEH 中主蒸汽压力调节回路中各参数之间不匹配，中压调节门关闭过快，导致给水泵汽轮机进汽压力迅速下降。

4. 测量设备（元件）故障预控措施

部分测量设备（元件）因安装环境条件复杂，易受高温、油污影响而造成元件损坏，为降低测量设备（元件）故障率，据本书第五章相关案例处理的经验与教训总结，建议从以下几点防范：

（1）测量设备（元件）在选型过程中，应根据系统测量精度和现场情况选取合适量程，明确设备所需功能；安装在环境条件复杂的测量元件，应具有高抗干扰性和耐高温性能。

（2）严格按照设备厂家说明书进行安装调试，专业人员应足够了解设备结构与性能，避免将不匹配的信号送至保护系统引起保护误动，参与汽轮机保护的测量设备投入运行后，应按联锁保护试验方案进行保护试验。

（3）机组检修时由于测温元件较多，往往会忽视对测温元件的精度校验，尤其在更换备品时，想当然认为新的测温元件一定合格而未经校验即进行安装，导致不符合精度要求的测温元件在线运行，因此在机组检修时明确检修工艺质量标准，完善检修作业文件包，对测量元件按规定要求进行定期校验。

（4）继电器随着使用年限的增长故障率也将上升，建立 DCS、ETS、MFT 等重要控制系统继电器台账，应将主重要保护继电器的性能测试纳入机组等级检修项目中，对检查和测试情况记录归档，并根据溯源比较制定继电器定期更换方案。通过增加重要柜间信号状态监视画面，对重要继电器运行状态进行监控，并定期检查与柜间信号状态的一致性，以便及时发现继电器异常情况。

（5）运行期间应加强对执行机构控制电缆绝缘易磨损部位和控制部分与阀杆连接处的外观检查；检修期间应做好执行机构等设备的预先分析、状态评估及定检工作。针对所处位置有振动的阀门，除全面检查外，还应对阀杆与阀芯连接部位采取切实可行的紧固措施，防止门杆与门芯发生松脱现象。

（6）加强硬件老化测量元件（尤其是压力变送器、压力开关、液位开关等）日常维护，对于采用差压开关、压力开关、液位开关等作为保护联锁判据的保护信号，可考虑采用模拟量变送器测量信号代替。

（7）排查参加主保护或者模拟量控制的主重要参数的高温高压仪表（汽包水位、主给水流量等）同处于同一保温保护柜内，建议同一参数的多个变送器应布置在不同保温保护柜内。

5. TSI 系统故障预控措施

因 TSI 系统模件故障、测量信号跳变、探头故障而引起的汽轮机轴振保护误动的事件时有发生。与汽轮机保护相关的振动、转速、位移传感器工作环境条件复杂，大多安装在环境温度高、振动大、油污重的环境中，易造成传感器损坏；另外，保护信号的硬件配置不合理、电缆接地及检修维护不规范等，都会对 TSI 系统的安全运行带来很大的隐患，也造成了多起机组跳闸事故和设备异常事件的发生。通过对本书相关案例的分析、归类，总结出以下防范措施：

（1）TSI 系统一般在基建调试阶段对模件通道精度进行测试，大部分电厂在以后的机组检修中未将模件通道测试纳入检修项目，因此，模件存在故障也不能及时被发现，建议在机组大修时除将传感器按规定送检之外，还应对模件的通道精度进行测试，并归档保存，对有问题的模件及时进行更换处理。

（2）对冗余信号布置在同一模件中、TSI、DEH 信号电缆共用的，应按《防止电力生产事故的二十五项重点要求（2023 版）》（国能发安全〔2023〕22 号）第 9.4.3 条：所有重要的主、辅机保护都应采用"三取二"的逻辑判断方式，保护信号应遵循从取样点到输入模件全程相对独立的原则进行技术改造，将信号电缆独立分开，并将传感器信号的屏蔽层接入 TSI、DEH 系统机柜进行接地；必要时增加模件，保证同一项保护的冗余信号分布在不同模件中，以提高机组主保护动作的可靠性。确因系统原因测点数量不够，应有防止保护误动措施的要求。

（3）传感器回路的安装，应在满足测量要求的前提下，尽量避开振动大、高温区域和轴封漏汽的区域，如在高温区域安装，应采用耐高温类探头，做好隔热措施，同时宜加装仪用空气冷却风或者大功率冷却风装置，运行过程中加强就地巡检环境温度情况；就地接线盒应采用金属材质并有效接地；前置器应安装在绝缘垫上，与接线盒绝缘，保证测量回路单点接地。

（4）随着 TSI 系统使用年限增加，模件因老化而故障率上升，因此需加强 TSI 系统模件备品备件的管理，保证备品数量，且定期检测备品，使备品处于可用状态，一旦模件故障可以及时更换。

（5）将 TSI 系统模件报警信息（LED 指示灯状态）纳入 DCS 日常巡检范围，每次停机期间，连接上位机读取和分析 TSI 系统模件内部报警信息，以消除存在的隐患。

（6）在机组停机备用或检修时，对现场的所有 TSI 传感器的安装情况进行检查，确保各轴承箱内的出线孔无渗油，紧固前置器与信号电缆的接线端子，信号电缆应尽可能绕开高温部位及电磁干扰源。应记录各 TSI 测点的间隙电压，作为日后的溯源比较和数据分析。

二、做好管路、线缆安全防护预控

1. 管路故障预控措施

测量管路异常也是热控系统中较常见的故障，本书所列举的故障主要表现在仪表管沉积物堵塞、管路裂缝、测量装置积灰、仪表管冰冻、变送器接头泄漏等，这些只是比较有代表性的案例，实际运行中发生的大多是相似案例，通过对这些案例的分析，提出以下几点反事故措施建议：

（1）针对沉积物堵塞，查找分析堵塞原因和风险，实施预防性措施，必要时对水质差、杂质较多（泥沙较多）的管路，更换增大仪表管路孔径（如将 $\phi14$ 的更换为 $\phi18$ 的不锈钢仪表管或者采用更粗的管路配置隔膜类表计测量），同时加强重要设备滤网的定期检查和清理工作，减轻堵塞。

（2）机组检修时，对重要辅机不仅检查泵体表面，应将泵轴内部检查列入检修范围内，避免忽视内在缺陷。

（3）对燃气轮机天然气温控阀等控制气源应控制含油含水量，定期对控制气源质量进行检测；定期对减压阀、闭锁阀等进行清洗，去除油污；必要时可加装高效油气分离器来降低控制气源含油含水量。

（4）风量测量装置堵塞造成测量装置反应迟缓，不能快速响应，会导致自动调节系统出现超调、发散等，严重时造成总风量低保护动作。燃烧高灰分燃煤的机组应加强风量测量装置吹扫，发现测量系统异常应缩短吹扫周期。为保证风量测量装置准确性，可增加自动吹扫设备或选用带自动吹扫的风量测量装置。

（5）二次风量自动控制宜取三个冗余参数的中值参与调节控制；被调量与设定值偏差大时自动切手动，偏差值设定值应根据实际工况和量程等因素进行合理设置，避免偏差值设定值不当导致在异常工况下总风量过低情况发生。

（6）力学测量仪表的接头垫片材质要求应符合 DL 5190.4—2012《电力建设施工技术规范 第4部分：热工仪表及控制装置》垫片要求，重点应检查高温高压管道测点仪表回路上的接头垫片，不能采用聚四氟乙烯垫片，否则一旦管路接头上有漏点，耐温不满足会加剧泄漏情况的发生。

（7）取样管与母管焊接处应防止管道剧烈振动导致取样管断裂，发现管道振动剧烈时应及时排查原因并消除，必要时可将取样管适当加粗，保证其强度满足要求。

（8）防止仪表管结冰，在进入冬季前，安排防冻检查工作。给水、蒸汽仪表管保温伴热应符合规范要求；给水、蒸汽管道穿墙处的缝隙应封堵，一次阀前后管道应按要求做好保温。

2. 降低控制电缆故障的预防措施

线缆回路异常是热控系统中最常见的异常，如电缆绝缘降低、变送器航空插头接线柱处接线松动、电缆短路、金属温度信号接线端子接触不良等，针对电缆故障提出以下防范措施：

（1）加强控制电缆安装敷设的监督，信号及电源电缆的规范敷设及信号的可靠接地是最有效的抗干扰措施（尤其是 FCS），应避免 380V AC 动力电缆与信号电缆同层、同向敷设，电缆铺设沿途除应避开潮湿，振动宜避开高温管路区域，确保与高温管道区域保持足够距离，避免长期运行导致电缆绝缘老化变脆降低绝缘效果，若现场实际情况无法避开高温管道设备区域，则应进行加强保温措施，并定期测温，以保证高温管道保温层外温度符合要求；电缆槽盒封闭应严实，电缆预留不宜过长，避免造成电缆突出电缆槽盒之外；定期对热控、电气电缆槽盒进行清理排查，发现松动积粉等问题及时清理封堵，保证排查无死角，设备安全可靠。

（2）对控制电缆定期进行检查，将电缆损耗程度评估、绝缘检查列入定期工作当中。机组运行期间加强对控制电缆绝缘易磨损部位进行外观检查；在检修期间对重要设备控制回路电缆绝缘情况开展进线测试，检查电缆桥架和槽盒的转角防护、防水封堵、防火封堵情况，提高设备控制回路电缆的可靠性。

（3）对于重要保护信号宜采用接线打圈或焊接接线卡子的接线方式，避免接线松动，并在停机检修时进行紧固；对重要阀门的调节信号应尽可能减少中间接线端子；对热控保护系统的电缆应尽可能远离热源，必要时进行整改或更换高温电缆。变送器航空插头内接线应进行焊接，防止虚焊等不规范安装引起接触不良导致的设备异常。

（4）定期对重要设备及类似场所进行排查，检查各控制设备和电缆外观，测量绝缘等指标，对有破损的及时处理，不合格的予以更换，对有外部误碰和伤害风险的设备做好安全防护措施。

（5）温度测量系统采用压接端子连接方式的易导致接触不良，因此应明确回路检查标准及检修工艺要求，避免因隐患排查不全面、不深入而埋下安全隐患。

（6）一个接线端子接一根电缆，如需连接两根电缆时，应制作线鼻子，进行接线紧固。接线端有压片时应将电缆线芯完全压入弧型压片内，防止金属压片边缘挤压电缆线芯致其受损，存在安全隐患。接线端子铜芯裸露不宜太长，防止接拆线时金属工具误碰接地，造成回路故障。

（7）接线盒卡套外部边缘接触面应光滑，防止电缆在振动、碰撞等因素下造成线缆破损，线缆引出点处采取防护措施如热缩套保护等防止产生摩擦。

第三节　做好热控系统管理和防治工作

制度是基础，人是关键。从本书案例分析中，可体会到很多事件、设备异常的发生都与管理和"人"的因素息息相关，一些因对制度麻木不仁、安全意识不强、技术措施不力而造成的教训让人惋惜，比如本书第六章统计的"检修维护不到位、运行操作不当、检修试验违规"等引起的事件，有些看上去是很低级错误仍时有发生，反映了管理与"人"因素在执行制度时存在的消极面。因此，应做好人的培养，加强与同行的技术交流，不断借鉴行业同仁经验，开拓视野，促使人员维护水平和安全理念不断提升，同时注重制度在落实环节的适用性、有效性，避免陷入"记流水账式"落实制度的恶循环，切实有效做好热控系统与设备可靠管理和防治工作，服务于机组安全经济运行。

在《发电厂热工故障分析与预控措施》（第二辑）第七章第三节中提出的相关预控措施基础上，本节根据收集的故障案例和中国发电自动化技术论坛论文提炼的经验与教训，结合本书参编人员的实践，提出热控系统管理和防治工作的相关措施。

一、重视基础管理

由于热控保护系统的参数众多、回路繁杂，为使专业人员更全面、快速、直观地对重要保护系统熟悉，组织专业力量针对机组启停、检修和运行期间常见的问题进行总结提炼，编制"主重要保护联锁和控制信号回路表"（包括就地测点位置、接线端子图、DCS电子间模件通道、逻辑中引用位置等）、"机组启动前系统检查卡""日常巡检卡"（细化、明确巡检路线、巡检内容和巡检方法等）。编制过程可以促使专业人员全面而直观地认识控制系统，完成后不但在每次停机检修、日常巡检期间可利用该表有针对性地"从面到点"按照预定的步骤进行巡检、试验、隐患排查，不但可提高现场作业人员分析处理保护回路异常的效率，还可作为专业培训的教材，长期坚持下去，就能将事故消除于无形，为机组安全稳定运行提供保障。如某电厂通过这样工作，产生很好的效果，发现了诸多隐患（如DCS继电器柜双路电源供电不正常、吹灰系统程控电源和动力电源不匹配、LVDT固定螺栓异常松动等）。

上述工作过程中，应集思广益，同时通过参加技术监督会、厂家技术论坛、兄弟电厂调研、学术论文学习等多种渠道，多学习同类型机组典型事故案例，不断搜集汲取适合自身机组特点的经验与教训、技术发展方向和先进做法，博采众长，有针对性排查和消除自身机组隐患，提高控制系统可靠性和机组运行稳定性。

二、加强热控逻辑异动管理

发生的逻辑优化事件或设备异常中，有一些与管理不完善相关，优化前对优化对象缺乏深入理解，没有制定详细的技术方案，导致优化后留下隐患。如某 600 MW 超临界煤燃烧器有火判定逻辑功能块设置错误，导致全部火焰失去触发 MFT 保护动作。根本原因是工作人员对 DCS 中"AND"功能块的应用理解不够深入，逻辑优化，进行机组炉膛调节闭锁增减逻辑设计时，将炉膛压力闭锁增条件只作用在引风机变频操作器，而没有同时闭锁增作用炉膛压力 PID 调节，当闭锁增条件出现和消失时引起指令突变，负压大幅波动而导致炉膛压力低低 MFT。反映了逻辑优化人员对一些功能块和逻辑优化设计理解不深，在方案变更后，仅对原修改部分逻辑进行删除，未对功能块内部进行置位恢复，留下的隐患在满足一定条件时发生作用，造成事件。

因此，应加强逻辑异动管理，逻辑优化前，提前强化对优化逻辑的理解，制定详细技术方案，包括作业指导书、验收细则、规范事故预想与故障应急处理预案等，有条件时在虚拟机系统修改验证后实施。实施过程应严格执行技术管理相关流程、规定，按技术方案进行。

三、提高控制系统抗外界干扰能力

信号电缆外皮破损、现场接线端子排生锈、接线松动、静电积累、接地虚接、电缆屏蔽问题、动力电缆与信号电缆混合敷设等，都容易对测控信号造成干扰，导致控制指令和维护工作产生偏差。因此，做好以下预防工作：

（1）为防止静电积累干扰，现场带保护与重要控制信号的接线盒应更换为金属材质并保证接地良好；机组检修时对电缆接线端子进行紧固，防止电缆接触电阻过大引起电荷累积导致温度测量信号偏差情况发生；为有效释放静电荷，也可将有静电累积现象的信号线通过一大电阻接地试验，观察效果。

（2）定期检查和测试控制柜端子排、重要保护与控制电缆的绝缘，将重要热控保护电缆更换为双绞双屏蔽型电缆，保护与重要控制信号分电缆布置，并保证冗余信号独立电缆间保持一定间距，以消除端子排、电缆等因绝缘问题引发的信号干扰隐患。

（3）在进行涉及机组热控保护与重要控制回路检查中，原则上禁止使用电阻挡进行相关的测量和测试工作，防止造成保护与重要控制信号回路误动；现场敏感设备附近、电子间和重点区域，原则上禁止使用移动通信设备（除非经过反复测试证明，不会产生干扰影响）。

（4）增加提升抗干扰能力措施。优化机组保护逻辑，对单点信号保护增加测点或判据实现保护三取二判断逻辑，增加速率限制，延时模块，进行信号防抖，防止干扰造成机组非停。

（5）加强电缆敷设工作的监督。电缆敷设前必须做好技术交底，走线方式等必须严格执行，不能因为改造项目急于完成而将动力电缆和信号电缆混合敷设。

四、加强检修运行维护与试验的规范性

热控保护系统误动作次数，与相关部门配合、人员对事故处理能力密切相关，类似故障会有不同结果。一些异常工况出现或辅机保护动作，若操作得当可以避免 MFT 动作；反之，可能会导致故障范围扩大。试验中，除引起机组跳闸编入本书的案例外，另有多起引起设备运行异常，有的因故障处理前的处理方案制定考虑周全而转危为安；有的因故障处理前的处理方案考虑不全面导致故障影响扩大（甚至机组跳闸）。

1. 制定处理方案时应考虑周全

3月5日下午，某电厂运行人员发现1号机组 DCS 报单网故障，热控人员检查后，发现 DAS2 主 DPU 故障引起网络异常，已自动切至从 DPU 运行。热控人员针对 DAS2 系统的故障情况和处理过程中可能遇到的问题，制定了三个故障消除方案：

（1）手动对 DPU 进行复位。观察故障报警是否存在，若恢复，则不再进行以下操作。如故障存在，则执行（2）。

（2）对主 DPU 热插拔。如故障消除则不进行以下操作；反之，执行（3）。

（3）在线更换该 DPU。为了防止更换过程中，主、从 DPU 均初始化带来的风险，故障处理前采取防范措施：由于 DAS2 部分测点带联锁保护，为防止设备误启动，运行人员将两台顶轴油泵、汽轮机交流润滑油泵、汽轮机直流润滑油泵、氢密封油备用油泵在 CRT 操作端挂"禁操"牌；同时热控人员将 DAS2 的压力修正参数在其他控制器强置为当前值。

3月5日21时5分，热控人员对 DAS2 主 DPU 按（1）进行操作，手动将 DAS2 主 DPU 面板上开关由 RUN 切换到 STOP 位置。3s 后将 DPU 面板上的开关由 STOP 切换到 RUN 位置。数秒钟后主 DPU 面板上的故障消除，状态恢复正常。大约 1min，DCS 单网故障消失，系统状态恢复正常。

由上述的处理过程，结合 DPU 的错误信息、DAS2 主从 CPU 的网络状态（WRAPA、WRAPB）和日立 DCS 厂家专业人员讨论，确认该主 DPU 网口故障导致了 DPU 网络异常。同时，也提醒热控人员进行每日巡检中，应将主、从 DPU 状况列入检查，检修时应对 DCS 所有站点进行电源、网络、控制器冗余切换试验，以便提前发现异常及时进行处理。

2. 运行检修维护不当导致机组非停的建议

5月27日，某机组负荷为 205MW 时，运行人员发现 A、B 侧空气预热器出口烟温偏差大，决定对二次风门及风机动叶进行调整，通过减少同侧送风机风量的方式来提高空气预热器出口烟温，减少两侧空气预热器出口烟温偏差。从 22时58分至 23时15分进行 B 送风机动叶调整操作四次，B 送风机动叶开度由 12% 逐渐关小至 9%，锅炉总风量由 537t/h 减低至 350t/h。23时12分，运行人员由 9.79% 降至 8.89%，送风机电流由 23.8A 降至 23.4A，锅炉总风量由 352t/h 降至 315t/h 时锅炉 MFT 保护动作，2号机组跳闸。原因是调整操作期间未监视风量参数变化，调整不到位，造成锅炉总风量低于保护动作值（低于 350t/h 延时 180s），锅炉 MFT 保护动作，发电机解列。因此，要减少机组跳闸次数，除热控需在提高设备可靠性和自身因素方面努力外，还需要：

（1）热控和机务的协调配合和有效工作，达到对热控自动化设备的全方位管理。

（2）强化运行与检修维护专业人员的安全意识和专业技能的培训，增强人员的工作责任心和考虑问题的全面性，提高对热控规程和各项管理制度的熟悉程度与执行力度，相关热控设备的控制原理及控制逻辑的掌握深度；通过收集、统计非停事故并针对每项机组或设备跳闸案例原因的深入分析，扩展对设备异常问题的分析、判断、解决能力和设备隐患治理、防误预控能力。

（3）在进行设备故障处理与调整时，做好事故预想，完善相关事故操作指导，加强运行监视，保证处理与调整过程中参数在正常范围内。

（4）制定《热控保护定值及保护投退操作制度》，对热控逻辑、保护投切操作进行详细规定，明确操作人和监护人的具体职责，重要热控操作必须有监护人。

（5）在涉及 DCS 改造和逻辑修改时，应加强对控制系统的硬件验收和逻辑组态的检查审核。

五、热控设备相关的非计划停运事件预控

1. 控制系统硬件故障导致机组非停的预防

（1）热控设备老化日趋严重，异动频繁，近年来硬件故障一直是热控非停的主要原因。DCS 控制系统受电子元器件寿命的限制，运行周期一般在 10～12 年，其性能指标将随时间的推移逐渐变差。多家电厂 DCS 运行时间超过 10 年，硬件老化问题日渐严重，未知原因故障明显上升。应加强对系统维护，每日巡检重点关注 DCS 故障报警、控制器状态、控制器负荷率、硬件故障等异常情况。完善控制系统故障应急处理预案，做好 DCS 模件的劣化统计分析、备品备件储备和应急预案的演练工作，发现问题及时正确处置。按照 DL/T 261《火力发电厂热工自动化系统可靠性评估技术导则》的要求，对运行时间久、抗干扰能力下降、模件异常现象频发、有不明原因的热控保护误动和控制信号误发的 DCS、DEH 设备，定期进行性能测试和评估，据测试、评估结果和之前缺陷跟踪，按照重要程度适时更换部件或进行改造。

（2）建立详细 DCS 故障档案，定期对控制系统模件故障进行统计分析，评定模件可靠性变化趋势，从运行数据中挖掘出有实用价值的信息来指导 DCS 的维护、检修工作。

（3）通过控制系统电源、控制器和 I/O 模件状态等的系统诊断画面，及时掌握控制系统运行状况；严格控制电子间的温度和湿度。制定明确可行的巡检路线，热控人员每天至少巡检一次，并将巡检情况记录在热控设备巡检日志上。

（4）重视就地热控设备维护。TSI 传感器、火焰检测探头、调节门伺服阀、两位式开关、执行器、电磁阀等故障多发，是设备检修和日常巡检维护的重点。压力测量宜采用模拟量变送器替代开关量检测装置，如炉膛压力保护信号、凝汽器真空保护信号的检测可选用压力变送器，便于随时观察取样管路堵塞和泄漏情况；有条件的情况下，应在 OPC 和 AST 管路中增加油压变送器，实时监视油压，及时发现处理异常现象。

（5）加强热控检修管理，规范热控系统传动试验行为，确保试验方法正确、过程完整。加强运行设备信号的监视、巡检管理。应避免热控设备"应修未修""坏了再修"的现象。

（6）设备和系统消缺要做好事故预想，严格执行《热控设备运行维护检修规程》和相关反事故措施，杜绝人为误操作。

2. 深入隐患排查

一些设备的异常情况未能得到及时发现，致使影响范围扩大，反映了点检、检修、运行人员日常巡检不到位，暴露出设备检修质量和设备巡检质量不高。如某机组 B 凝结水泵跳闸，跳闸首出显示为"凝汽器热井水位低"。经查 3 个凝汽器热井水位在到达 1500mm 后均显示为 0，并且其测点品质为好点。其原因是 DCS 在模拟量测点达到 20.1mA 后，逻辑中对超量程信号进行了归零处理而不是实时值保持，后修改了组态逻辑。再如某项目 EH 油泵正常运行，当汽动给水泵遮断条件在时，EH 油压保持稳定；当遮断条件消失后，EH 油压开始下降（下降速度约为 1.5MPa/s）。经隔离检查发现，伺服阀有泄漏情况，当遮断条件消失后，伺服阀指令没有在零位，造成油压下降。后修改逻辑，将伺服阀清零指令逻辑改为 RS 触发器逻辑，并将盘前按钮打闸信号并入到清零指令上，从而避免了在遮

断条件消失时伺服阀产生正向指令。

因此，应加强热控保护专项治理行动、规范热控检修及技术改造、巡检与点检过程的标准化操作、监督与管理工作（如控制系统改造和逻辑修改时，加强对控制系统逻辑组态的检查审核，严格完成保护系统和调节回路的试验及设备验收）。

深入开展热控逻辑梳理及隐患排查治理工作，为所有电源、现场设备、控制与保护连锁回路建立隐患排查卡片。从取源部件及取样管路、测量仪表（传感器）、热控电源、行程开关、传输电缆及接线端子、输入输出通道、控制器及通信模件、组态逻辑、伺服机构、设备寿命管理、安装工艺、设备防护、设备质量、人员本质安全等所有环节进行全面排查。除班组自查管辖范围设备外，也可组织班组间工作互查，通过逻辑梳理和隐患排查，促进人员全面深入了解机组设备状况和运行控制过程，全面熟悉技术图纸资料，掌握机组主设备和重要辅助设备的保护连锁、控制等逻辑条件和 DCS 软件组态。

3. 重视人员培训

（1）运行人员对设备熟悉程度不够，在事故处理过程中，不当操作会导致事故扩大化。如某机组汽动给水泵 MEH 调节速度较慢，热控人员在观察比较后，修改了比例作用参数，导致给水泵汽轮机调节指令变化而引起发散振荡，造成给水泵汽轮机出力不足，25s 后给水流量低低触发 MFT 动作。原因是人员对 DCS 控制系统不熟悉，该 DCS 有 3 种 PID 控制类型，每种控制类型的计算公式各不相同，MEH 与 DEH 采用的是串级控制类型（常规DCS 控制默认是并行控制类型）。当处于串级控制类型时，修改了比例作用，也同时加强了积分作用，造成调节发散失控导致机组跳闸。因此，应加强运行技术培训及事故预案管理，通过对运行人员"导师带徒""以考促培"等培训方式，进行有针对性的事故预想、技术讲课、仿真机实操、事故案例剖析培训，强化仿真机事故操作演练，开展有针对性的事故演练，提升各岗位人员对 DCS 控制逻辑和控制功能的掌握、异常分析及事故处理的能力。强化责任意识，加强运行监盘管理，规范监盘巡查画面频率，确保监控无死角。

（2）提高监盘质量，加强异常报警监视、确认。机组正常运行期间，至少每两分钟查看并确认"软光字"及光字牌发出的每一项报警，通过 DCS 参数分析、就地检查、联系设备人员鉴定等方式确定报警原因并及时消除；异常处理期间，运行人员对各类报警进行重点监视，分析报警原因，避免遗漏重要报警信息。

（3）认真组织编写机组重要参数异常、重大辅机跳闸等事故处理脚本，下发至各岗位人员学习，确保运行人员掌握异常处理过程中的操作要点及参数的关联性，提高事故处理的准确性和及时性。

（4）认真统计、分析每一次热控保护动作发生的原因，举一反三，消除多发性和重复性故障。对重要设备元件，严格按规程要求进行周期性测试，完善设备故障、测试数据库、运行维护和损坏更换登记等台账。通过与规程规定值、出厂测试数据值、历次测试数据值、同类设备的测试数据值比较，从中了解设备的变化趋势，做出正确的综合分析、判断，为设备的改造、调整、维护提供科学依据。

4. 查找故障时应融合多专业原因

有些故障看起来似有干扰嫌疑，但实际上并不一定是电磁干扰引起。同一故障现象，可能会由多种原因引起。在汽轮机阀门清理、整定后，应进行汽轮机行程试验，发现有波动情况时，除热控查找原因外，机务专业还应及时排查管路阻力是否发生变化。

5. 提高技术监督工作有效性

（1）建设期、改造期引入热控监督，实现源头治理，把全过程热控技术监督落到实处。在建设期、改造期，委派专业人员对热控系统设计、设备选型、设备安装、调试试验进行监督，把关现场质量验收，做好逻辑信号独立性/冗余性核对、组态逻辑正确性/准确性核对、反事故措施核对、热工试验审核等工作，避免设计、安装、调试过程中的逻辑隐患、设备缺陷遗留到生产阶段。

（2）加强日常监督管理，对原因深入分析，举一反三，务必采取相应的防范性措施，避免由于类似原因导致机组发生强迫停运事件。应加强落实学习《火电技术监督管理办法》《防止电力生产重大事故的二十五项重点要求（2023版）》（国能发安全〔2023〕22号）等相关文件、标准。

（3）对送风机、引风机、一次风机动叶执行机构拐臂的检查、紧固以及发现问题的处置要求等工作，设置质量见证点，严格设备检修质量过程管控及验收把关。对具有速率限制与品质判断功能的温度单点保护，在进行联锁保护试验时，除了试验断线工况，还应试验"温度波动并保持后仍然保持好点"的特殊情况，以便回路存在的隐患及时被发现。

（4）加强设备的巡检与点检工作，按规定的部位、时间、项目进行（尤其隐蔽部位设备），做好巡检记录以及巡检发现问题的汇报、联系及处置情况。加强设备防护及抗干扰治理工作，对于现场设备按规程要求做好防水、防冻措施，并纳入到日常定期检查的工作里，避免因防护不到位导致局部设备故障引起机组跳闸；对于现场可能存在的干扰源，进行排查和治理，特别是控制电缆和动力电缆交叉布置的情况，做好清理和防护工作，避免因干扰导致信号误动引起机组跳闸。

（5）核对偏差参数定值与动作设置符合机组实际运行工况要求。考虑锅炉结焦、断煤等客观因素易导致水位波动异常，应根据运行实际设置水位偏差解除自动的设定值；梳理重要调节自动解除条件控制逻辑，排查类似隐患制定合理防范措施；RB保护动作时闭锁给水偏差大，切除自动逻辑。

（6）加强技改项目实施中的质量验收。吸取兄弟电厂的经验与教训，在新设备出厂、到货、安装和验收时严格把关，深入系统内部去发现设备存在的不合理设置问题。在技改项目实施过程中，要加强安装的验收工作，加强对设备投运后运行状态的跟踪；完善检修作业文件包，明确涉及风机动叶连接件的检修工艺为质检点。完善运行规程，明确风机动叶故障或电流异常时的具体操作要求。

（7）加强设备异动手续的管理工作，严格执行异动完成后的审核工作，主辅机保护逻辑修改后，应按规程要求对逻辑保护进行传动试验，验证逻辑的正确性。保护逻辑异动前，机组暂时不具备试验条件时，评估实施的可行性，不涉及机组重大安全隐患时，可等机组具备试验条件时再执行，执行后通过验证后方可投入该项保护。

（8）规范运行管理，严格执行各项规程和反事故措施要求，完成启机前的相关设备的逻辑保护传动试验。规范试验方法和试验项目，对机组主保护试验保证真实做全面。重视系统综合误差测试：新建机组、改造或逻辑修改后的控制系统，应加强I/O信号系统综合误差测试，尤其应全面核查量程反向设置的现场变送器与控制系统侧数据一致性，避免设置不当导致事件的发生。

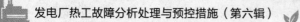

（9）加强设备台账基础管理工作，设备图纸、逻辑组态及程序备份等资料应有专人负责整理并保管，以便程序丢失或设备故障能及时恢复。

（10）热控技术监督工作应延伸到基建机组，应从设计之初避免不可靠因素的产生，开展基建机组全过程可靠性控制与评估工作，提高机组安装调试质量，减少基建过程生成的安全隐患。

结 束 语

　　本书收集、提炼、汇总了 2021 年电力行业热控设备原因导致机组非停的 92 起典型案例。通过这些案例的事件过程和原因查找分析、防范措施和治理经验，进一步佐证了提高热控自动化系统的可靠性，不仅涉及热控测量、信号取样、控制设备与逻辑的可靠性，还与热控系统设计、安装调试、检修运行维护质量密切相关。本书最后探讨了优化完善控制逻辑、规范制度和加强技术管理，提高热控系统可靠性、消除热控系统存在的潜在隐患的预控措施，希望能为进一步改善热控系统的安全健康状况，遏制机组跳闸事件的发生提供参考。

　　热控设备和逻辑的可靠性，很难做到十全十美。但在热控人的不懈努力下，本着细致、严谨、科学的工作精神，不断总结经验和教训，举一反三，采取性针对性的反事故措施，那么可靠性控制效果一定会逐步提高。

　　在编写本书的过程中，各发电集团、电厂和电力研究院的专业人员都给予了大力支持，在此一并表示衷心感谢。

　　与此同时，各发电集团，一些电厂、电力研究院和专业人员提供的大量素材中，有相当部分未能提供人员的详细信息，因此书中也未列出素材来源，在此对那些关注热控专业发展、提供素材的幕后专业人员一并表示衷心感谢。